Werner Sanns, Marco Schuchmann

Praktische Numerik
mit Mathematica

Werner Sanns, Marco Schuchmann

Praktische Numerik mit Mathematica

Eine Einführung

B. G. Teubner Stuttgart · Leipzig · Wiesbaden

Die Deutsche Bibliothek – CIP-Einheitsaufnahme
Ein Titeldatensatz für diese Publikation ist bei
Der Deutschen Bibliothek erhältlich.

Werner Sanns

Geboren 1950 in Heidelberg, Studium der Mathematik und der Astronomie an den Universitäten Heidelberg und München. Arbeitet im Fachbereich Mathematik und Naturwissenschaften der Fachhochschule Darmstadt. Autor mehrerer Hochschullehrbücher (Statistik, Ingenieurmathematik, Katastrophen-Theorie).

Marco Schuchmann

Geboren 1969 in Groß-Gerau. Studium der Mathematik in Darmstadt. Arbeitet im Fachbereich Mathematik und Naturwissenschaften der Fachhochschule Darmstadt. Autor mehrerer Hochschullehrbücher (Statistik, Ingenieurmathematik).

1. Auflage Oktober 2001

Der Verlag Teubner ist ein Unternehmen der Fachverlagsgruppe BertelsmannSpringer.
www.teubner.de

Umschlaggestaltung: Ulrike Weigel, www.CorporateDesignGroup.de

Gedruckt auf säurefreiem und chlorfrei gebleichtem Papier.

ISBN-13:978-3-519-00348-9   e-ISBN-13:978-3-322-80032-9
DOI: 10.1007/ 978-3-322-80032-9

Vorwort

Dieses Buch ist eine praxisorientierte Einführung in die Numerik. Es wendet sich vor allem an Studierende der Ingenieurwissenschaften und der Wirtschaftswissenschaften im Grundstudium an Fachhochschulen und Universitäten. Vorausgesetzt werden dabei Vorkenntnisse aus der Linearen Algebra sowie aus der Analysis.

Wir behandeln die Themen in diesem Buch mit Hilfe des Computeralgebrasystems Mathematica. Dieses moderne System zur numerischen und symbolischen Lösung mathematischer / naturwissenschaftlicher Probleme ist an Hochschulen weit verbreitet. Die numerischen Methoden werden von uns jeweils anhand einzelner Beispiele erklärt und mit Mathematica komplett durchgerechnet. Dabei haben wir wichtige numerische Verfahren auf möglichst elementare Weise mit Mathematica programmiert und auch deren fertige Realisierung in Form von Mathematica-Systembefehlen vorgestellt. Erstere Vorgehensweise dient dem Verständnis der Methode, letztere der praktischen Anwendung. Dem Konzept eines praxisorientierten Lehrbuchs entsprechend, liegt der Schwerpunkt unserer Darstellung auf dem Verständnis der Anwendung mathematischer Verfahren. Wer stärker an theoretischen Betrachtungen interessiert ist, sei auf die weiterführende Literatur im Literaturverzeichnis am Schluss des Buches hingewiesen.

Alle Themen in diesem Buch sind mit Mathematica in seiner Standardausführung durchgerechnet, das heißt ohne zusätzliche Programmpakete, die es für manche Themenkreise gibt. Vorkenntnisse in Mathematica sind nicht unbedingt erforderlich, obwohl natürlich eine gewisse Vertrautheit mit dem System hilfreich ist. Eine übersichtliche Einführung in dieses System findet man beispielsweise in unserem Buch „Mathematik mit Mathematica" (siehe Literaturverzeichnis).

Alle Programmzeilen, die **im Buch in Fettdruck** erscheinen, sind Eingabezeilen, die Sie an das Mathematica-System im Ein- / Ausgabe-Fenster abschicken müssen (unter Windows mit gleichzeitiger Betätigung der „Shift"- und „Enter"-Tasten nach dem Eintippen). Die auf unsere Eingaben resultierenden Ausgaben von Mathematica stellen wir im Buch in Courier dar. Gelegentlich werden alternative Eingabemöglichkeiten vorgestellt, die dann *kursiv gedruckt* sind. Beim Nachvollziehen der Beispiele kann sofort durch geringfügige Abänderung der Anweisungen in den jeweiligen Eingabezeilen der Einfluss auf die von Mathematica ausgegebenen Ergebnisse überprüft werden. Dies ist für den Leser eine äußerst empfehlenswerte Möglichkeit, selbst eigene Untersuchungen der jeweiligen numerischen Methoden mit Mathematica durchzuführen. Es wurde bewusst auf die Beigabe eines Datenträgers zu diesem Buch verzichtet, denn die Programme in den Abschnitten eines jeden Kapitels umfassen meist nicht allzu viele Programmzeilen oder können aus zuvor schon erstellten Programmen zum großen Teil übernommen werden.

Wir haben als zusätzliche Hilfe für den Leser zahlreiche praktische Hinweise in den Text des Buches eingestreut. Diese erleichtern das Verständnis der Realisierung numerischer Methoden mit Mathematica.

Aus dem Inhalt des vorliegenden Buches möchten wir hervorheben:

Im ersten Kapitel über den Algorithmus von Gauß zur Lösung linearer Gleichungssysteme stellen wir Ihnen ein ausführliches und komfortables Programm zur praktischen Arbeit zur Verfügung, das auch viele Spezialfälle berücksichtigt. Die Grundlagen des Algorithmus werden vorher mit Hilfe von Mathematica genau erklärt.

Wir haben auch das moderne Thema „Wavelets" in dieses Buch aufgenommen. Wavelets sind von praktischer Bedeutung bei der Kompression von Grafikdaten oder beim digitalen Aufzeichnen von Musikdateien. Diese Passage liegt in ihrem Schwierigkeitsgrad etwas höher als die anderen Kapitel und kann beim ersten Durcharbeiten des Buches ohne Probleme übergangen werden.

Das Kapitel über die numerische Behandlungen von Differentialgleichungen wurde, entsprechend seiner großen Bedeutung für die Praxis, besonders ausführlich dargestellt. Ausgewählte Beispiele von Differentialgleichungssystemen wurden vollständig durchgerechnet, und hier zeigt sich die Flexibilität von Mathematica.

Abschließend möchten wir den Leser auf die beiden empfehlenswerten Lehrbücher von H. R. Schwarz bzw. H. G. Roos / H. Schwetlick (siehe Literaturverzeichnis) hinweisen, die ebenfalls im Teubner-Verlag erschienen sind.

Unser ganz besonderer Dank gilt Herrn J. Weiß in Leipzig für seine freundliche und engagierte Betreuung während der Fertigstellung des Manuskripts.

Darmstadt, August 2001   Werner Sanns, Marco Schuchmann

Inhalt

1	**Der Gauß-Algorithmus**	9
1.1	Grundlagen	9
1.2	Erweitertes Programm zum Gauß-Algorithmus	16
1.3	Beispiele zum Gauß-Algorithmus	20
2	**Iterationsverfahren**	25
2.1	Newton-Verfahren	25
2.1.1	Newton-Verfahren für Funktionen mit einer Variablen	25
2.1.2	Newton-Verfahren im $\mathbb{R}^m$	30
2.2	Allgemeines Iterationsverfahren	34
2.2.1	Eindimensionale Fixpunktiteration	34
2.2.2	Fixpunktverfahren im $\mathbb{R}^m$	37
2.3	Iteratives Lösen von linearen Gleichungssystemen	39
3	**Interpolation und Extrapolation**	43
3.1	Lagrange-Interpolation	45
3.2	Interpolation mit Tschebyscheff-Stützstellen	51
3.3	Newton-Interpolation	54
3.3.1	Ansatz von Newton	54
3.3.2	Newton-Interpolation mit dividierten Differenzen	56
3.4	Spline-Interpolation	59
4	**Approximation**	64
4.1	Approximation nach der Methode der kleinsten Quadrate	64
4.2	Beispiele	67
4.3	Globale Approximation	75
5	**Fourier-Analyse**	80
5.1	Fourier-Transformation	80
5.2	Fourier-Reihen	83
5.3	Diskrete Fourier-Transformation	92
5.4	Schnelle Fourier-Transformation	97
6	**Wavelets**	103
6.1	Wavelettransformation und Haar-Wavelet	103
6.2	Diskrete Wavelettransformation und Multiskalenanalyse	112
6.3	Shannon-Abtast-Theorem	119
6.4	Schnelle diskrete Wavelettransformation nach Mallat	123
6.5	Daubechies-Wavelets	131
7	**Numerische Integration und Differentiation**	137
7.1	Trapezregel	137
7.2	Simpson-Regel	139
7.3	Gaußsche Quadratur	141
7.4	Unter- und Obersummen	143
7.5	Bemerkung zum numerischen Differenzieren	146

8 Eigenwertprobleme 149
8.1 Abspaltung des dominanten Eigenwerts (Vektoriteration nach von Mises) 150
8.2 Jacobi-Verfahren zur Eigenwertbestimmung 152
8.3 Berechnung von Eigenwerten über die L-R- und Q-R-Zerlegung 156

9 Differentialgleichungen 159
9.1 Euler-Verfahren 159
9.1.1 Listing für das Euler-Verfahren 168
9.2 Runge-Kutta-Verfahren mit konstanter Schrittweite 169
9.2.1 RK-Verfahren für eine einzelne DGL 170
9.2.2 Listing für das RK-Verfahren für einzelne DGL 174
9.2.3 RK-Verfahren konstanter Schrittweite für DGL-Systeme 175
9.2.4 Listing für RK mit konstanter Schrittweite für Systeme 180
9.2.5 Zweikörperproblem 181
9.3 RK-Verfahren: Schrittweitensteuerung 193
9.3.1 Listing für RK mit Schrittweitensteuerung 199
9.3.2 n-Körper-Problem 200
9.3.3 n-Körper-Problem mit NDSolve 208
9.4 Mehrschrittverfahren 211
9.5 Parameter für NDSolve 215
9.6 Behandlung spezieller DGL mit Mathematica 221
9.6.1 Implizite DGL 221
9.6.2 Instabile DGL 222
9.6.3 Randwertprobleme 227

Literatur 235
Index 237

1 Der Gauß-Algorithmus

Beim Lösen linearer Gleichungssysteme wird häufig der Algorithmus von Gauß verwendet, den wir in diesem Kapitel mit Hilfe von Mathematica erarbeiten und anwenden wollen. Wir werden dabei so vorgehen, dass wir zunächst die Grundlagen des Algorithmus in seiner einfachsten Form mit Hilfe von Mathematica ganz genau erklären. Wer den Algorithmus bereits kennt und nur an einem fertig programmierten Verfahren interessiert ist, findet eine relativ komfortable Version im Abschnitt 1.2 dieses Buches. Anwendungsbeispiele finden Sie im dritten Abschnitt. Wir beginnen mit der Realisation von linearen Gleichungssystemen in Mathematica.

1.1 Grundlagen

Wir haben für unser erstes Beispiel ein Gleichungssystem ausgewählt, das eine eindeutige Lösung besitzt und bei dem wir noch keine Besonderheiten im Algorithmus beachten müssen:

$$
\begin{aligned}
2\,x_1 - 4\,x_2 + 2\,x_3 &= 16 \\
3\,x_1 + 6\,x_2 + x_3 &= 4 \\
-8\,x_1 + 2\,x_2 + 5\,x_3 &= 2
\end{aligned}
$$

Am besten geben wir den einzelnen Gleichungen einen Namen, G1, G2 und G3, damit wir diese innerhalb von Mathematica namentlich ansprechen können. Geben Sie also die folgenden fettgedruckten Zeilen in den Eingabebereich von Mathematica ein. (Hinweis: Bitte jede einzeln durch gleichzeitiges Betätigen der Shift- und Enter-Taste abschicken. Dies gilt immer dann, wenn wir Leerzeilen zwischen fettgedruckte Eingabezeilen eingefügt haben. Achten Sie bei den nun folgenden Zeilen bitte auch auf die doppelten Gleichheitszeichen in den Zeilen.)

G1 = 2 x1 - 4 x2 + 2 x3 == 16;

G2 = 3 x1 + 6 x2 + x3 == 4;

G3 = -8 x1 + 2 x2 + 5 x3 == 2;

Das Gleichungssystem ist linear, da die Unbekannten x_1, x_2, x_3 höchstens in der ersten Potenz auftreten. Die Faktoren bei den Unbekannten x_1, x_2, x_3 auf der linken Seite des Gleichungssystems schreibt man in der Mathematik in der Form einer Matrix, der sogenannten Koeffizientenmatrix des linearen Gleichungssystems:

$$
A = \begin{pmatrix} 2 & -4 & 2 \\ 3 & 6 & 1 \\ -8 & 2 & 5 \end{pmatrix}.
$$

Die Variablen x_1, x_2, x_3 fassen wir zu einem Spaltenvektor zusammen und schreiben:

$$
\vec{x} = \begin{pmatrix} x_1 \\ x_2 \\ x_3 \end{pmatrix}.
$$

Auch die Zahlenwerte auf der rechten Seite des Systems schreiben wir als einen Spaltenvektor:

$$\vec{b} = \begin{pmatrix} 16 \\ 4 \\ 2 \end{pmatrix}.$$

Unser lineares Gleichungssystem kann nun wie folgt in Matrix-Vektor-Schreibweise formuliert werden:

$$A \cdot \vec{x} = \vec{b}.$$

Da wir bei der Eingabe in Mathematica die Vektoren nicht mit den Pfeilsymbolen darstellen müssen, werden wir, wenn die Verständlichkeit nicht darunter leidet, in Zukunft oft auch bei der mathematischen Formulierung innerhalb des erklärenden Textes auf die Pfeile verzichten. Wir wollen nun das oben stehende Gleichungssystem mit Hilfe von Mathematica in Matrizenform umwandeln. Wir laden zunächst das Paket „MatrixManipulation", das wir für einige Umformungen brauchen werden. (Hinweis: Das benötigte Zeichen ` finden Sie neben der Backspace-Taste „←" in der oberen Reihe des Hauptfeldes der Tastatur.)

Needs ["LinearAlgebra`MatrixManipulation`"]

Dann übergeben wir die Gleichungen, die wir oben eingegeben haben, in eine Matrix A und den Vektor b:

{A, b} = LinearEquationsToMatrices[{G1, G2, G3}, {x1, x2, x3}];

Wir können die Matrix A und den Vektor b probeweise auf dem Bildschirm anzeigen lassen:

A // MatrixForm

$$\begin{pmatrix} 2 & -4 & 2 \\ 3 & 6 & 1 \\ -8 & 2 & 5 \end{pmatrix}$$

b // MatrixForm

$$\begin{pmatrix} 16 \\ 4 \\ 2 \end{pmatrix}$$

Wir hätten oben, anstatt über die vollständig ausgeschriebenen Gleichungen G1, G2 und G3 zu gehen, die Matrix A auch gleich in der Form *A={{2,-4,2},{3,6,1},{-8,2,5}}* und *A//MatrixForm* eingeben können. Dies empfiehlt sich, wegen der geringeren Schreibarbeit, besonders bei größeren Matrizen. Entsprechend müsste man bei b eingeben: *b={16,4,2}*. Es erschien uns aber wichtig zu zeigen, wie man die Gleichungen in Matrixform bringen kann.
Bevor wir daran gehen unsere Koeffizientenmatrix für das Auffinden von Lösungen in geeigneter Weise umzuformen, müssen wir noch etwas zum Umgang mit Matrizen in Mathematica erklären: Im allgemeinen ist es üblich, Matrizen mit Großbuchstaben zu bezeichnen und ihre Elemente mit doppelt indizierten kleinen Buchstaben. Wegen der Mathematica-Programmierung schreiben wir hier jedoch oft auch die Elemente selbst mit großen Buchstaben und versehen sie mit Indizes, die durch ein Komma getrennt werden. Ist zum Beispiel A das Symbol für die Matrix, so bezeichnet $A_{1,2}$ das Element in der ersten Zeile und zweiten Spalte. Wichtig ist zu wissen, wie man ein beliebiges Element der Matrix A in Mathematica ausgeben kann, zum Beispiel das Element $A_{2,3}$ in der zweiten Zeile und dritten Spalte.

A[[2, 3]]

1

Man kann wie folgt eine ganze Zeile, hier zum Beispiel die erste, ansprechen:

A[[1]]

{2, -4, 2}

Bei relativ kleinen Matrizen kann man natürlich deren Zeilen- und Spaltenzahl durch einen Blick auf die Matrix feststellen. Bei größeren Matrizen kann Mathematica diese Zahlen rasch und sicher für uns ermitteln. Dabei ist die erste Zahl, die wir mit der „Dimensions"-Anweisung erhalten, die Anzahl der Zeilen, die zweite ist die Anzahl der Spalten der Matrix. Wir speichern diese hier in den Variablen m und n.

{m, n} = Dimensions[A]

{3, 3}

Nun bilden wir die um eine Spalte erweiterte Matrix „Ab", indem wir die rechte Seite des Gleichungssystems, also den Vektor b, als zusätzliche (letzte) Spalte an die Matrix A anhängen. Hierzu gibt es in Mathematica mehrere Möglichkeiten. Eine davon ist:

Ab = AppendRows[A, Transpose[{b}]];

Ab // MatrixForm

$$\begin{pmatrix} 2 & -4 & 2 & 16 \\ 3 & 6 & 1 & 4 \\ -8 & 2 & 5 & 2 \end{pmatrix}$$

Wir wollen im folgenden öfter auf diese erweiterte Matrix in ihrer ursprünglichen Gestalt zugreifen, um so verschiedene Möglichkeiten der Matrixumformungen mit der selben Ausgangsmatrix zeigen zu können. Daher wird diese zunächst gespeichert unter dem Namen „Absave". Wie in den meisten Programmiersprachen üblich, steht in der folgenden Anweisung rechts vom Gleichheitszeichen das bereits bekannte Feld (die Matrix Ab) und links davon das Feld, das die Werte aufnehmen soll.

Absave = Ab;

Nun kommen wir zu unserem ersten Schritt des Gauß-Algorithmus. Bedenken Sie bitte dabei, dass wir alle Umformungen des gegebenen Gleichungssystems genauso an der erweiterten Koeffizientenmatrix „Ab" durchführen können, denn diese stellt eine abkürzende Schreibweise für unser System dar. Dieser erste Schritt dient der Umformung der zweiten Zeile des Systems bzw. der erweiterten Matrix. Wir wollen die Unbekannte x_1 aus der zweiten Zeile dadurch eliminieren, dass wir ein geeignetes Vielfaches der ersten Zeile zur zweiten Zeile addieren, damit x_1 dort herausfällt. Für das Koeffizientenschema bedeutet dies das Erzeugen einer Null in der ersten Spalte der zweiten Zeile (sofern die Variablenreihenfolge nicht vertauscht wurde). Dazu müssen wir in unserem Beispiel das -3 -fache der durch 2 geteilten ersten Zeile zur zweiten Zeile addieren. Die Division der ersten Zeile durch 2 (also durch $A_{1,1}$) bewirkt nämlich, dass vorn in deren erster Spalte eine Eins stehen würde. Die anschließende Multiplikation mit -3, also dem Matrixelement $-A_{2,1}$, ergibt den selben Faktor wie in der zweiten Zeile in Spalte eins, allerdings mit umgekehrtem Vorzeichen. Nach der Addition steht daher, wie gewünscht, die Null an der ersten Position der zweiten Zeile. Die erste Zeile belassen wir zunächst so wie sie ist. Eine Programmzeile, die bei einer aktuellen Umformungsstufe in ihrer momentanen Form in der Matrix belassen wird und die der Umformung der übrigen Zeilen dient, nennen wir Pivotzeile. Das Element der Pivotzeile, durch welches alle Elemente dieser Zeile vor der Addition zu einer anderen Zeile dividiert werden, heißt Pivotelement (des aktuellen Umformungsschrittes). Wir versuchen, diesen Rechenschritt auch mit Mathematica zunächst nur für die zweite Zeile durchzuführen. Geben Sie also ein:

Ab[[2]] = Ab[[2]] - Ab[[2, 1]] / Ab[[1, 1]]*Ab[[1]]

```
{0, 12, -2, -20}
```

Die neue Zeile 2 entsteht also aus der Summe der bisherigen Zeile 2 und der durch das Pivotelement $A_{1,1}$ dividierten und mit $-A_{2,1}$ multiplizierten ersten Zeile. Zeile 1 wird in der Matrix nicht verändert. Es folgt die Ausgabe der bisher umgeformten Matrix Ab:

Ab // MatrixForm

$$\begin{pmatrix} 2 & -4 & 2 & 16 \\ 0 & 12 & -2 & -20 \\ -8 & 2 & 5 & 2 \end{pmatrix}$$

Den entsprechenden Rechenschritt für die dritte Zeile können Sie leicht überprüfen: das 8-fache der durch 2 geteilten ersten Zeile wird zur dritten Zeile addiert. Dadurch entsteht auch in der dritten Zeile in der ersten Spalte eine Null. Die Variable x_1, die zur ersten Spalte gehört, ist also in der zweiten und dritten Gleichung eliminiert und tritt nur noch in der ersten Gleichung auf.

Ab[[3]] = Ab[[3]] - Ab[[3, 1]] / Ab[[1, 1]]*Ab[[1]]

```
{0, -14, 13, 66}
```

Ab // MatrixForm

$$\begin{pmatrix} 2 & -4 & 2 & 16 \\ 0 & 12 & -2 & -20 \\ 0 & -14 & 13 & 66 \end{pmatrix}$$

Nun wollen wir uns überlegen, wie wir die beiden bisher durchgeführten Zeilenumformungen in Mathematica mit Hilfe einer Schleifenbildung automatisieren können, so dass wir später auch große Matrizen problemlos berechnen können. Wir wollen noch einmal von der Ausgangsmatrix „Ab" ausgehen, um die Wirkung unserer Schleife überprüfen zu können. Nach Ausführung der Schleife muss als Ergebnis die oben stehende umgeformte Matrix herauskommen. Wir stellen also die Ausgangsmatrix wieder her, die wir oben abgespeichert hatten (bitte bei der folgenden Zuweisung die Reihenfolge der Variablennamen beachten!):

Ab = Absave;

Ab // MatrixForm

$$\begin{pmatrix} 2 & -4 & 2 & 16 \\ 3 & 6 & 1 & 4 \\ -8 & 2 & 5 & 2 \end{pmatrix}$$

Die folgende „Do"-Schleife läuft von i=2 bis m (in unserem Beispiel ist m=3 die Anzahl der Zeilen, die Schleife läuft also von der zweiten bis zur dritten Zeile) und führt die oben beschriebene Zeilenumformung in jeder dieser Zeilen durch:

Do[Ab[[i]] = Ab[[i]] - Ab[[i, 1]] / Ab[[1, 1]]*Ab[[1]] , {i, 2, m}]

Ab // MatrixForm

$$\begin{pmatrix} 2 & -4 & 2 & 16 \\ 0 & 12 & -2 & -20 \\ 0 & -14 & 13 & 66 \end{pmatrix}$$

Nachdem wir diesen Schritt erledigt haben, müssen wir auch die Variable x_2 in der dritten Gleichung eliminieren, so dass in der dritten Zeile unserer Beispielmatrix nur noch der neue Koeffizient von x_3 und die neue rechte Seite stehen. Auch diesen Vorgang wollen wir automatisieren. Wir benötigen dazu eine zweite „Do"-Schleife, die nicht wie bisher nur die erste Spalte der Matrix bearbeitet, sondern sukzessive auch die nächsten Spalten. Stellen wir für unsere Programmierung zu Lernzwecken noch einmal die Ausgangsmatrix her, und programmieren wir zwei „Do"-Schleifen, die ineinander verschachtelt sind:

Ab = Absave;

Ab // MatrixForm

$$\begin{pmatrix} 2 & -4 & 2 & 16 \\ 3 & 6 & 1 & 4 \\ -8 & 2 & 5 & 2 \end{pmatrix}$$

Hinweis: Die besagte doppelte „Do"-Schleife ist eine einzige Mathematica-Anweisung, steht also in einer einzigen Eingabezelle. Wir haben sie nur der Übersichtlichkeit halber über 5 Zeilen verteilt. Sie sollten sie daher komplett eintippen und dann erst mit „Shift" und „Enter" an das System abschicken.

```
Do[
    Do[
        Ab[[i]] = Ab[[i]] - Ab[[i, j]] / Ab[[j, j]]*Ab[[j]] ,
        {i, j + 1, m} ],
    {j, 1, m - 1}]
```

Wenn in der äußeren Schleifenstruktur j=1 ist (erste Spalte), dann läuft in der inneren Schleife i von j+1=2, also von der zweiten Zeile, bis zur Zeile m (hier m=3) und führt in jeder dieser Zeilen die Umformung durch, die eine Null in der j-ten (zunächst also der ersten) Spalte bewirkt. Dann wird j um 1 erhöht, man ist daher in der zweiten Spalte. Es sind aber dann nicht mehr alle Zeilen von i=2 bis m zu bearbeiten, denn der Fall i=2 ist bereits erledigt. Der Zeilenindex, bei dem die Rechnung nun beginnt, ist dann 3 (also j+1). Wie Sie sehen, wird in der inneren der beiden Schleifen jeweils eine komplette Zeile der Matrix unter der Bezeichnung Ab[[i]] transformiert. In vielen Programmiersprachen muss jedes Matrixelement einzeln transformiert werden. Man benötigt dazu eine weitere Schleife. Natürlich könnte man auch in Mathematica so programmieren. Der Code wäre dann statt der oberen zwei Schleifen beispielsweise wie folgt zu schreiben. (Hinweis: Wenn Sie das gleich ausprobieren wollen, müssen Sie die Ursprungsmatrix „Ab" wiederherstellen durch Eingabe von *Ab=Absave*.)

```
Do[
    Do[ { c=Ab[[i,j]]/Ab[[j,j]],
          Do[ Ab[[i,k]] = Ab[[i,k]] - c*Ab[[j,k]] ,
            {k,j,n+1}]
        },
      {i, j + 1, m} ],
  {j, 1, m - 1}]
```

Auch hier bitte die ganze Schleifenstruktur in eine einzige Eingabezelle schreiben und erst danach abschicken. Die Matrix „Ab" ist also nun durch eine der gezeigten Vorgehensweisen auf eine Stufenform reduziert.

Ab // MatrixForm

$$\begin{pmatrix} 2 & -4 & 2 & 16 \\ 0 & 12 & -2 & -20 \\ 0 & 0 & \frac{32}{3} & \frac{128}{3} \end{pmatrix}$$

Schreiben wir uns das zugehörige Gleichungssystem einmal hin:

$$2\,x_1 - 4\,x_2 + 2\,x_3 = 16$$
$$12\,x_2 - 2\,x_3 = -20$$
$$\frac{32}{3}\,x_3 = \frac{128}{3}$$

Sie erkennen daran, wie man die Lösung nun durch „Rückwärtseinsetzen" erhält: Man berechnet zunächst aus der letzten Gleichung x_3, setzt den so gefundenen Wert in die vorletzte Gleichung ein und berechnet damit x_2. Beide Werte kann man dann in die erste Gleichung einsetzen, um x_1 zu erhalten. Wir wollen dies zunächst für jede Zeile einzeln vorführen und danach versuchen, die Formel für eine Schleife zu finden. Um die Schreibweise nicht unnötig zu komplizieren, bezeichnen wir die Elemente einer Matrix nach ihrer Umformung wieder mit den selben Symbolen, wie vor der Umformung. Das gilt auch für den Vektor b.

Um x_3 zu bestimmen, teilen wir den Wert $b_3=Ab_{3,4}=\frac{128}{3}$ durch den Koeffizienten, der bei der Variablen x_3 steht, also durch $Ab_{3,3}=\frac{32}{3}$. Wir erhalten den Wert 4 als Lösung für x_3:

x[3] = Ab[[3, 4]]/Ab[[3, 3]]

4

Nun berechnen wir x_2 durch Einsetzen von x_3 in die vorletzte (hier zweite) Gleichung und anschließendes Auflösen. Beachten Sie bitte dabei, dass in unserem Beispiel dem Element b_2 das Matrixelement $Ab_{2,4}$ entspricht:

x[2] = (Ab[[2, 4]] - x[3]*Ab[[2, 3]])/Ab[[2, 2]]

-1

Schließlich folgt die Berechnung von x_1:

x[1] = (Ab[[1, 4]] - x[3]*Ab[[1, 3]] - x[2]*Ab[[1, 2]])/Ab[[1, 1]]

2

Bevor wir nun eine Schleife für das automatisierte Rückwärtseinsetzen programmieren, löschen wir alle Werte in x, um sicher zu sein, dass wir später auch wirklich die neu berechneten Werte ausgeben.

Clear[x]

Zum Testen, ob die alten Werte tatsächlich gelöscht sind, geben wir noch einmal x[1] ein:

x[1]

x[1]

Nun folgt die „Do"-Schleife. Die Schleife durchläuft rückwärts alle Zeilen, das heißt von m bis 1 mit Schrittweite -1. Innerhalb der Schleife finden Sie die „Sum"-Anweisung für die Summenbildung der Terme $x_j Ab_{i,j}$. (Hinweis: Im Fall i=m=n liefert die Sum-Anweisung hier den Wert 0.)

Do[x[i] =
1/Ab[[i, i]]*(Ab[[i, n + 1]] - Sum[x[j]*Ab[[i, j]], {j, i + 1, n}]),
{i, m, 1, -1}]

Geben wir nun noch einmal alle drei Werte x_1, x_2 und x_3 der Lösung aus:

x[1]

2

x[2]

-1

x[3]

4

Wir wollen schließlich testen, was Mathematica mit einer bereits implementierten Anweisung als Ergebnis erhält. Dazu gibt es das Kommando „LinearSolve". In dieser Anweisung stehen die Bezeichnungen für die Matrix und die rechte Seite des Gleichungssystems in eckigen Klammern.

LinearSolve[A, b]

{2, -1, 4}

Wie Sie sehen, findet Mathematica die gleiche Lösung. Nun werden Sie fragen, ob uns denn nicht die Anweisung „LinearSolve" genügt. Dem ist nicht so, denn wir erhalten stets nur eine spezielle

Lösung des Systems (sofern es eine Lösung gibt). Hat ein System dagegen unendlich viele Lösungen, so müssen wir durchaus noch weitere Berechnungen vornehmen. Außerdem kam es uns ja zunächst nur darauf an, den Algorithmus kennenzulernen. Eine komfortablere Version des programmierten Algorithmus finden Sie im folgenden Abschnitt.

1.2 Erweitertes Programm zum Gauß-Algorithmus

Im vorherigen Abschnitt dieses Kapitels haben wir den Algorithmus von Gauß in seiner einfachsten Form kennengelernt. In dem auf der folgenden Seite aufgelisteten Programm finden Sie eine etwas erweiterte Form dieses Algorithmus, damit Sie auch praktisch damit arbeiten können. Diese Fassung ermöglicht es Ihnen, das Verfahren auch anzuwenden, wenn das Gleichungssystem keine oder keine eindeutige Lösung besitzt. Die Schritte zur Umformung der Zeilen der erweiterten Matrix wurden hier als Funktion bzw. Modul programmiert, um verschiedene Möglichkeiten zu demonstrieren. Das Verfahren, das wir hier programmiert haben, ist die sogenannte Gauß-Jordan-Variante des Gauß-Algorithmus. Anstelle der oben benutzten Formeln für das Rückwärtseinsetzen in der einfachen Variante des Gauß-Algorithmus wird hier die Matrix „Ab" noch weiter reduziert, bis auch über der Hauptdiagonalen nur Nullen auftreten. Dadurch ist das Ablesen der Lösung einfacher. Hat das System genau eine Lösung, so wird der Algorithmus durchlaufen und der Lösungsvektor ausgegeben. Hat ein Gleichungssystem keine Lösung, so wird eine entsprechende Mitteilung ausgegeben und der Algorithmus abgebrochen. Falls mehr als eine Lösung existiert (also unendlich viele), wird automatisch die allgemeine Lösung des betrachteten Gleichungssystems A·x=b gebildet, die sich als Linearkombination der allgemeinen Lösungen des zugehörigen homogenen Systems A·x=0 und einer speziellen Lösung der inhomogenen Gleichung A·x=b ergibt. Es wird im Verlauf des Algorithmus eine Pivotsuche durchgeführt, das bedeutet, dass eventuell Zeilen- und Spaltenvertauschungen durchgeführt werden, um ein betragsgrößtes Pivotelement zu finden. Dies ist numerisch günstiger.

Das Programm wurde von uns relativ ausführlich gestaltet. Es können auch Matrizen behandelt werden, die bei Standardalgorithmen ohne Zeilen- und Spaltenvertauschungen zum Abbruch oder zu falschen Resultaten führen würden, zum Beispiel folgender Art (* steht für einen beliebigen Wert)

$$\begin{pmatrix} * & * & * & * & * & * \\ 0 & 0 & 0 & 0 & 0 & 0 \\ 0 & 0 & * & * & * & * \\ 0 & 0 & * & * & * & * \\ 0 & 0 & * & * & * & * \end{pmatrix}$$

Anwendungsbeispiele zum nun folgenden Listing finden Sie im daran anschließenden Abschnitt. Dieses Programm ist ausnahmsweise ein wenig umfangreicher in der Eingabe. Wegen seines praktischen Nutzens, wollten wir es Ihnen aber trotzdem anbieten. Falls Sie einen Scanner besitzen, können Sie das Programm statt abzutippen in eine Textdatei einscannen (Scannresultat bitte genau prüfen!). Von dort kann das Programm in Mathematica übertragen werden, denn wir haben es vollständig als Textdatei (und ohne griechische Buchstaben) erstellt. Beispielsweise steht \[Lambda] im Listing für den griechischen Buchstaben λ und kann sowohl in dieser Textform, als auch über die Tastenkombination „Esc" ,"l" „Esc" als Buchstabe λ eingegeben werden, wenn Sie die Zeilen direkt in Mathematica eintippen. Weitere wichtige Hinweise zur Eingabe des Programms finden Sie am Schluß des Listings. Bevor Sie dann die Beispiele aus dem darauf folgenden Abschnitt dieses Kapitels durchrechnen können, müssen Sie in Mathematica die einzelnen Programmteile mit „Shift" und „Enter" abschicken oder mit der Folge der Menüpunkte „Kernel", „Evaluation" und „Evaluate Notebook" starten.

Zum Aufbau des Mathematica-Programms ist folgendes zu bemerken: Die ersten drei Programmzeilen dienen der Initialisierung. Hier werden zunächst alle eventuell noch von vorherigen Berechnungen vorhandenen Variablen und Werte gelöscht. Dann wird das Paket zur Matrixumformung "LinearAlgebra`MatrixManipulation`" geladen und die Syntaxüberprüfung ausgeschaltet, um Warnhinweise wegen ähnlich lautender Namen zu vermeiden. Die beiden folgenden Zeilen beinhalten Funktionen („Vert", „Mult") zur Durchführung von Zeilenvertauschungen bzw. Multiplikation einer Zeile mit einer Zahl. Die Addition des Vielfachen einer Zeile zu einer anderen (Ersetzungsschritt) ist hier als Modul „ES" realisiert. Der eigentliche Kern des Programms wurde als Modul „Gauss" programmiert.

Dieser Modul arbeitet wie folgt: Er transformiert durch elementare Umformungen die erweiterte Matrix $(A|b)$ des Gleichungssystems in eine neue Matrix, aus deren Spalten die Lösung des Gleichungssystems einfach zu entnehmen ist. Dazu werden vom Programm zweimal je maximal m Iterationsschritte durchgeführt. Bei den ersten m Iterationen - der Iterationsindex sei mit j bezeichnet - wird beim j-ten Schritt an der Stelle, wo das Element a_{jj} stand, eine Eins erzeugt. Danach werden alle Matrixelemente in der Spalte j, die unterhalb a_{jj} stehen, zu Nullen reduziert. Anschließend werden nochmals m Schritte vollzogen, bei denen alle Elemente oberhalb der „Hauptdiagonalen" durch elementare Umformungen in Nullen übergeführt werden.
Bei diesen beiden Schleifendurchgängen sind mehrere Spezialfälle zu prüfen. Aus diesem Grund sind in dem Modul „Gauss" einige „If"-Abfragen implementiert. Bei der ersten „If"-Anweisung wird geprüft, ob an der Stelle, wo das Element a_{jj} stand, eine Null steht. Ist dies der Fall, so können wiederum mehrere Spezialfälle vorliegen, die getestet werden müssen. Zum einen könnten bei jedem der ersten m Iterationsschritte in dem Block bzw. an den Stellen, wo die Elemente von a_{jj} bis a_{mn} standen, nur Nullen stehen. Wenn dies eintritt, ist die erste der beiden Iteration beendet. Als zweites wird geprüft, ob die j-te Zeile nur aus Nullen besteht. In diesem Fall wird diese Zeile durch eine darunter liegende ausgetauscht. Nun könnte noch die Spalte j ab der Position, wo a_{jj} stand, aus Nullen bestehen. Dann werden Spalten vertauscht. Ist danach a_{jj} immer noch gleich Null, so wird die Zeile j mit einer darunterliegenden Zeile vertauscht, und zwar so, daß das betragsmäßig größte Element in dieser Spalte (unterhalb der Position von a_{jj}) nun an dieser Stelle steht. Falls nach all diesen Maßnahmen a_{jj} immer noch gleich Null ist, wird die Iteration abgebrochen. Danach können die m Iterationsschritte der zweiten Iterationsfolge durchgeführt werden, die die Elemente oberhalb der Hauptdiagonalen durch Zeilenumformungen auf Null reduzieren. Zum Schluß wird noch geprüft, ob das System keine Lösung hat. Dies ist der Fall, wenn der Rang der erweiterten Matrix $(A|b)$ größer als der Rang von A ist. (In diesem Fall liegt b nicht im Spaltenraum von A). Sind beide Ränge gleich, so gibt es genau eine Lösung, die dann ausgegeben wird. Im anderen Fall wird die Lösung aus einer speziellen Lösung des inhomogenen Gleichungssystems und der allgemeinen Lösung des homogenen Systems zusammengesetzt.

```mathematica
                    (* Gauß-Algorithmus als Mathematica-Modul *)
Remove["Global`*"]

Needs ["LinearAlgebra`MatrixManipulation`"]

Off[General::spell1]; Off[General::spell];

 Vert[A_, k_, j_] := A /. {A[[k]] -> A[[j]], A[[j]] -> A[[k]]};

 Mult[A_, a_, i_] := A /. {A[[i]] -> a*A[[i]]};

 ES[A_, a_, i_, k_] := Module[{Ah}, {Ah = A; Ah[[k]] = a*Ah[[i]] + Ah[[k]]; Ah}][[1]];

Gauss[A_, b_] :=
 Module[
 {m, n, perm, Ab, RangAb, RangA, Abn, xp, x0, r, \[Lambda]v, x },
 {
 {m, n} = Dimensions[A]; perm = {};
 Ab = Transpose[Append[Transpose[A], b]];
 Do[{
      If[Ab[[j, j]] == 0,
              {If[    Apply[Plus, Apply[Plus, TakeMatrix[Ab, {j, j}, {m, n}]]*
                      Conjugate[TakeMatrix[Ab, {j, j}, {m, n}]]]] == 0,
                      Break[]
                ],
              If[    Ab[[j]].Conjugate[Ab[[j]]] == 0,
                     Do[If[Ab[[j1]].Conjugate[Ab[[j1]]] =!= 0,
                          {Ab = Vert[Ab, j1, j], Break[]}],
                          {j1, j + 1, m}]
                ],
              If[    Apply[Plus, Apply[Plus, TakeMatrix[Ab, {j, j}, {m, j}]*
                     Conjugate[TakeMatrix[Ab, {j, j}, {m, j}]]]] == 0,
                     Do[If[Ab[[j, i1]] =!= 0,
                          {Ab = Transpose[Vert[Transpose[Ab], j, i1]],
                          perm = Append[perm, {j, i1}],
                          Break[]
                        }],{i1, j + 1, n}]
                ]
      }],
      If[Ab[[j, j]] == 0,
              {c = Max[Abs[Flatten[TakeMatrix[Ab, {j, j}, {m, j}]]]],
               Do[ If[c == Abs[Ab[[z, j]]], {Ab = Vert[Ab, j, z], Break[]}],
                    {z, j + 1, m}]
              }
        ],
      If[Ab[[j, j]] == 0, Break[], Ab = Mult[Ab, 1/Ab[[j, j]], j]],
              Do[Ab = ES[Ab, -Ab[[i, j]], j, i], {i, j + 1, m}]
 }, {j, 1, Min[ n, m]}];

(*Ab = Chop[Ab] *);
```

```
Do[Ab = ES[Ab, -Ab[[i, j]], j, i],
    {j, Min[n, m], 2, -1},
    {i, j - 1, 1, -1}] ;

(* Ab = Chop[Ab] *);

RangAb =  Length[Select[(Ab*Conjugate[Ab]).Table[1, {n + 1}], # != 0 &]];
r = RangA = Length[Select[(TakeColumns[Ab, n]*TakeColumns[Conjugate[Ab], n]).
                                        Table[1, {n}], # != 0 &]];

If[RangAb > RangA, {Print["Keine Loesung"], Abort[];}];
Abn = If[r == n,
        Ab,
        AppendColumns[ Take[Ab, {1, r}],
      -Take[Transpose [ Append[Transpose[IdentityMatrix[n]],Table[0, {n}]]], {r + 1, n}]]
      ];

xp = TakeRows[TakeColumns[Abn, {n + 1}], n];
x0 = TakeRows[TakeColumns[Abn, {r + 1, n}], n];
\[Lambda]v =Table[\[Lambda][i], {i, 1, Length[Transpose[x0]]}];

x = If[Union[x0] == {{}}, xp, xp + x0.\[Lambda]v];

If[Length[perm] =!= 0,Table[x = Vert[x, perm[[i, 1]], perm[[i, 2]]], {i, 1,Length[perm]}]];

 x // MatrixForm
}][[1]]
```

(Zur Sicherheit hier nochmals die folgenden Hinweise: \[Lambda] kann auch als λ über die Tasten-kombination „Esc" ,"l" „Esc" eingegeben werden, wenn Sie die Zeilen direkt in Mathematica ein-tippen. Der Modul Gauss[A,b] muß ab der Zeile „Gauss[A_,b_]:=" bis zum Programmende kom-plett in eine eigene Eingabezelle von Mathematica geschrieben werden, ebenso wie die vorange-henden einzelnen Zeilen jeweils eigene Eingabezellen benötigen.)

1.3 Beispiele zum Gauß-Algorithmus

Wenn Sie das Programm im vorausgehenden Listing eingetippt bzw. gescannt und in Mathematica übertragen haben, können Sie es zur Lösung von linearen Gleichungssystemen einsetzen. Sie müssen nach einem Durchlauf des Programms dazu nur noch die Matrix A und den Vektor b definieren. Dann können Sie mit *Gauss[A,b]* das Programm aufrufen. Wir wollen einige typische Beispiele rechnen:

Beispiel 1:

Wir wählen ein Gleichungssystem mit 3 Gleichungen und drei Unbekannten. Gegeben sei die folgende 3×3-Matrix:

A = {{2, 4, −1}, {1, 0, 4}, {3, 2, 0}}

```
{{2, 4, -1}, {1, 0, 4}, {3, 2, 0}}
```

Der Vektor b, also die rechte Seite des zugehörigen Gleichungssystems, sei:

b = {−1, 6, 4}

```
{-1, 6, 4}
```

Rufen Sie jetzt unser Programm aus dem Listing auf. Sie erhalten als Ausgabe der nun folgenden Eingabezeile „Gauss[A,b]" den Lösungsvektor x. Dieser ist hier eindeutig bestimmt.

Gauss[A, b]

$$\begin{pmatrix} 2 \\ -1 \\ 1 \end{pmatrix}$$

Beispiel 2:

Wir wählen ein Gleichungssystem mit nur zwei Unbekannten, aber 4 Gleichungen. Das System ist also überbestimmt. Die Matrix hat mehr Zeilen als Spalten:

A = {{2, 4}, {−1, 5}, {3, 6}, {1, −8}}

```
{{2, 4}, {-1, 5}, {3, 6}, {1, -8}}
```

b={-6, -11, -9, 17};

Gauss[A, b]

$$\begin{pmatrix} 1 \\ -2 \end{pmatrix}$$

Die Lösung ist also $x_1=1$ und $x_2=-2$.

<u>Beispiel 3:</u>

Wir wählen die gleiche Matrix A wie im vorangehenden Beispiel, allerdings ersetzen wir im Vektor b die Zahl -9 durch 10. Dadurch hat dieses System keine Lösung. Das Programm gibt einen entsprechenden Kommentar aus.

A = {{2, 4}, {−1, 5}, {3, 6}, {1, −8}}

```
{{2, 4}, {-1, 5}, {3, 6}, {1, -8}}
```

b = {−6, −11, 10, 17}

```
{-6, -11, 10, 17}
```

Gauss[A, b]

```
Keine  Loesung
$Aborted
```

<u>Beispiel 4:</u>

Wir wählen ein Gleichungssystem mit drei Unbekannten, aber nur 2 Gleichungen. Das System ist also unterbestimmt. Die Matrix hat weniger Zeilen als Spalten:

A = {{1, 2, −4}, {2, 1, 3}};

b={-12, 15}

Gauss[A, b]

$$\begin{pmatrix} 14 + \dfrac{10\,\lambda[1]}{3} \\[2mm] -13 - \dfrac{11\,\lambda[1]}{3} \\[2mm] -\lambda[1] \end{pmatrix}$$

Wie Sie sehen, enthält die Lösung einen frei wählbaren Parameter λ_1.

<u>Beispiel 5:</u>

Wir wählen ein Gleichungssystem mit imaginären Zahlen. Die imaginäre Einheit wird hier, entsprechend der mathematischen Schreibweise, mit dem Buchstaben i bezeichnet. Die Eingabe in Mathematica erfolgt mit einem großen „I" oder durch die Tastenkombinationen „Esc" „i" „Esc". In der Elektrotechnik ist hier die Bezeichnung j üblich.

A = {{2 i, 4, −1}, {1, 0, 4 i}, {3, 2 i − 5, 0}}

```
{{2 i, 4, -1}, {1, 0, 4 i}, {3, -5 + 2 i, 0}}
b = {-1 + 2 i, 6 i, 4}
```

```
{-1 + 2 i, 6 i, 4}
```

Gauss[A, b]

$$
\begin{pmatrix}
\dfrac{6840}{5069} - \dfrac{918\,i}{5069} \\[2mm]
\dfrac{232}{5069} - \dfrac{458\,i}{5069} \\[2mm]
\dfrac{7833}{5069} + \dfrac{1710\,i}{5069}
\end{pmatrix}
$$

Sie können das Resultat überprüfen, wenn Sie die Lösung x (hier wird mit % die letzte Ausgabe bezeichnet) wieder mit A multiplizieren. Dann erhalten Sie natürlich b.

A. %

```
{{-1 + 2 i}, {6 i}, {4}}
```

<u>Beispiel 6:</u>

Betrachten wir einmal folgende Matrix, bei der eine Nullzeile nicht erst als letzte Zeile auftaucht. Auch solche Fälle werden im Programm berücksichtigt.

A = {{-1, 1, 1, 4}, {5, 0, 1, 7}, {1, 1, 0, 0}, {0, 0, 0, 0}, {1, 0, 0, 0}};
A // MatrixForm

$$
\begin{pmatrix}
-1 & 1 & 1 & 4 \\
5 & 0 & 1 & 7 \\
1 & 1 & 0 & 0 \\
0 & 0 & 0 & 0 \\
1 & 0 & 0 & 0
\end{pmatrix}
$$

b = {-10, -20, 5, 0, 1};

Gauss[A, b]

$$
\begin{pmatrix}
1 \\
4 \\
3 \\
-4
\end{pmatrix}
$$

<u>Beispiel 7:</u>

Gelegentlich können in den Matrixelementen Zahlen mit vielen Nachkommastellen auftauchen, die zu Rundungsfehlern führen können. Man kann sich unter Umständen mit der Anweisung „Rationalize" weiterhelfen, bevor man daran denkt andere Verfahren zu benutzen:
Gegeben seien folgende Matrix A und der Vektor b, die wir zuerst nach der bereits bekannten Methode behandeln.

A = {{0, 0.1, 0.05, 1}, {−0.00000001, 100020, −0.0000000004, −200}, {100, 0.001, 0.006, 3}};

A // MatrixForm

$$\begin{pmatrix} 0 & 0.1 & 0.05 & 1 \\ -1.\times 10^{-8} & 100020 & -4.\times 10^{-10} & -200 \\ 100 & 0.001 & 0.006 & 3 \end{pmatrix}$$

b = {0.00023, −0.000156, .1}

$\{0.00023\ ,\ -0.000156\ ,\ 0.1\}$

Gauss[A, b]

$$\begin{pmatrix} 0.000999724 + 0.0287998\ \lambda[1] \\ -1.55969\times 10^{-9} - 0.0019996\ \lambda[1] \\ 0.0046 + 20.004\ \lambda[1] \\ -\lambda[1] \end{pmatrix}$$

Nun wollen wir unseren Gauß-Algorithmus benutzen, um das Problem exakt durchzurechnen. Wir wandeln die Dezimalzahlen in A und b um in Brüche:

A = Rationalize[A]

$$\left\{\left\{0, \frac{1}{10}, \frac{1}{20}, 1\right\}, \left\{-\frac{1}{100000000}, 100020, -\frac{1}{2500000000}, -200\right\}, \left\{100, \frac{1}{1000}, \frac{3}{500}, 3\right\}\right\}$$

b = Rationalize[b]

$$\left\{\frac{23}{100000}, -\frac{39}{250000}, \frac{1}{10}\right\}$$

A // MatrixForm

$$\begin{pmatrix} 0 & \frac{1}{10} & \frac{1}{20} & 1 \\ -\frac{1}{100000000} & 100020 & -\frac{1}{2500000000} & -200 \\ 100 & \frac{1}{1000} & \frac{3}{500} & 3 \end{pmatrix}$$

Wir lösen das System:

L = Gauss[A, b]

$$
\begin{pmatrix}
\dfrac{17855784725507285711}{17860714285714428375000} + \dfrac{48009233333333732\,\lambda[1]}{1667000000000013315} \\[2ex]
-\dfrac{557142814867}{3572142857142885567500} - \dfrac{666666666639040\,\lambda[1]}{3334000000000002663} \\[2ex]
\dfrac{3286373657142714289}{7144285714285771135000} + \dfrac{6669333333333331340\,\lambda[1]}{3334000000000002663} \\[2ex]
-\lambda[1]
\end{pmatrix}
$$

Die obige Lösung ist exakt. Man kann die Koeffizienten nun mit beispielsweise 30 Stellen ausgeben lassen. Den Parameter $\lambda[1]$ haben wir dabei in u umbenannt, weil bei der Umwandlung in numerische Werte auch der Index 1 des Parameters mit 30 Stellen ausgegeben würde.

N[L /. $\lambda[1] \to$ u, 30]

$$
\begin{pmatrix}
0.000999723999828434326155734223793 + 0.0287997800439912108763819521638\ u \\[1ex]
-1.55968794403877978369627581902 \times 10^{-9} - 0.00199960007990112380043487469498\ u \\[1ex]
0.0046000031193758880775595 6739255 + 20.0039992001598022476008697494\ u \\[1ex]
-1.00000000000000000000000000000\ u
\end{pmatrix}
$$

2 Iterationsverfahren

Beim Lösen von Gleichungen werden oft Verfahren benutzt, die mehrfach durchlaufen werden, wobei die jeweils bei einem Durchlauf gefundene Näherung für die Lösung der Gleichung in den folgenden Durchlauf als Startwert für die weitere Berechnung übernommen wird. Das Verfahren bricht dann ab, wenn die zuletzt gefundene Lösung den Genauigkeitsanforderungen entspricht oder eine vorgegebene Anzahl von Rechenschritten überschritten wird. Wir sprechen von einem iterativen Verfahren. Diese Verfahren benötigen vor dem ersten Durchlauf einen Startwert, den der Benutzer vorgeben muß. Von einer günstigen Wahl des Startwerts kann das Verhalten des Verfahrens abhängen. Das heißt: ob und in welcher Zeit das Verfahren eine Lösung findet, kann vom gewählten Startwert und damit von der Routine des Benutzers abhängen. Zunächst beschäftigen wir uns mit einer einzelnen nichtlinearen Gleichung der Form f(x)=0 mit einer einzigen Unbekannten x. Wir suchen also die Lösung dieser Gleichung, das heißt die Nullstelle von f.

2.1 Newton-Verfahren

2.1.1 Newton-Verfahren für Funktionen mit einer Variablen

Gegeben sei eine auf einem Intervall (a,b) differenzierbare Funktion f(x), die in diesem Intervall eine Nullstelle besitze. Wir versuchen diese Nullstelle numerisch zu bestimmen, also eine Lösung der Gleichung f(x)=0 zu finden. Dazu wählen wir einen Startwert x_0 in diesem Intervall, der möglichst nahe an der gesuchten Nullstelle liegt. Einen solchen Startwert kann man beispielsweise einer Übersichtsgrafik entnehmen oder gewissen natürlichen (z.B. physikalischen) Bedingungen an die Funktion f. Man bildet, wie in der nächsten Grafik zu sehen ist, die Tangente an den Graphen von f im Punkt $(x_0, f(x_0))$. Der Schnittpunkt der Tangente mit der x-Achse stellt unter Umständen einen verbesserten Wert x_1 der Lösung dar und wird als Ausgangspunkt für den nächsten Iterationsschritt benutzt. Dem Bild entnimmt man, dass die Lösung bei diesem Beispiel im Bereich zwischen 1 und 2 liegt. Man kann daher zum Beispiel $x_0=2$ als Startwert wählen.

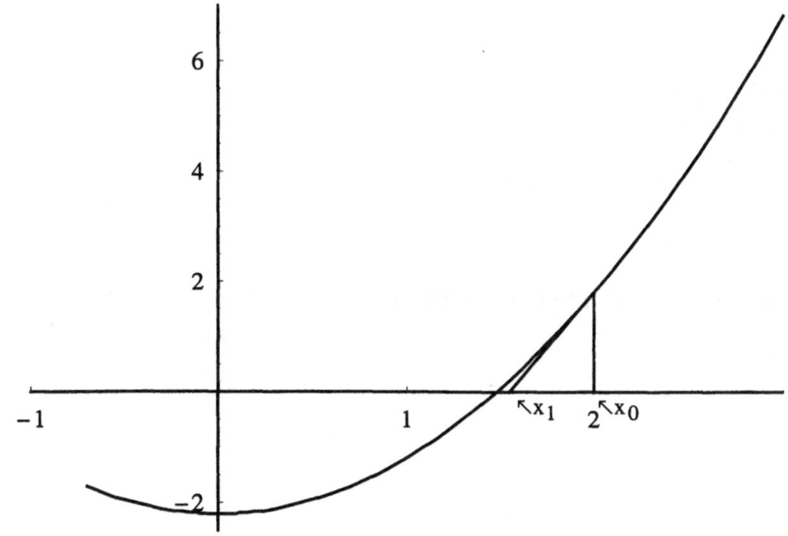

Der erste Näherungswert x_1 ergibt sich, wenn man den Schnittpunkt der Tangente in $(x_0, f(x_0))$ mit der x-Achse berechnet. Die Punkt-Richtungsform der Geraden lautet für die Tangente:

$$y - f(x_0) = f'(x_0) \cdot (x - x_0) \ .$$

Nach Auflösung ergibt dies für den Schnittpunkt $x = x_1$ mit der x-Achse, also bei Nullsetzen von y, die Formel: $x_1 = x_0 - f(x_0)/f'(x_0)$. Dieser so gefundene Wert x_1 wird dann im nächsten Iterationsschritt als neuer Startwert gesetzt, um eine neue Näherung x_2 zu finden, usw. Die Formel des Newton-Verfahrens lautet allgemein

$$x_{n+1} = x_n - f(x_n)/f'(x_n); \quad n = 0, 1, 2, \dots$$

Wir programmieren nun das Newton-Verfahren mit Mathematica und betrachten damit das Nullstellenproblem für das Beispiel $f(x) = e^x - x - 2$. Dazu löschen wir mit „Remove" zunächst alle eventuell noch von vorherigen Berechnungen im Rechner befindlichen Definitionen und Werte.

Remove["Global ` *"]

Wir legen die Funktion f fest. Hier können Sie bei Ihren eigenen Aufgaben die von Ihnen gewünschte differenzierbare Funktion eintragen.

$f[x\_] := e^x - x - 2$

Die Formel des Newton-Verfahrens wird als Funktion mit dem Namen „Nt" festgelegt. Indizes benötigen wir für die Programmierung hierbei nicht.

$Nt[x\_] := x - f[x] / f'[x]$

Bevor wir den Startwert festlegen, erstellen wir eine Übersichtsgrafik in einem Bereich, in dem wir eine Nullstelle vermuten. Anstelle des unten stehenden einfachen „Plot"-Befehls können Sie auch durch einige Optionen Ihre Grafik verschönern. Auch für die später folgenden Grafiken können Sie diese und weitere Optionen in der Mathematica-Hilfe finden, auf die wir wegen der Länge der Anweisungen oft verzichtet haben. Wir zeigen diese Möglichkeit hier einmalig als Alternative (in Kursivschrift).

```
Plot[f[x], {x, -5, 5},
   PlotRange -> {{-5, 5}, {-2, 15}},
   PlotStyle -> {Thickness[0.006], Dashing[{0.00, 0.00}]},
   RGBColor[0, 0, 0]},
   AspectRatio -> 1, DefaultFont -> {"Times", 13}
   Axes -> True,
   AxesLabel -> {" x", " y "},
   AxesOrigin -> {0, 0},
   AxesStyle -> {GrayLevel[0.1], Thickness[0.005]}}];
```

Plot[f[x], {x, -5, 5}]

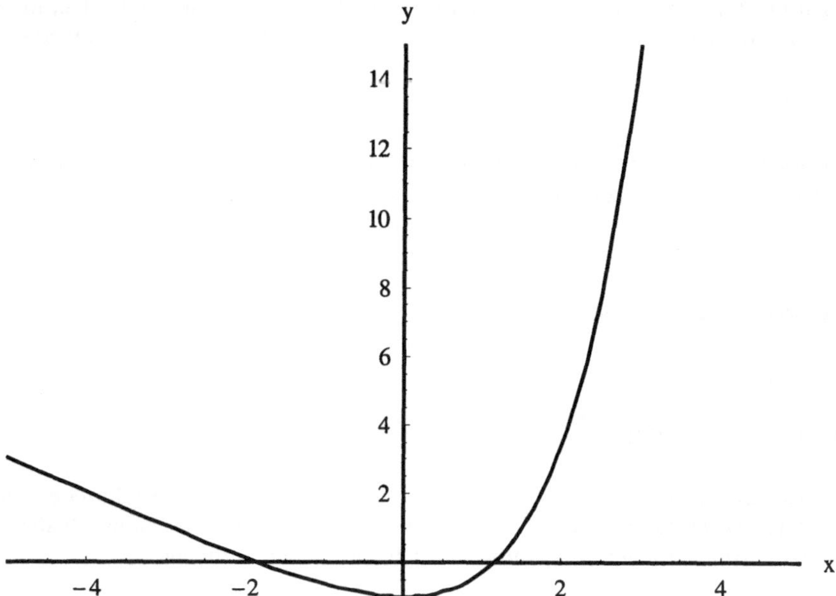

Die Grafik zeigt, dass die Funktion zwei Nullstellen zwischen –2 und 2 besitzt. Man sieht: Aus der Grafik kann man meist nur die ungefähre Lage der Nullstellen entnehmen. Für genauere Zahlenwerte sind wir daher auf unsere numerischen Berechnungen angewiesen. Wir wollen zunächst die weiter rechts liegende positive Nullstelle berechnen. Daher wählen wir zum Beispiel $x_0 = 2.5$ als groben Startwert für die Iteration. Mit der Angabe von $n = 10$ legen wir fest, dass 10 Iterationen gerechnet werden sollen.

x0 = 2.5; n = 10;

Falls Sie einen ganzzahligen Startwert, z.B. 2, vorgeben wollen, sollten Sie unbedingt darauf achten, einen Dezimalpunkt nach der Zahl zu setzen. Sonst würde Mathematica versuchen, die spätere Berechnung (siehe „NestList"-Anweisung weiter unten) symbolisch und nicht numerisch durchzuführen! Für einige wenige Rechenschritte mag das exakte Rechnen noch gelingen, es führt aber sehr rasch zu großen Rechenzeiten und ist für unsere Intention auch nicht nötig.

Programmschleifen für die Iteration, wie Sie diese eventuell auch aus anderen Programmiersprachen kennen („Do"-Schleife , For-Schleifen,...), gibt es in Mathematica zwar auch, wir verwenden hier allerdings - etwas eleganter - die „NestList"-Anweisung.

L = NestList[Nt, x0, n]

{2.5, 1.81299, 1.36146, 1.17523, 1.1468, 1.14619, 1.14619, 1.14619, 1.14619, 1.14619, 1.14619}

Der letzte Zahlenwert in dieser Liste von 11 Werten ist der nach 10 Iterationen gefundene Näherungswert für die (rechte) Nullstelle. Sie sehen, dass hier bei dieser Ausgabegenauigkeit nicht so viele Iterationen nötig gewesen wären. Der Startwert steht als erster Wert ebenfalls in der Liste. Das von uns programmierte Newtonsche Verfahren wird in entsprechender Weise in vielen Programmpaketen verwirklicht. Natürlich hat auch Mathematica einen Befehl, mit dem es möglich ist, Gleichungen - auch nichtlineare - zu lösen. Dieser Befehl heißt „Solve". Wir vergleichen die von uns gefundene Lösung mit der von Mathematica durch die „Solve"-Anweisung direkt gefundenen:

Solve [f[x] == 0, x]

InverseFunction::ifun : Inverse functions are being used. Values may be lost for multivalued inverses.
Solve::ifun : Inverse functions are being used by Solve, so some solutions may not be found.

$$\left\{\left\{x \to -2 - \text{ProductLog}\left[-\frac{1}{e^2}\right]\right\}, \left\{x \to -2 - \text{ProductLog}\left[-1, -\frac{1}{e^2}\right]\right\}\right\}$$

Um die Zahlenwerte zu erhalten, geben wir ein:

% // N

$\{\{x \to -1.84141\}, \{x \to 1.14619\}\}$

Mathematica hat also beide Nullstellen ausgegeben. Die folgenden drei Eingabezeilen dienen zusätzlich der grafischen Darstellung der Tangenten, wie Sie häufig in Praktikumsaufgaben verlangt wird. Sie sollen die Annäherung an die Nullstelle auch optisch verdeutlichen.

t[x_, x0_] := f '[x0] (x − x0) + f[x0]

T = Map [t[x, #] &, L] // Expand

```
{-20.2737 + 11.1825 x, -6.9826 + 5.12874 x,
  -3.4104 + 2.9019 x, -2.56754 + 2.23888 x, -2.46213 + 2.14809 x,
  -2.45995 + 2.14619 x, -2.45995 + 2.14619 x, -2.45995 + 2.14619 x,
  -2.45995 + 2.14619 x, -2.45995 + 2.14619 x, -2.45995 + 2.14619 x}
```

Plot [{T, f[x]} // Evaluate , {x, 0.5, 3}, Prolog −> Map [Line [{{#, 0}, {#, f[#]}}] &, L]]

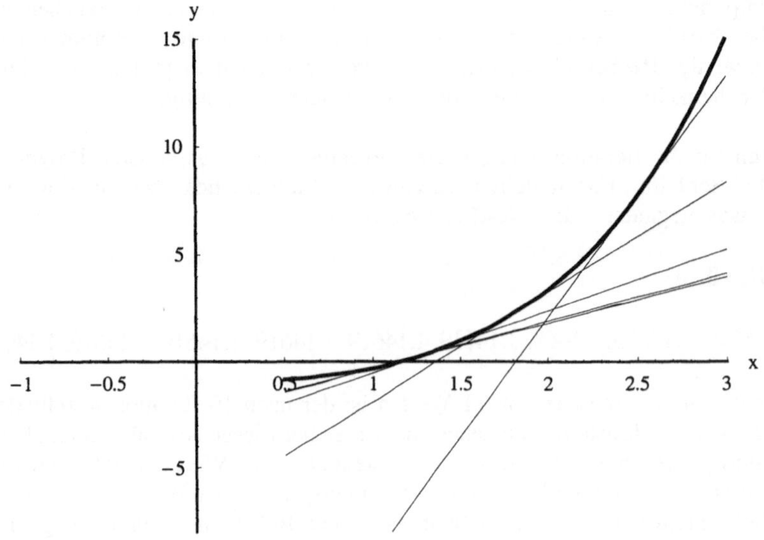

Wir müssten nun noch bei unserer eigenen Programmierung die linke Nullstelle durch geeignete Wahl eines Startwertes finden. Das bleibt Ihnen als Aufgabe überlassen.

Statt auf das Ergebnis der „Solve"-Anweisung die Anweisung „//N" wie oben anzuwenden, kann man auch direkt „NSolve" benutzen. Diese Anweisung versucht nicht eine eventuell mögliche exakte (symbolische) Lösung zu finden, sondern liefert direkt die numerischen Resultate. Ansonsten ist die Syntax die gleiche. Eine andere Mathematica-Anweisung für das Aufsuchen von Nullstellen einer Funktion lautet „FindRoot". Diese benutzt je nach zusätzlich gewählter Option (zum Beispiel Vorgabe der Ableitung mittels „Jacobian") auch das Newton-Verfahren. Ein Beispiel für die Anwendung dieser Anweisung folgt nun. Um die Gleichung $e^{-x}=x$ mit Startwert $x=1$ zu lösen, geben Sie beispielsweise ein:

FindRoot[Exp [−x] == x, {x, 1}, WorkingPrecision → 25]

$\{x \rightarrow 0.5671432904097838729999687\}$

Weitere Optionen der „FindRoot"-Anweisung finden Sie nach Eingabe von

Options[FindRoot]

```
{AccuracyGoal  → Automatic , Compiled  → True , DampingFactor  → 1,
  Jacobian  → Automatic , MaxIterations  → 15, WorkingPrecision  → 16 }
```

Hinweise zum Gebrauch dieser Optionen finden Sie in der Hilfe des Mathematica-Systems, die Sie unter dem „?" Symbol der Menüleiste aktivieren können.

Das Newton-Verfahren $x_{n+1}=x_n-f(x_n)/f'(x_n)$ ist eine spezielle Form des allgemeinen Iterationsverfahrens $x_{n+1}=\varphi(x_n)$, das wir in einem späteren Abschnitt dieses Kapitels noch kennenlernen werden. Für Konvergenzbetrachtungen benötigt man in der Numerik häufig den Banachschen Fixpunktsatz, den wir hier ohne Beweis erwähnen:

<u>Satz (Banach)</u>: Es sei φ eine Abbildung einer abgeschlossenen Teilmenge D des $\mathbb{R}^m$ in sich, die kontrahiert, das heißt, für die gilt $\|\varphi(x)-\varphi(\overline{x})\| \leq q \cdot \|x-\overline{x}\|$; $q<1$; $x,\overline{x}\in D$. Dann gibt es in D genau einen Fixpunkt x^* von φ, also einen Punkt x^* mit $x^*=\varphi(x^*)$.

Ausgehend von einem Wert x_0 bezeichnet man mit $x_1 = \varphi(x_0)$, $x_2 = \varphi(x_1)$,... die Folge der Näherungswerte für den Fixpunkt. Es gilt die Fehlerabschätzung

$$\|x^* - x_n\| \leq \frac{q}{1-q} \cdot \|x_n - x_{n-1}\| \leq \frac{q^n}{1-q} \cdot \|x_1 - x_0\|.$$

Bemerkung: Der Satz gilt allgemeiner in sogenannten Banach-Räumen, das sind normierte Vektorräume (über $\mathbb{R}$ oder $\mathbb{C}$), in denen jede Cauchyfolge konvergiert. Sein Beweis ist in jedem guten Buch über Funktionalanalysis zu finden.

Nach dem Banachschen Fixpunktsatz und dem Mittelwertsatz der Differentialrechnung kann gezeigt werden, dass ein allgemeines Iterationsverfahren $x_{n+1}=\varphi(x_n)$ mit der differenzierbaren Iterationsfunktion φ konvergiert, falls $|\varphi'|<1$ in dem betrachteten Bereich. Für das Newton-Verfahren gilt $\varphi(x)=x-f(x)/f'(x)$, und daher ist $\varphi'=f''\cdot f / f'^2$. Wer sich für die theoretischen Aspekte der Konvergenz von Iterationsverfahren, insbesondere des Newton-Verfahrens näher interessiert, sei beispielsweise auf das Buch „Analysis 1" von Otto Forster hingewiesen (siehe Literaturverzeichnis).

2.1.2 Newton-Verfahren im $\mathbb{R}^m$

Wir betrachten nun das Newton-Verfahren für Gleichungen mit mehreren Variablen (Newton-Verfahren im $\mathbb{R}^m$). Für unser Beispiel wählen wir m=2, das heißt zwei Gleichungen in zwei Unbekannten, damit wir unsere Berechnungen durch geeignete Grafiken anschaulich machen können. Die Verallgemeinerung der Rechnung auf mehr als zwei Variablen läuft aber analog. Lediglich auf die Grafik muß in höheren Dimensionen verzichtet werden.

Zu lösen sei als Beispiel das nichtlineare Gleichungssystem

$$x_1^2 + x_2^2 = 5$$
$$x_1 + x_2 = -1.5.$$

Dies ist gleichbedeutend mit dem Aufsuchen der Nullstellen der beiden reellwertigen Funktionen $f_1(x_1,x_2)= x_1^2 + x_2^2 - 5$ und $f_2(x_1,x_2)= x_1 + x_2 +1.5$. Wir fassen die beiden Funktionen f_1 und f_2 als die Komponenten einer differenzierbaren Abbildung $f:\mathbb{R}^2\to\mathbb{R}^2$ auf und suchen einen Punkt $(x_1,x_2)\in\mathbb{R}^2$, für den gilt $f(x_1,x_2)=(f_1(x_1,x_2),f_2(x_1,x_2))=(0,0)\in \mathbb{R}^2$, der also Nullstelle von f ist. Nun programmieren wir in Mathematica. Zuerst löschen wir alle eventuell noch vorhandenen Variablen und Definitionen und geben danach die Funktion f ein:

Remove["Global`*"]

f[{x1_, x2_}] := {x1^2 + x2^2 - 5, x1 + x2 + 1.5}

f[{x1, x2}] // MatrixForm

$$\begin{pmatrix} -5 + x1^2 + x2^2 \\ 1.5 + x1 + x2 \end{pmatrix}$$

Man kann jede Komponente von f ansprechen durch die Angabe der Nummer der Komponente in doppelten eckigen Klammern nach dem Funktionsnamen und den Argumenten. Zum Beispiel erhält man die erste Komponente f1 von f durch:

f[{x1, x2}][[1]]

$$-5 + x1^2 + x2^2$$

Da beide Komponenten in unserem Falle reellwertige Funktionen auf dem $\mathbb{R}^2$ sind, können wir diese mit der „Plot3D"-Anweisung darstellen. Die Ausgabe der Bilder wird hier aus Platzgründen mit Hilfe der Option „DisplayFunction->Identity" unterdrückt. Alle Grafiken werden weiter unten in einem Bild gemeinsam dargestellt.

b1 = Plot3D[f[{x1, x2}][[1]], {x1, -4, 4}, {x2, -4, 4}, ClipFill -> None,
**   BoxRatios -> {1, 1, 1}, PlotRange -> {{-4, 4}, {-4, 4}, {-5, 3}},**
**   PlotPoints -> 30, DisplayFunction -> Identity];**

b2 = Plot3D[f[{x1, x2}][[2]], {x1, -5, 5}, {x2, -5, 5},
**   Mesh -> False, PlotPoints -> 30, DisplayFunction -> Identity];**

Die Ebene, die das Nullniveau repräsentiert, wollen wir zusätzlich für die Grafik definieren:

h[x1_, x2_] := 0

b3 = Plot3D[h[x1, x2], {x1, -5, 5}, {x2, -5, 5},
PlotPoints -> 30, DisplayFunction -> Identity];

Nun folgt die besagte Gesamtgrafik. Die Nullstellen, die wir suchen, sind die gemeinsamen Schnittpunkte der beiden Komponenten von f mit der Nullniveauebene. Die Grafik kann uns einen Anhaltspunkt dafür geben, welchen Startwert wir für die anschließende numerische Berechnung wählen.

Gr = Show[b1, b2, b3, BoxRatios -> {1, 1, 1}, PlotRange -> {{-4, 4}, {-4, 4}, {-5, 3}},
DisplayFunction -> $DisplayFunction, ColorOutput -> CMYKColor,
ViewPoint -> {0.599, -3.221, 0.845}];

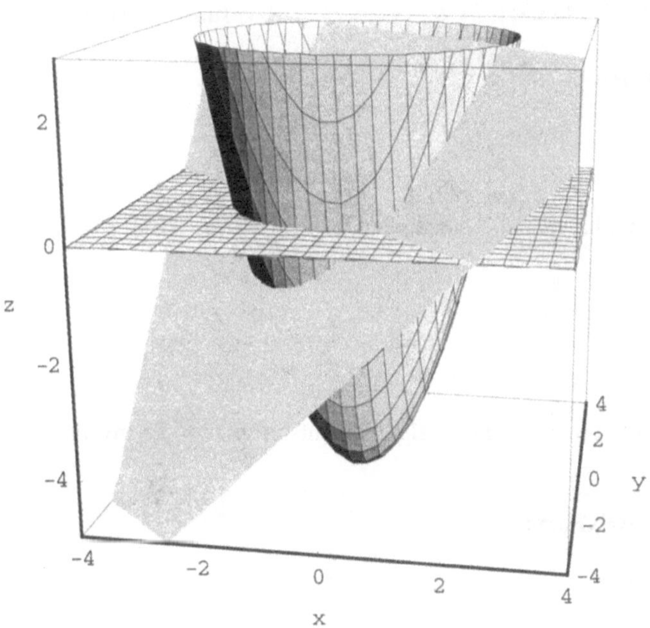

Analog der Newtonschen Formel für den eindimensionalen Fall ($x_{n+1}=x_n-f(x_n)/f'(x_n)$; $n=0,1,2,...$) benötigen wir hier die Ableitung von f, genauer gesagt, die sogenannte Jacobimatrix Jf, bzw. deren Inverse Jf^{-1}. Es handelt sich bei der Jacobimatrix um die Matrix der partiellen Ableitungen aller Komponenten der Abbildung f nach allen Variablen. Für allgemeines m und k sieht die Jacobimatrix einer differenzierbaren Abbildung $f:\mathbb{R}^m \to \mathbb{R}^k$ in einem Punkt x_0 des Definitionsbereichs von f folgendermaßen aus:

$$J_{x_0}f = \begin{pmatrix} \dfrac{\partial f_1}{\partial x_1}(x_0) & \cdots & \dfrac{\partial f_1}{\partial x_m}(x_0) \\ & \cdot & \\ & \cdot & \\ & \cdot & \\ \dfrac{\partial f_k}{\partial x_1}(x_0) & \cdots & \dfrac{\partial f_k}{\partial x_m}(x_0) \end{pmatrix}$$

Die Formel für das Newton-Verfahren im höherdimensionalen Fall (k=m>1) schreiben wir nun wie folgt:

$$x_{n+1} = x_n - J_{x_n} f^{-1} \cdot f(x_n) \qquad ; \ n=0,1,2,\dots$$

x_{n+1} und x_n, sowie $f(x_n)$ sind jetzt Vektoren im $\mathbb{R}^m$, und die Inverse der Jacobimatrix $J_{x_n} f^{-1}$ ist eine m×m-Matrix. Wie man sieht, muss hier für jeden Iterationsschritt die Jacobimatrix in einem anderen Punkt als beim vorherigen Schritt ausgewertet werden. Das ist mit Mathematica kein Problem, zumal numerische Näherungen für die partiellen Ableitungen benutzt werden können. Früher nahm man vereinfachend jeweils immer dieselbe Jacobimatrix. Das Verfahren braucht dadurch mehr Iterationsschritte.

Man kann die Jacobimatrix in Mathematica wie folgt mit dem D-Operator für die partiellen Ableitungen programmieren:

Jf[{x1_, x2_}] = Map[D[f[{x1, x2}], #] &, {x1, x2}] // Evaluate // Transpose;

Jf[{x1, x2}] // MatrixForm

$$\begin{pmatrix} 2\,x1 & 2\,x2 \\ 1 & 1 \end{pmatrix}$$

Im Punkt (3,2) beispielsweise hat man die Jacobimatrix:

Jf[{3, 2}] // MatrixForm

$$\begin{pmatrix} 6 & 4 \\ 1 & 1 \end{pmatrix}$$

Dem Kehrwert der Ableitung im eindimensionalen Fall entspricht hier die Inversion der Jacobimatrix:

Inverse[Jf[{x1, x2}]] // MatrixForm

$$\begin{pmatrix} \dfrac{1}{2\,x1 - 2\,x2} & -\dfrac{2\,x2}{2\,x1 - 2\,x2} \\[2ex] -\dfrac{1}{2\,x1 - 2\,x2} & \dfrac{2\,x1}{2\,x1 - 2\,x2} \end{pmatrix}$$

Wir wählen nun den Punkt (-2,2) als einen möglichen Startwert und schreiben die Formel für das Newton-Verfahren hin.

x0 = {-2., 2.};

Ntf[{x1_, x2_}] := {x1, x2} - f[{x1, x2}].Inverse[Jf[{x1, x2}]]

Zur Probe testen wir einen einzelnen Schritt des Verfahrens:

Ntf[x0]

```
{-1.8125 , -0.25}
```

Nun wird mit Hilfe der „NestList"-Anweisung die komplette Iteration durchlaufen. Wir wählen hier im Beispiel 20 Iterationen:

L = NestList[Ntf, x0, 20]

```
{{-2., 2}, {-1.8125 , -0.25 }, {-2.16125 , 0.138125 },
 {-2.11489 , 0.648443 }, {-2.14028 , 0.647817 }, {-2.14155 , 0.641923 },
 {-2.14192 , 0.642028 }, {-2.14194 , 0.64194 }, {-2.14194 , 0.641942 },
 {-2.14194 , 0.641941 }, {-2.14194 , 0.641941 }, {-2.14194 , 0.641941 },
 {-2.14194 , 0.641941 }, {-2.14194 , 0.641941 }, {-2.14194 , 0.641941 },
 {-2.14194 , 0.641941 }, {-2.14194 , 0.641941 }, {-2.14194 , 0.641941 },
 {-2.14194 , 0.641941 }, {-2.14194 , 0.641941 }, {-2.14194 , 0.641941 }}
```

Wie man sieht, sind bei dieser Genauigkeit der Ausgabe nicht so viele Iterationen nötig. Die "Nest-List"-Anweisung gibt zusätzlich noch den Startwert mit aus, so dass der Endwert unserer Berechnung hier erst an Position 21 der Liste L steht.

P = L[[21]]

```
{-2.14194 , 0.641941 }
```

Dies ist die gefundene Nullstelle. Für eine grafische Darstellung in einem räumlichen Koordinatensystem hängen wir als dritte Komponente dieses Punktes eine Null an:

P3d = Append[P, 0]

```
{-2.14194 , 0.641941 , 0}
```

Nun zeichnen wir diesen Raumpunkt zusammen mit den oben schon dargestellten Komponentenfunktionen:

b4 = Graphics3D[{RGBColor[1, 0, 0], PointSize[0.03], Point[P3d]}];

**gr2 = Show[Gr, b4, ColorOutput -> CMYKColor,
    ViewPoint -> {-2.816, -1.358, 1}];**

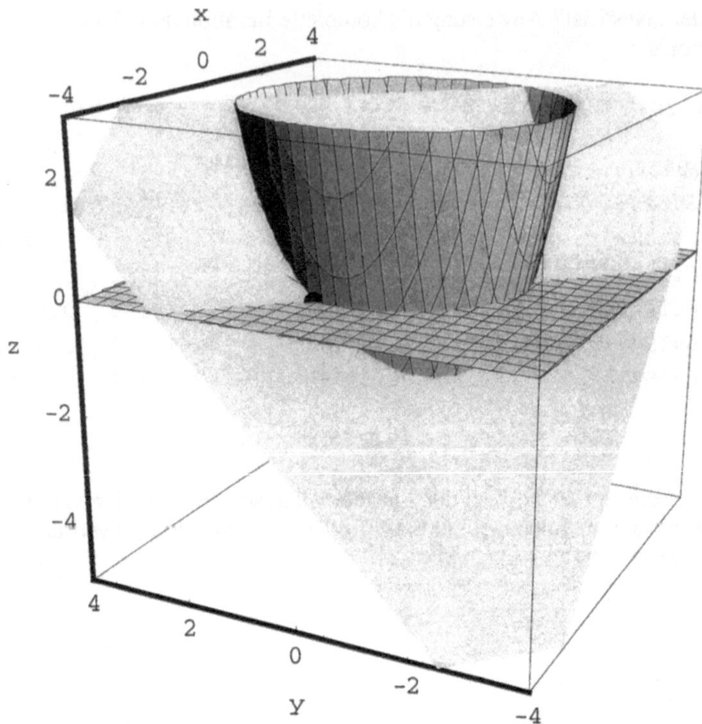

Wie Sie sehen, haben wir tatsächlich eine Nullstelle gefunden. Das Auffinden der anderen Nullstelle ist abhängig von der Wahl eines geeigneten Startwerts (oder folgt hier aus Symmetriegründen).

Nun, da wir das Newton-Verfahren selbst programmiert haben, wollen wir noch überprüfen, was Mathematica als Lösung findet, wenn wir direkt die „Solve“-Anweisung benutzen, die ebenfalls mit der Newton-Iteration arbeitet.

Solve[f[{x1, x2}] == {0, 0}]

```
{{x1 → -2.14194 , x2 → 0.641941 }, {x1 → 0.641941 , x2 → -2.14194 }}
```

Mathematica findet hier auch die zweite Nullstelle, die aus Symmetriegründen in unserem Beispiel die gleichen Zahlenwerte in der jeweils anderen Variablen besitzt. Sie haben somit in der „Solve“-Anweisung zusätzlich ein mächtiges Instrument zum Lösen von Gleichungen (nichtlinearer und linearer Gleichungen) zur Verfügung.

2.2   Allgemeines Iterationsverfahren

2.2.1 Eindimensionale Fixpunktiteration

Zum iterativen Lösen von nichtlinearen Gleichungen wird oft das folgende allgemeine Iterationsverfahren benutzt, auch „Methode der sukzessiven Approximation“ oder manchmal einfach „Fixpunktverfahren“ genannt. Der Vorteil gegenüber dem Newton-Verfahren ist der, dass hier die Berechnung der Ableitung von f entfällt. Der Nachteil ist der, dass man im allgemeinen mehr Iterationen benötigt, als beim Newton-Verfahren.

Zu lösen ist wiederum die Gleichung f(x)=0. Wir führen diese aber zuerst in die sogenannte Fixpunktform x=φ(x) für eine zu bestimmende Funktion φ über. Dies ist immer möglich, zum Beispiel durch Addition von x auf beiden Seiten der Gleichung f(x)=0, wobei nun φ(x)=x+f(x). Allerdings muß eine solche Iterationsfunktion nicht unbedingt ein konvergentes Iterationsverfahren liefern. Auch φ(x)=x-f(x) wäre eine solche Iterationsfunktion. Den Fixpunkt x von φ zu finden ist äquivalent zur Bestimmung der Lösung x von f(x)=0. Die Iterationsvorschrift für die numerische Berechnung lautet: $x_{n+1}=\varphi(x_n)$. Am besten, wir betrachten ein Beispiel zur Vorgehensweise. Zu lösen sei die Gleichung cos(x)-x=0. Wir programmieren mit Mathematica:

Remove["Global`*"]

f[x_]:=Cos[x]-x

Wir definieren eine Iterationsfunktion φ(x):

φ[x_] := f[x] + x

Bevor wir uns für einen Startwert entscheiden, verschaffen wir uns eine Übersicht über f .

Plot[f[x],{x,-1,5}];

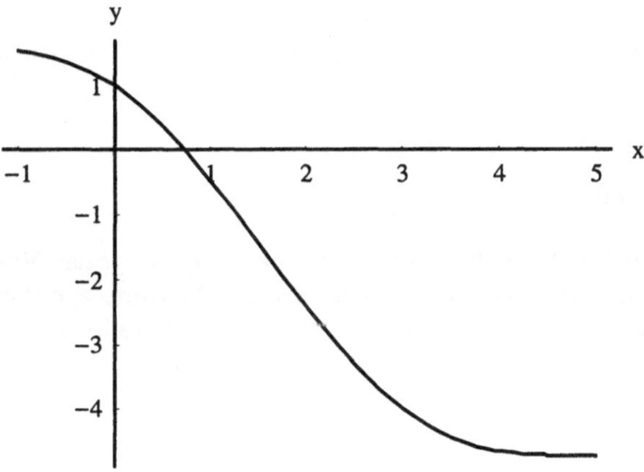

Wir entscheiden uns zum Beispiel für x_0=0.1 als Startwert für die Iteration.

x0 = 0.1;

Wie schon beim Newton-Verfahren, benutzen wir auch hier den „NestList"-Befehl für das wiederholte Durchführen der Iteration:

L = NestList [φ, x0, 10]

{0.1, 0.995004, 0.544499, 0.855387, 0.655927, 0.792483, 0.702079, 0.763501, 0.72242, 0.750208, 0.731547}

Um die Annäherung des Verfahrens an den Fixpunkt der Iterationsfunktion (bzw. der Nullstelle der Ausgangsfunktion) auch grafisch darzustellen, benutzen wir die Map-Anweisung. Die Gleichung

$x=\varphi(x)$ besagt, dass wir die Stelle suchen, wo die Iterationsfunktion φ die Gerade y=x schneidet. Dies wird nun verdeutlicht.

H[x0_] := {Line [{{x0, x0}, {x0, φ[x0]}}], Line [{{x0, φ[x0]}, {φ[x0], φ[x0]}}]}

Plot[{φ[x], x}, {x, 0, π / 2}, Prolog –> Flatten[Map[H, L]]];

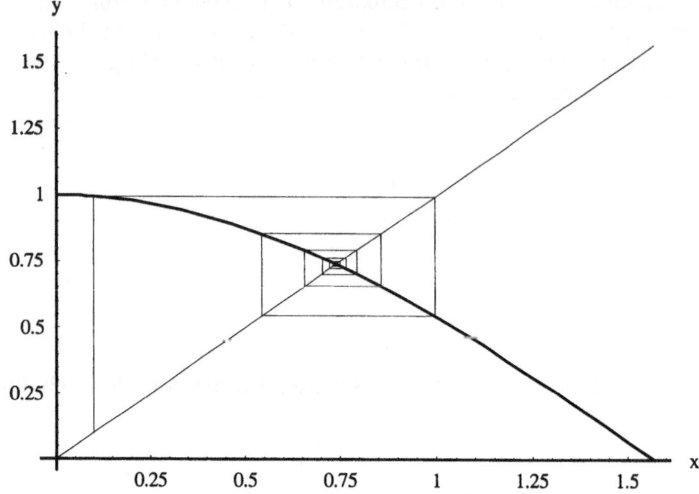

Die Iteration lässt sich auch auf die folgende Weise als Funktion mit Mathematica darstellen:

a[0] := x0;

a[n_] := a[n] = φ[a[n – 1]]

Die Formulierung mit a[n] in der Mitte der oberen Anweisung bringt den Vorteil, dass man bei einer neuen Berechnung der Iteration bereits vorher berechnete Werte zur Verfügung hat und nicht die gesamte Iteration von vorn durchlaufen muß. Will man 10 Iterationsschritte berechnen, so gibt man ein:

a[10]

0.731547

Dies entspricht der letzten Zahl in der obigen „NestList"-Anweisung.

Ihre <u>Aufgabe</u> besteht nun darin, eigene Beispiele zu rechnen und die Genauigkeit der Rechnung in Abhängigkeit von der Anzahl der Iterationen zu betrachten. Dazu können Sie entweder eine bekannte (genauere oder exakte) Lösung heranziehen, oder Sie beobachten, ab wieviel Iterationsschritten eine von Ihnen gewählte Nachkommastelle „stabil" bleibt, sich also bei Erhöhung der Iterationszahl nicht mehr ändert. Ein Beispiel für Divergenz ist: $f(x)=0.2\ x^2-x+2$ mit Startwert $x_0=8$. Ändern Sie die Plotbereiche in den Grafikanweisungen entsprechend ab, ebenso wie die maximale Anzahl der Iterationen.

2.2.2 Fixpunktverfahren im $\mathbb{R}^m$

Nach dem in den bisherigen Abschnitten dieses Kapitels zur Iteration Gesagten, können wir die Fixpunktiteration im $\mathbb{R}^m$ rasch behandeln. Wir beschränken uns im folgenden Beispiel wieder auf den Fall m=2. Gesucht ist dabei die Nullstelle der Funktion $f(x_1,x_2)=(x_1-\cos(x_2), x_1^2-8x_2)$. In diesem Abschnitt wollen wir noch einmal verdeutlichen, dass das Konvergenzverhalten des Verfahrens von der Wahl der Iterationsfunktion Φ abhängt. Im ersten Fall benutzen wir hier die Iterationsfunktion, die durch Auflösung der Gleichung $f(x_1,x_2)=(0,0)$ nach den beiden Variablen x_1 und x_2 entsteht. Damit konvergiert hier das Verfahren. Im zweiten Fall wird die Iteration, wie auch schon im vorangehenden Abschnitt, durch Addition von $x=(x_1,x_2)$ zur Funktion f erzeugt. Das Verfahren konvergiert hier nicht.

Remove["Global`*"]

f[{x1_, x2_}] := {x1 − Cos[x2], x1^2 − 8x2}

Die Iterationsfunktion, die man durch Auflösung erhält, lautet:

$\Phi[\{x1\_, x2\_\}] := \left\{Cos[x2], 1/8\,x1^2\right\}$

Der Startwert sei $x_0=(1,1)$ und die Iteration wird wie im eindimensionalen Fall mit der „NestList"-Anweisung gerechnet (hier 10 Iterationen):

x0 = {1., 1.}

{1., 1.}

NestList[Φ, x0, 10] // TableForm

1.	1.
0.540302	0.125
0.992198	0.0364908
0.999334	0.123057
0.992438	0.124834
0.992218	0.123117
0.992431	0.123062
0.992437	0.123115
0.992431	0.123116
0.992431	0.123115
0.992431	0.123115

Als gesuchte Näherungslösung für die Koordinaten des Fixpunkts von Φ, bzw. die Nullstelle von f, wählen wir die Werte in der letzten (hier also 11.) Zeile der obigen Tabelle. Nun rechnen wir zum Vergleich mit der Iterationsfunktion, die aus f durch Addition von x entsteht:

$\Phi[\{x1\_, x2\_\}] := \{x1, x2\} + f[\{x1, x2\}]$

NestList[Φ, x0, 10] // TableForm

1.	1.
1.4597	-6.
1.95923	44.1307
2.92944	-305.076
6.80098	2144.12
13.5818	-14962.6
27.8302	104922.
54.7796	-733682.
109.144	5.13878×10^6
217.628	-3.59595×10^7
434.665	2.51764×10^8

Wie zu sehen ist, konvergiert das Verfahren mit dieser Iterationsfunktion nicht. Der Grund ist folgender: Das oben beim Banachschen Fixpunktsatz beschriebene hinreichende Konvergenzkriterium $|\varphi'| < 1$ (im eindimensionalen Fall für den Betrag der Ableitung der Iterationsfunktion) ist im mehrdimensionalen Fall durch ein entsprechendes Kriterium für eine Norm der Jacobimatrix von Φ zu ersetzen. Wir bilden zunächst die Jacobimatrix:

JΦ[{x1_, x2_}] := {D[Φ[{x1, x2}], x1], D[Φ[{x1, x2}], x2]} // Transpose // Evaluate

JΦ[{x1_, x2_}] // MatrixForm

$$\begin{pmatrix} 2 & \text{Sin}[x2\_] \\ 2\,x1\_ & -7 \end{pmatrix}$$

Im Punkt x0 enthält sie folgende Werte:

A = JΦ[x0];

A // MatrixForm

$$\begin{pmatrix} 2 & 0.841471 \\ 2. & -7 \end{pmatrix}$$

Wir wählen beispielsweise die Spektralnorm (Hinweis: Vergleichen Sie bitte hierzu unser Kapitel über die Eigenwertberechnungen).

Max[Eigenvalues[Transpose[A].A]]

```
53.0739
```

Der Wert ist größer als 1, wie bei bei Divergenz zu erwarten war. Als <u>Aufgabe</u> berechnen Sie bitte die Norm der weiter oben benutzten Iterationsfunktion, welche zur Konvergenz geführt hatte.

2.3 Iteratives Lösen von linearen Gleichungssystemen

Die beiden Verfahren zur Lösung linearer Gleichungssysteme, die im folgenden beschrieben werden, gehören zu den Fixpunktverfahren. Wir benutzen in diesem Abschnitt Vektorpfeile, um Verwechslungen der indizierten Vektoren in den einzelnen Iterationsschritten mit ihren Komponenten zu vermeiden. Wir gehen von folgendem Gleichungssystem aus:

$$A \cdot \vec{x} = \vec{b}.$$

Hierbei sind A eine m×m-Matrix mit $\det(A) \neq 0$ und $\vec{b}$ ein m-dimensionaler Vektor. Gesucht ist der Vektor $\vec{x}$.

Ist die Inverse von A bekannt, so kann man die Lösung einfach über $\vec{x} = A^{-1} \cdot \vec{b}$ bestimmen. Mit einem Computeralgebrasystem wie Mathematica ist dies bei Matrizen bis zu einer bestimmten Größe kein Problem. Wir wollen nun ein Lösungsverfahren für das System $A \cdot \vec{x} = \vec{b}$ mit der Methode herleiten, die wir zuvor im Abschnitt über allgemeine Iterationsverfahren (Fixpunktverfahren) beschrieben haben. Wir bringen zunächst den Vektor $\vec{b}$ auf die linke Seite der Gleichung und addieren dann x auf beiden Seiten:

$$A \cdot \vec{x} + \vec{x} - \vec{b} = \vec{x}$$

Wir haben damit folgendes Fixpunktverfahren: $\vec{x}_{n+1} = (A+E)\ \vec{x}_n - \vec{b}$. Hierbei ist E die (m×m)-Einheitsmatrix.

Dieses Verfahren konvergiert, falls die Bedingung $\|A+E\| < 1$ für eine beliebige Matrixnorm $\|.\|$ erfüllt ist. (Dies folgt aus der Kontraktionsbedingung des Fixpunktpunksatzes.)
Wir beginnen mit dem folgenden Beispiel 1:

```
A = {{-0.8, 0.2, -0.6}, {0.4, -0.6, 0.4},
       {0.1, -0.2, -0.5}} // N;
```

```
b = {-2, 2, -1} // N;
```

Zuerst führen wir die Berechnung mittels $\vec{x} = A^{-1} \cdot \vec{b}$ durch.

```
l = N[Inverse[A].b, 10]
```

```
{0.163934 , -1.47541 , 2.62295 }
```

Nun folgt die Berechnung über die Iteration:

```
m = Length[A];
```

```
Φ[x_] := (A + IdentityMatrix[m]).x − b
```

```
x0 = {1, 1, 1} // N;
```

```
L = NestList[Φ, x0, 40];
```

Wenn Sie das Semikolon hinter der obenstehenden Anweisung weglassen, erhalten Sie die komplette Liste aller Wertetripel der Iterationsschritte. Da „NestList" auch den Startwert mit ausgibt, erhalten wir hier 41 Wertetripel. Meist interessiert uns jedoch nicht die komplette Liste, sondern nur der letzte Iterationsschritt. Daher geben wir ein:

L[[41]] // N

```
{0.163934 , -1.47541 , 2.62295 }
```

Ein weiteres iteratives Verfahren kann hergeleitet werden, wenn man zwei Matrizen N und P bestimmt, für die gilt A=N-P. Das ursprüngliche Gleichungssystem $A \cdot \vec{x} = \vec{b}$ wird somit $(N-P) \cdot \vec{x} = \vec{b}$ und daher ist $N \cdot \vec{x} = P \cdot \vec{x} + \vec{b}$.

Dies liefert nach Multiplikation beider Seiten mit N^{-1} die Form $\vec{x} = N^{-1} \cdot P \cdot \vec{x} + N^{-1} \cdot \vec{b}$, die die folgende Iterationsvorschrift ergibt:

$$\vec{x}_{n+1} = N^{-1} \cdot P \cdot \vec{x}_n + N^{-1} \cdot \vec{b}.$$

Dieses Verfahren konvergiert nach dem Fixpunktsatz, falls gilt $\|N^{-1} \cdot P\| < 1$. Das Verfahren, das sich dieser Methode bedient und das wir hier beschreiben, ist das Gesamtschrittverfahren (Jacobi-Verfahren). Hier liegt folgende Idee zugrunde, die wiederum auf dem Fixpunktverfahren basiert:

Aus dem linearen Gleichungssystem (mit a_{ii} ungleich Null, sonst Zeilen vertauschen):

$$a_{11}x_1 + a_{12}x_2 + ... a_{1m}x_m = b_1$$
$$a_{21}x_1 + a_{22}x_2 + ... a_{2m}x_m = b_2$$
$$\dots$$
$$a_{m1}x_1 + a_{m2}x_2 + ... a_{mm}x_m = b_m$$

folgt durch Umschreiben die iterative Form:

$$x_1 = (b_1 - (a_{12}x_2 + a_{13}x_3 + ... a_{1m}x_m))/a_{11}$$
$$x_2 = (b_2 - (a_{21}x_1 + a_{23}x_3 + ... a_{2m}x_m))/a_{22}$$
$$\dots$$
$$x_m = (b_m - (a_{m1}x_1 + a_{m2}x_2 + ... a_{m(m-1)}x_{m-1}))/a_{mm}$$

In Matrizen-Schreibweise ergibt sich die obige Form $\vec{x}_{n+1} = N^{-1} \cdot P \cdot \vec{x}_n + N^{-1} \cdot \vec{b}$ für das Verfahren, wenn wir die Matrizen N und P wie folgt definieren:

$$N = \begin{pmatrix} a_{11} & 0 & . & 0 \\ 0 & a_{22} & . & 0 \\ . & . & . & . \\ 0 & 0 & . & a_{mm} \end{pmatrix} ; \quad P = N - A = \begin{pmatrix} 0 & -a_{12} & . & -a_{1m} \\ -a_{21} & 0 & . & -a_{2m} \\ . & . & . & . \\ -a_{m1} & -a_{m2} & . & 0 \end{pmatrix}$$

Wir verwenden nochmals die Matrix A und den Vektor $\vec{b}$ aus dem vorherigen Beispiel und führen nun im folgenden Beispiel das Gesamtschrittverfahren durch.

Beispiel:

Wir geben die Matrix A und den Vektor $\bar{b}$ ein:
A = {{−0.8, 0.2, −0.6}, {0.4, −0.6, 0.4}, {0.1, −0.2, −0.5}} // N;

b = {−2, 2, −1} // N;

Dann definieren wir eine Einheitsmatrix „Em" (da der Buchstabe E in Mathematica reserviert ist für die Eulersche Zahl e) mit m Zeilen bzw. Spalten:

Em = IdentityMatrix[m];

Durch elementweise Multiplikation (nicht Matrixmultiplikation) von A mit Em erhalten wir eine Matrix Nm, in der genau die Diagonalelemente von A in der Diagonalen stehen, die restlichen Elemente jedoch Null sind.

Nm = A ∗ Em;
Nm // MatrixForm

$$\begin{pmatrix} -0.8 & 0 & 0 \\ 0 & -0.6 & 0 \\ 0 & 0 & -0.5 \end{pmatrix}$$

Die folgende Matrix P enthält die mit −1 multiplizierten Elemente von A, außer den Diagonalelementen, die bei P Null sind.

P = Nm − A;
P // MatrixForm

$$\begin{pmatrix} 0. & -0.2 & 0.6 \\ -0.4 & 0. & -0.4 \\ -0.1 & 0.2 & 0. \end{pmatrix}$$

Die Inverse Ni von Nm hat ebenfalls Diagonalgestalt und ihre Elemente sind die reziproken Werte der Elemente von Nm, wie der folgende Vergleich zeigt:

Ni = Inverse[Nm]

{{−1.25, 0., 0.}, {0., −1.66667, 0.}, {0., 0., −2.}}

Table[If[i == j, 1 / A[[i, j]], 0], {i, 1, m}, {j, 1, m}]

{{−1.25, 0, 0}, {0, −1.66667, 0}, {0, 0, −2.}}

Nun legen wir die Iterationsfunktion Φ und den Startvektor $\bar{x}_0$ fest:

Φ[x_] := (Ni.P).x + Ni.b

x0 = {1, 1, 1};

Wir führen 40 Iterationen durch. Vergleichen Sie bitte die nun folgende iterativ gefundene Lösung mit der oben in diesem Kapitel beim ersten Beispiel gefundenen Lösung nach der Gleichung $A^{-1}\, \bar{b}$.

L = NestList[Φ, x0, 40];

L[[40]]//N

```
{0.163934 , -1.47541 , 2.62295 }
```

3 Interpolation und Extrapolation

In vielen Bereichen der Wissenschaften findet man Wertetabellen. Ein Beispiel für eine solche Wertetabelle ist:

x	y
0.1	1.2109
0.25	1.27422
0.8	1.9424
0.85	2.01462

Jedem Wert x in der linken Spalte der Tabelle ist ein mit y bezeichneter Wert in der rechten Spalte gegenübergestellt. Die Werte der beiden Spalten sind jedoch nicht völlig unabhängig voneinander, sondern durch ein bestimmtes Gesetz, eine Funktion, verknüpft. Diese Funktion, das heißt die Zuordnungsvorschrift für die Tabellenwerte in Form einer Gleichung, kann uns entweder bekannt oder unbekannt sein. Dabei wollen wir z.B. Funktionen mit Sprungstellen ausschließen. Wir setzen also voraus, dass diese Funktion hinreichend „glatt" ist, das heißt genügend oft differenzierbar ist.

Ist die Funktionsvorschrift unbekannt, so lautet die Zielsetzung der Interpolation bzw. Extrapolation (die Begriffe werden unten näher erläutert), eine Funktion eines bestimmten Typs zu finden, die durch jeden der Punkte (x,y) verläuft. Oft wird aus Gründen der mathematischen Vereinfachung ein Polynom verwendet. In unserem Beispiel sind vier Punkte gegeben, nämlich (0.1, 1.2109), (0.25, 1.27422), (0.8, 1.9424) und (0.85, 2.01462). Wir sprechen vom „diskreten Fall" des Interpolations- bzw. Extrapolationsproblems.

Ist dagegen die Funktionsvorschrift f bekannt, so kann es trotzdem wünschenswert sein, eine einfachere Funktion - nennen wir sie p(x) - zu finden, die mit der gegebenen Funktion f in den festgelegten Punkten übereinstimmt. Meist wählt man Polynome für diese Ersatzfunktionen. Man kann dann mit diesen vertrauten Polynomen weiterarbeiten. Wir sprechen bei bekannter Funktion f vom stetigen Fall unseres Interpolations- bzw. Extrapolationsproblems. In diesem Fall kann man recht einfach eine Aussage darüber machen, welchen Fehler man begeht, wenn man die (bekannte) Funktion f durch die (einfachere) Funktion p ersetzt.

Ganz allgemein sind also die Funktionswerte $y_i = f(x_i)$ an gewissen Stellen x_0, x_1, ..., x_n des Definitionsbereichs einer reellen Funktion $y = f(x)$ mit einer einzelnen Variablen bekannt. Wir nennen die Stellen x_0, x_1, ..., x_n auch Stützstellen und die zugehörigen Punkte (x_0, y_0), (x_1, y_1), ...,(x_n, y_n) nennen wir Stützpunkte. Wir suchen Werte einer Ersatzfunktion p(x), welche durch die Stützpunkte verläuft, auch für andere Stellen des Defintionsbereichs. Die Ersatzfunktion p(x) ist in unserem Fall ein Polynom. Liegt die Stelle x, für die man einen Funktionswert p(x) berechnen möchte, innerhalb des Intervalls $[x_0, x_n]$, so spricht man von <u>Interpolation</u>. Liegt x dagegen außerhalb von $[x_0, x_n]$, so sprechen wir von <u>Extrapolation</u>. Das Polynom p(x), welches wir zur Berechnung von Zwischenwerten bestimmen, heißt Interpolationspolynom.

Bevor wir auf die Bestimmung der Funktionsgleichung eines Interpolationspolynoms zu sprechen kommen, wollen wir über die lineare Interpolation von Tabellenwerten sprechen, das heißt die Interpolation durch Verwendung von Geradenstücken. Wie Sie wissen, kann man gewünschte Werte einer Funktion zwischen (oder außerhalb von) zwei bekannten Tabellenwerten auf verschiedene Weise bestimmen. Betrachten Sie die folgende Grafik, in der die obigen Tabellenwerte als Punkte mit den Koordinaten $(x_i, f(x_i))$ grafisch dargestellt sind. Die uns unbekannte Funktion ist hier gestrichelt angedeutet, um deutlich zu machen, dass die Punkte zu deren Graph gehören („auf der Kurve liegen").

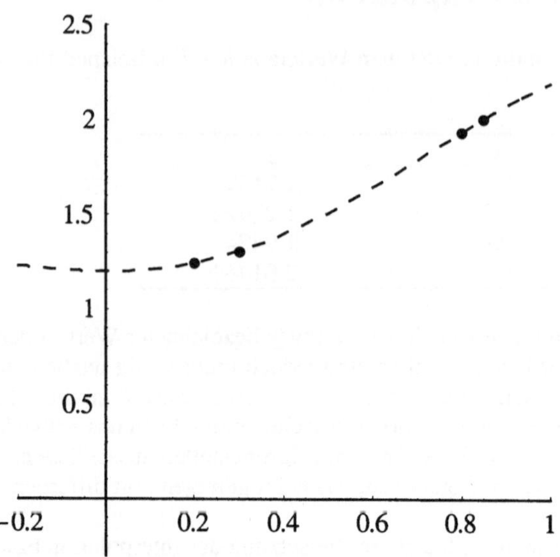

Um zu einem gewünschten Funktionswert an einer Stelle x zu kommen, kann man zum Beispiel mittels einer Geraden durch zwei der bekannten Stützpunkte $(x_i, f(x_i))$ und $(x_k, f(x_k))$, $i,k=0,...,n$; $i \neq k$, den Funktionswert f(x) „linear" interpolieren bzw. extrapolieren. Meist wird man hierzu benachbarte Stützstellen wählen. Im nächsten Bild erkennen Sie sofort, wie man zu einem Ansatz gelangt:

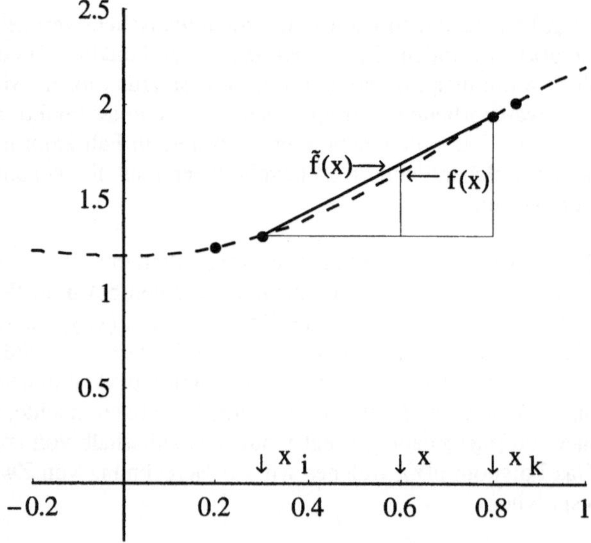

Wegen des Strahlensatzes gilt nämlich für eine Näherung $\tilde{f}(x)$ von f(x):

$$\frac{x - x_i}{x_k - x_i} = \frac{\tilde{f}(x) - f(x_i)}{f(x_k) - f(x_i)}$$

oder umgeformt

$$\tilde{f}(x) = \frac{f(x_k) - f(x_i)}{x_k - x_i}(x - x_i) + f(x_i).$$

Das entspricht der Zwei-Punkte-Form einer Geradengleichung. Durch die Verbindung zweier vorgegebener Punkte mit den Abszissen x_i bzw. x_k mittels einer Geraden berechnet man auf diese Weise die gesuchte Näherung $\tilde{f}(x)$ von $f(x)$ für eine Stelle x innerhalb oder außerhalb von $[x_i, x_k]$. Wir sprechen von „linearer Interpolation" bzw „linearer Extrapolation". Über die Güte der Näherung $\tilde{f}(x)$ von $f(x)$ ist zunächst noch nichts ausgesagt.

Wir könnten analog im ganzen Intervall $[x_0, x_n]$ stückweise lineare Funktionen zur Interpolation benutzen. Diese Art der Interpolation kann allerdings für „große" Abstände der Stützstellen x_i recht ungenau sein. Sie liefert zudem nur stückweise lineare Funktionen, die nicht über dem ganzen Bereich $[x_0, x_n]$ durch eine einzige Funktionsvorschrift für eine einzelne Gerade gegeben sind. Deshalb verwenden wir im folgenden ganzrationale Funktionen, die bereits erwähnten Interpolationspolynome. Wir werden also jetzt eine Funktion f durch ein Interpolationspolynom annähern, welches dieselben Funktionswerte in den Stützstellen x_i aufweist, wie die Funktion f. Dieses Interpolationspolynom ist aus Gründen der Eindeutigkeit höchstens vom Grade n, falls n+1 Stützstellen gegeben sind.

3.1 Lagrange-Interpolation

Beginnen wir mit einem Beispiel. Wir betrachten die folgende Liste der 5 Stützstellen x_0, x_1,..., x_4, die wir in Mathematica mit X bezeichnen, und die entsprechenden Funktionswerte y_0, y_1, ..., y_4, die wir in der Liste Y speichern.

Remove["Global`*"]

X={-1,0,1,2,3};

Y={8,1,-2,-1,28};

Wir wollen aus den n+1 Stützpunkten (hier 5) ein eindeutig festgelegtes Interpolationspolynom p höchstens vom n-ten Grad (also hier n=4) bestimmen, das heißt ein Polynom p(x) mit der Eigenschaft $p(x_i) = y_i$. Diese Eigenschaft heißt Interpolationsbedingung. Polynome größeren als n-ten Grades hätten bei n+1 Punkten nicht genug Bestimmungsgleichungen, die Aufgabe wäre nicht eindeutig. Zum Beispiel kann man durch zwei vorgegebene Punkte beliebig viele Polynome zweiten Grades (Parabeln) laufen lassen, erst recht Polynome höheren Grades. Noch eine Bemerkung zum Vergleich der Interpolationsaufgabe mit der Approximation, die wir im nächsten Kapitel behandeln: Bei der Approximation sollen Funktionen eines bestimmten Typs, z.B. Polynome eines vorher festzulegenden Grades, die n+1 Punkte in einem noch zu klärendem Sinn „möglichst gut" annähern, ohne, wie bei bei der Interpolation, durch alle Punkte verlaufen zu müssen.

Da wir mit der Indizierung, wie allgemein bei diesem Problemkreis üblich, bei 0 beginnen wollen, und in Mathematica die Listen mit ihrer Nummerierung jeweils bei 1 beginnen, definieren wir die Funktionen „xw" und „yw", die das (i+1)-te Element der Listen X und Y auswählen:

xw[i_]:=X[[i+1]];

yw[i_]:=Y[[i+1]];

Der Grad n des Polynoms ergibt sich als die Anzahl der Elemente der Liste X (oder Y) minus 1:

n=Length[X]-1

4

Bei der Lagrange-Interpolation wird das gesuchte Interpolationspolynom $p_n(x)$ vom Grad n aus einzelnen Polynomen $L_i(x)$, den sogenannten Lagrange-Polynomen, zusammengesetzt. Es werden dabei die folgenden Polynome verwendet:

$$L_i(x) = \prod_{\substack{j=0 \\ j \neq i}}^{n} \frac{x - x_j}{x_i - x_j} \quad ; \quad i=0,1,...,n.$$

Hinweis: Bitte nehmen Sie sich die bewährten Utensilien Bleistift und Papier und schreiben Sie sich diese Polynome einmal ausführlich hin. Wie Sie durch Einsetzen von x_k erkennen können, haben diese Polynome die folgende Eigenschaft:

$$L_i(x_k) = \begin{cases} 1, \text{falls } i = k \\ 0, \text{falls } i \neq k \end{cases}$$

Das Polynom L_i ist also für die Stützstelle x_i gleich 1 und für die anderen Stützstellen 0. Multipliziert man dieses mit dem Funktionswert y_i, so erhält man ein Polynom, das gerade durch den Stützpunkt (x_i,y_i) verläuft und in den anderen Stützstellen verschwindet. Das gesamte zu berechnende Interpolationspolynom, welches durch alle Stützpunkte verläuft, ist als Summe solcher mit y_i multiplizierter Lagrange-Polynome L_i darstellbar:

$$p_n(x) = \sum_{i=0}^{n} y_i L_i(x).$$

Wir definieren nun die Lagrange-Polynome in Mathematica. Dazu können Sie die Palette „BasicInput" benutzen, die Sie unter den Menüpunkten „File", „Palettes", BasicInput" finden:

$$L[i\_, x\_] := \prod_{j=0}^{n} \frac{If[i == j, 1, (x - xw[j])]}{If[i == j, 1, (xw[i] - xw[j])]}$$

Hinweis: Diese Form der Eingabe hat den Vorteil, dass sie etwas näher an der üblichen mathematischen Notation liegt als die hierzu äquivalente Eingabeform in einem reinen Textformat (InputForm): *L[i_, x_] := Product[If[i == j, 1, x - xw[j]]/ If[i == j, 1, xw[i] - xw[j]], {j, 0, n}]*. Sie können gerne auch von der letzteren Eingabeform Gebrauch machen, wenn Sie in Mathematica schon einige Erfahrung besitzen. Wir haben uns aber für die erstgezeigte „TraditionalForm" entschieden. Überhaupt können Sie verschiedene Formate der Eingabezellen automatisch durch Mathematica ineinander überführen, wenn Sie die Menüpunkte „Cell", „ConvertTo" benutzen. Mit Mathematica können Sie rasch eine Grafik für die L_i erstellen, hier zum Beispiel für L_2: *Plot[L[2, x], {x, -2, 4}, PlotRange -> {{-4, 5}, {-5, 10}}]*. Die besagte Eigenschaft der L_i in den Stützstellen x_0, x_1, ..., x_4 können Sie folgendermaßen nachprüfen: *Table[L[i, xw[j]], {i, 0, n}, {j, 0, n}] // MatrixForm*.

Nun erhalten wir das Interpolationspolynom, das wir in Mathematica „pn" nennen wollen:

$$pn[x\_] := \sum_{i=0}^{n} yw[i] * L[i, x]$$

pn[x]

$$-\frac{1}{3}(1-x)(2-x)(3-x)x + \frac{1}{6}(1-x)(2-x)(3-x)(1+x) - \frac{1}{2}(2-x)(3-x)x(1+x) -$$

$$\frac{1}{6}(3-x)(-1+x)x(1+x) + \frac{7}{6}(-2+x)(-1+x)x(1+x)$$

Wir vereinfachen diesen Ausdruck mit der „Simplify"-Anweisung in Mathematica und erhalten das Interpolationspolynom in der gewohnten Schreibweise für Polynome, wobei Mathematica allerdings nach aufsteigenden Potenzen sortiert, was bei manchen Betrachtungsweisen der lokalen Eigenschaften von Polynomen jedoch vorteilhaft ist (s. Literaturverzeichnis: Sanns, „Catastrophe Theory with Mathematica").

pn[x] // Simplify

$$1 - 3\,x + x^2 - 2\,x^3 + x^4$$

Die nächsten Anweisungen dienen der grafischen Veranschaulichung der Punkte und des durch diese Punkte verlaufenden Interpolationspolynoms:

G1 = ListPlot[{X, Y} // Transpose, DisplayFunction -> Identity,
**   PlotStyle -> PointSize[0.01]];**

G2 = Plot[pn[x], {x, Min[X], Max[X]}, DisplayFunction -> Identity];

Show[G1, G2, DisplayFunction -> $DisplayFunction, PlotRange -> All]

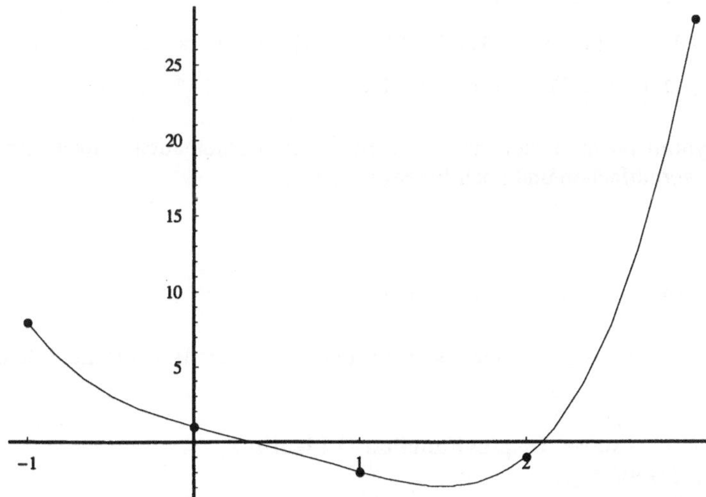

Beim nächsten Beispiel nehmen wir einmal an, wir kennen die in der Praxis nicht immer bekannte Funktion f schon, die wir durch Polynominterpolation annähern wollen. Damit lassen sich die Funktionswerte in unserer Wertetabelle festlegen und wir können in diesem Fall auch die Differenz zwischen dem Interpolationspolynom und der analytisch gegebenen Funktion betrachten. Es sei also $f(x)=e^{0.1*x}$. Das Symbol für die Eulersche Zahl e können Sie in Mathematica erzeugen mit der Tastenkombination „Esc", „e", „e", „Esc", oder einfach ein großes „E" dafür schreiben.

$$f[x\_] := e^{0.1*x}$$

Die Stützstellen x_i, i=0,..,4, seien

X = {-1, 0, 1, 2, 3};

Die zugehörigen Ordinaten sind daher

Y = f[X]

```
{0.904837, 1, 1.10517, 1.2214, 1.34986}
```

Wie zuvor im ersten Beispiel bestimmen wir n und pn:

n = Length[X] – 1

4

Die Formel für die L_i und pn, die wir jetzt brauchen, haben wir oben schon eingegeben und wenn Sie alle Eingaben des Kapitels noch im Rechner haben, sind diese hier noch wirksam. Ansonsten müssten Sie diese beiden Zeilen jetzt neu eingeben. Wir lassen das Interpolationspolynom nach Lagrange ausgeben:

pn[x]

```
-0.0377016 (1 - x) (2 - x) (3 - x) x +
 1
 — (1 - x) (2 - x) (3 - x) (1 + x) + 0.276293 (2 - x) (3 - x) x (1 + x) +
 6
 0.203567 (3 - x) (-1 + x) x (1 + x) + 0.0562441 (-2 + x) (-1 + x) x (1 + x)
```

Das Interpolationspolynom pn lässt sich noch mit Hilfe der Mathematica-Anweisung „Expand" (bzw. mit „Simplify") vereinfachen und nach Potenzen ordnen:

pn[x] // Expand

```
1 + 0.100001 x + 0.00499956 x² + 0.000166206 x³ + 4.61256 × 10⁻⁶ x⁴
```

Wir erstellen nun ein aus zwei einzelnen Grafiken zusammengesetztes Bild für die Stützpunkte und den Graphen von f :

**G1 = ListPlot[{X, Y} // Transpose, DisplayFunction -> Identity,
    PlotStyle -> PointSize[0.02]];**

G2 = Plot[pn[x], {x, Min[X], Max[X]}, DisplayFunction -> Identity];

Show[G1, G2, DisplayFunction -> $DisplayFunction, PlotRange -> All]

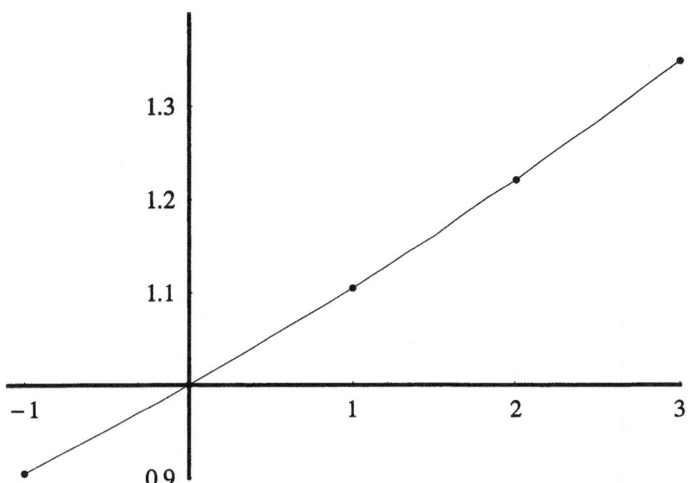

Beachten Sie bitte, dass die Achsen in diesem Koordinatenkreuz sich nicht wie gewohnt im Punkt (0,0) treffen. Dies lässt sich aber durch geeignete Plot-Optionen bewerkstelligen (Hinweis: Hilfe dazu finden Sie unter „AxesOrigin" im „Help Browser").

Ist (wie in unserem Fall) f(x) analytisch gegeben, das heißt eine uns bekannte Funktionsvorschrift, und besitzt f in dem betrachteten Intervall genügend viele stetige Ableitungen, so ist der Fehler, den man begeht, wenn f durch das Polynom $p_n(x)$ ersetzt wird, gegeben durch den Term

$$f(x) - p_n(x) = \frac{f^{(n+1)}(\xi)}{(n+1)!}(x - x_0)(x - x_1)....(x - x_n).$$ Dabei ist ξ ein Zwischenwert zwischen x_0 und x_n

(die x_i sind aufsteigend sortiert).Wir programmieren in Mathematica:

$$\textbf{Fehler[xq\_]} := \frac{D[f[x], \{x, n+1\}] /. x \to \xi}{(n+1)!} \prod_{i=0}^{n} (xq - xw[i])$$

Als Beipiel berechnen wir den Fehler für die Stelle x=0.5, der nun noch von ξ abhängt:

Fehler[0.5]

$$-1.17188 \times 10^{-7} \, e^{0.1\,\xi}$$

Die nächste Grafik beschreibt die Abhängigkeit des Betrags dieses Fehlers für Werte von ξ im Bereich des Minimums bis zum Maximum der x-Werte in der Liste X.

Plot[Abs[%], {ξ, Min[X], Max[X]}];

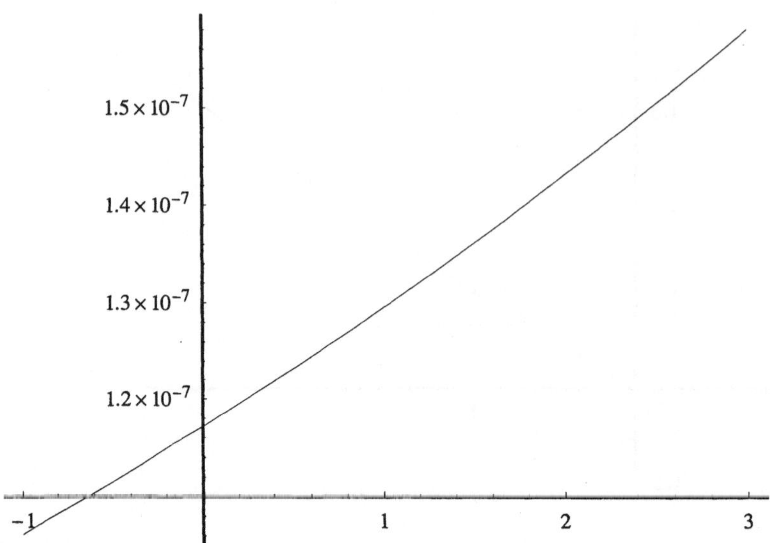

Der maximale Fehler wird in diesem Beispiel am rechten Rand des Bereichs angenommen.

Zu den Problemen der Interpolation und Extrapolation stellen wir Ihnen zwei kleine Aufgaben. (Hinweis: Vergleichen Sie Ihre Überlegungen später auch mit den Darlegungen des Kapitels über die Approximation!)

Aufgabe 1: Gegeben seien die folgenden Punkte : $P_1=(1,2)$, $P_2=(2,2)$, $P_3=(3,2)$, $P_4=(4,2)$ $P_5=(5,2)$. Berechnen und zeichnen Sie mit Hilfe des oben erstellten Programms das „Interpolationspolynom" durch diese Punkte (Hinweise zur Verwendung der „Plot"-Anweisung finden Sie in der Hilfe von Mathematica). Was geschieht, wenn der Wert von P_3, zum Beispiel durch eine Messungenauigkeit, lauten würde $P_3=(3, 2.1)$? Was bedeuted das für das Extrapolieren von Werten dieser (offensichtlich konstanten) Funktion?

Aufgabe 2: Erzeugen Sie sich mit Hilfe der folgenden Anweisungen eine Wertetabelle mit ganzzahligen Stützstellen x = -10, -9,...,9, 10 für die Funktion $y = e^{-x^2}$:
X = Table[i, {i, -10, 10}];
g[x_] := Exp[-x^2]
Y = Map[g, X]
Wie sieht das Schaubild der Funktion und ihres Interpolationspolynoms aus? Beachten Sie bitte die nach „außen" hin immer stärkeren Schwankungen des Polynoms. Was geschieht, wenn Sie die Liste der X-Werte (Stützstellen), so verändern, dass die Werte nicht äquidistant liegen, sondern sich zu den Intervallenden hin häufen? Was geschieht bei unsymmetrischer Verteilung der Stützstellen bezüglich der Intervallmitte?

3.2 Interpolation mit Tschebyscheff-Stützstellen

In der zweiten Aufgabe des vorherigen Abschnitts wird zeigt, dass die Eigenschaften des Interpolationspolynoms von der Wahl der Stützstellen abhängen. Wir hatten zunächst Stützstellen gewählt, die gleiche Abstände aufwiesen (äquidistante Stützstellen). Dies ist jedoch bei der Lagrange-Interpolation nicht notwendigerweise erforderlich. Ist man bei der Wahl der Stützstellen x_i frei, so ist es durch eine geschickte Anordnung der Stützstellen möglich, die Interpolationsfehler zu reduzieren. Aus diesem Grund berechnet man sich oft die Stützstellen über die sogenannten Tschebyscheff-Polynome (der Name wird oft auch auch Chebyshev geschrieben). Dabei sind die Tschebyscheff-Polynome 1. Art vom Grad m definiert durch:

$$T_m(x) = \cos(m \cdot \arccos x) \; ; \; -1 \le x \le 1; \; m = 0,1,2,\ldots$$

Es läßt sich zeigen, dass sich ein minimaler Interpolationsfehler ergibt, wenn man die auf das Interpolationsintervall transformierten Nullstellen der Tschebyscheff-Polynome als Stützstellen wählt. Der an den theoretischen Grundlagen interessierte Leser sei auf das Buch von H. R. Schwarz (s. Literaturverzeichnis) hingewiesen, das im gleichen Verlag erschienen ist. Um die m Nullstellen von $T_m(x) = \cos(m \cdot \arccos x)$ zu bestimmen, beachtet man, dass die Nullstellen des Kosinus bei $\pi/2 + k\pi$ liegen ($k \in \mathbb{Z}$). Das Argument $m \cdot \arccos x$ muss diese Werte annehmen, das heißt es gilt $m \cdot \arccos x = \pi/2 + k\pi$. Die m Nullstellen des Polynoms T_m im Intervall $[-1,1]$ sind also gegeben durch:

$$T_m(x) = 0 \quad \text{für } x_k = \cos((2k+1)\pi/(2m)) \; ; \; k = 0,1,\ldots,m-1; \; m > 0.$$

Als <u>Aufgabe</u> zeichnen Sie bitte mit Hilfe der „Plot"-Anweisung von Mathematica die ersten T_m-Polynome, z.B für $m = 0,1,2,\ldots,5$.

Wir wollen nun den Vorteil dieser Stützstellenwahl an einem Beispiel mit Mathematica vorführen. Unsere Aufgabe sei es, das Interpolationspolynom (höchstens) vom Grad $n=10$ nach Lagrange für die Funktion $\sin(x)$ im Intervall $[a,b] = [-2\pi, 2\pi]$ zu bestimmen. Wir benötigen dazu $m = n+1 = 11$ Stützstellen, die wir nach Tschebyscheff bestimmen, das heißt, wir müssen $T_{11}(x)$ als stützstellenerzeugendes Tschebyscheff-Polynom wählen. Da die Tschebyscheffschen Polynome ihre Nullstellen im Bereich zwischen -1 und 1 annehmen, wir aber die Stützstellen zwischen -2π und 2π benötigen, führen wir eine lineare Transformation g des Bereichs durch. Es wird von dieser Transformation gefordert, dass $g(-1) = a = -2\pi$ und $g(1) = b = 2\pi$. Wie man leicht einsieht, hat g die Gestalt
$$g(x) = (b-a)/2 + x \cdot (b+a)/2.$$

Kommen wir zur praktischen Ausführung: Zunächst entfernen wir eventuell störende frühere Definitionen, falls Sie Mathematica nicht gerade neu gestartet haben. Dann setzen wir den Grad n des Interpolationspolynoms auf 10 fest, und den Grad des Tschebyscheff-Polynoms auf $m = n+1 = 11$.

Remove["Global`*"]

n=10;
m=n+1;

Wir bestimmen nun die Nullstellen des Tschebyscheff-Polynoms m-ten Grades zunächst einmal über die oben erklärte Formel und danach erzeugen wir das Polynom mit der Mathematica-Funktion „ChebyshevT" und bestimmen mit „Solve" dessen Nullstellen zum Vergleich.

$$\textbf{Lx = Table}\left[\textbf{Cos}\left[\pi\,\frac{1+2k}{2m}\right], \{k,\,0,\,m-1\}\right] \textbf{ // N // Sort}$$

$\{-0.989821, -0.909632, -0.75575, -0.540641, -0.281733, 0., 0.281733, 0.540641, 0.75575, 0.909632, 0.989821\}$

pol = ChebyshevT[m, x]

$-11\,x + 220\,x^3 - 1232\,x^5 + 2816\,x^7 - 2816\,x^9 + 1024\,x^{11}$

Lx2 = x /. Solve[pol == 0, x] // N // Sort

$\{-0.989821, -0.909632, -0.75575, -0.540641, -0.281733, 0., 0.281733, 0.540641, 0.75575, 0.909632, 0.989821\}$

Mit diesen Nullstellen erhält man umgekehrt auch T_{11} aus der Definition der Tschebyscheff-Polynome:

Cos[m * ArcCos[x]] // TrigExpand

$-11\,x + 220\,x^3 - 1232\,x^5 + 2816\,x^7 - 2816\,x^9 + 1024\,x^{11}$

Nun wenden wir uns unserem eigentlichen Interpolationsproblem zu. Wir legen jetzt die zu interpolierende Sinusfunktion sowie die Intervallgrenzen und n fest.

f[x_] := Sin[x]

a = −2 * π;
b = 2 * π;

Die Funktion für die Berechnung der auf das Intervall [a,b] transformierten Nullstellen von T_m wird wie oben beschrieben festgelegt:

$$xs[k\_] := \frac{a+b}{2} + \frac{b-a}{2}\,Cos\left[\pi\,\frac{1+2\,k}{2\,m}\right]$$

Nun erzeugen wir die Abszissen und Ordinaten der m=11 Stützpunkte als Tabellenwerte:

X = Table[xs[k], {k, 0, n}];

Y = f[X] // N

```
{-0.0639102 , -0.537778 , -0.999348 , -0.252588 , 0.980189 ,
  0., -0.980189 , 0.252588 , 0.999348 , 0.537778 , 0.0639102 }
```

Was jetzt folgt, ist die Berechnung der Lagrange-Polynome. Sie kennen dies bereits aus dem vorherigen Abschnitt.

xw[i_] := X[[i + 1]]; yw[i_] := Y[[i + 1]]

$$L[i\_, x\_] := \prod_{j=0}^{n} \frac{If[i == j, 1, (x - xw[j])]}{If[i == j, 1, (xw[i] - xw[j])]}$$

$$pn[x\_] := \sum_{i=0}^{n} yw[i] * L[i, x]$$

Sie erhalten das Interpolationspolynom in der vereinfachten Form.

pn[x] // Expand

$$0. + 0.987308\,x + 0.\,x^2 - 0.160138\,x^3 - 1.38778 \times 10^{-17}\,x^4 + 0.00737084\,x^5 +$$
$$5.20417 \times 10^{-18}\,x^6 - 0.00013826\,x^7 - 1.35525 \times 10^{-20}\,x^8 + 9.69419 \times 10^{-7}\,x^9 - 1.05879 \times 10^{-22}\,x^{10}$$

Das Polynom ist bis zum zehnten Grad entwickelt, die Faktoren bei einigen Summanden sind allerdings sehr klein. Wenn Sie wollen, können Sie Terme, die nahe Null sind mit der Chop-Anweisung entfernen, was für die Praxis durchaus nützlich ist. Trotzdem ist es eine gute Übung, wenn Sie versuchen, bei den gleich folgenden Grafikanweisungen pn in beiden Formen in einer einzigen Grafik darzustellen.

pn[x] // Expand // Chop

$$0.987308\,x - 0.160138\,x^3 + 0.00737084\,x^5 - 0.00013826\,x^7 + 9.69419 \times 10^{-7}\,x^9$$

Wir stellen nun sowohl die Stützstellen als auch das Interpolationspolynom grafisch dar:

G1 = ListPlot[{X, Y} // Transpose, PlotStyle –> PointSize[0.01], DisplayFunction –> Identity];

G2 = Plot [pn[x], {x, a, b}, DisplayFunction –> Identity];

Show[G1, G2, DisplayFunction –> $DisplayFunction , PlotRange –> All];

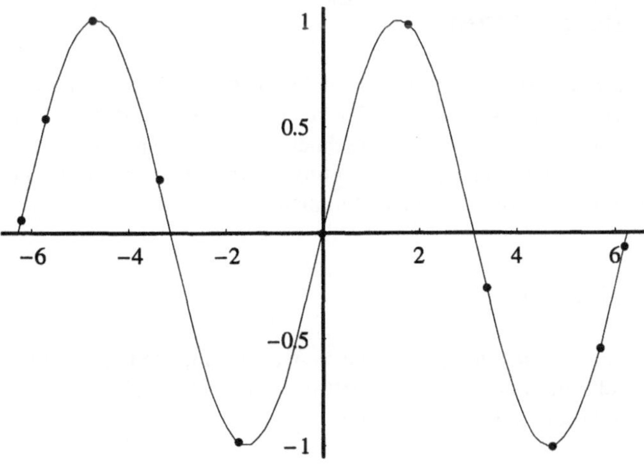

Das Verhalten des Interpolationsfehlers an der Stelle x=0.5 in Abhängigkeit von ξ soll ebenfalls dargestellt werden:

$$\text{Fehler}[xq\_] := \frac{D[f[x], \{x, n+1\}] \,/. \, x \to \xi}{(n+1)!} \prod_{i=0}^{n} (xq - xw[i])$$

Fehler [0.5]

$0.0113263 \, Cos[\xi]$

Plot [% , $\{\xi$, Min [X], Max [X]$\}$];

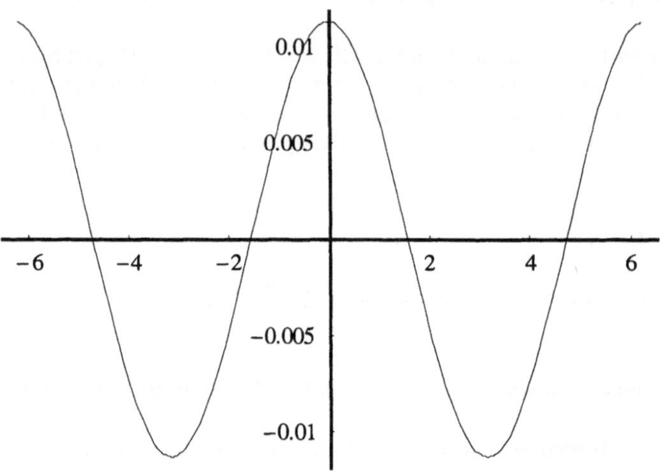

3.3   Newton-Interpolation

Während die Lagrangesche Darstellung des Interpolationspolynoms von Vorteil ist, wenn von vorn herein die Zahl der Stützstellen bekannt ist oder beispielsweise mehrere Polynome mit den selben Stützstellen, aber verschiedenen Werten y_i berechnet werden sollen, so hat diese Darstellung doch Nachteile bei Hinzufügung weiterer neuer Stützpunkte. Diesen Nachteil hat die nun folgende Darstellung des Interpolationspolynoms nach Newton nicht.

3.3.1 Ansatz von Newton

Wir gehen von n+1 verschiedenen Stützstellen $x_0, x_1, ..., x_n$ und den zugehörigen Funktionswerten $y_0, y_1, ..., y_n$ aus, die durch eine Funktionsvorschrift oder eine Wertetabelle gegeben sind. Der Ansatz für das Interpolationspolynom von Newton lautet:

$$p_n(x) = c_0 + c_1(x-x_0) + c_2(x-x_0)(x-x_1) + ... + c_n(x-x_0)(x-x_1)...(x-x_{n-1}).$$

Diese Gleichung kann man verkürzt mit den Symbolen Σ für die Summe und Π für die Produktbildung darstellen:

$$p_n(x) = \sum_{i=0}^{n} c_i \prod_{j=0}^{i-1} (x - x_j)$$

Die Koeffizienten c_0, c_1, ..., c_n können aus dem folgenden linearen Gleichungssystem, welches sich durch die Interpolationsbedingung ergibt, bestimmt werden:

$$p_n(x_i) = y_i \; ; \; i = 0,1, ..., n.$$

Es folgt ein <u>Beispiel</u> mit Mathematica:
Gegeben seien die fünf Stützpunkte (-1,8), (0,1), (1,-2), (2,-1) und (3,28). Gesucht ist das Interpolationspolynom nach Newton, das durch diese Punkte verläuft.

Remove["Global`*"]

Eingabe der Stützstellen:

X = {−1, 0, 1, 2, 3};
Y = {8, 1, −2, −1, 28};

Wegen der unterschiedlichen Indizierung unserer mathematischen Formeln und der Listen in Mathematica führen wir die Funktionen „xw" und „yw" ein, die diesen Umstand berücksichtigen.

xw[i_] := X[[i + 1]]; yw[i_] := Y[[i + 1]]

n = Length[X] − 1;

Die Newtonsche Interpolationsformel wird nun mit Mathematica programmiert. Die Schreibweise ist nahezu identisch mit der mathematischen Symbolik. Auf die Darstellung der Newtonschen Interpolationsformel mittels sogenannter Differenzenschemata gehen wir im nächsten Abschnitt sowie im Kapitel über Differentialgleichungen ein.

$$\mathbf{pn[x\_] := \sum_{i=0}^{n} c[i] * \prod_{j=0}^{i-1} (x - xw[j])}$$

pn[x]

```
c[0] + (1 + x) c[1] + x (1 + x) c[2] +
  (-1 + x) x (1 + x) c[3] + (-2 + x) (-1 + x) x (1 + x) c[4]
```

Die Ausgabe in Mathematica erfolgt in einer etwas ungewohnten Reihenfolge der Faktoren. Wir stellen nun das genannte lineare Gleichungssystem auf und lösen es mit der „Solve"-Anweisung:

LGS = Map[pn, X] == Y

```
{c[0], c[0] +c[1], c[0] +2 c[1] +2 c[2], c[0] +3 c[1] +6 c[2] +6 c[3],
   c[0] +4 c[1] +12 c[2] +24 c[3] +24 c[4]} == {8, 1, −2, −1, 28}
```

Lö = Solve[LGS, {c[0], c[1], c[2], c[3], c[4]}]

```
{{c[0] → 8, c[1] → -7, c[2] → 2, c[3] → 0, c[4] → 1}}
```

Wir setzen die Koeffizienten in das Polynom ein:

pn[x] /. Lö[[1]]

```
8 - 7 (1 + x) + 2 x (1 + x) + (-2 + x) (-1 + x) x (1 + x)
```

Die Darstellung des Polynoms in seiner vereinfachten Form erhalten wir mit „Expand".

Expand[%]

$$1 - 3\,x + x^2 - 2\,x^3 + x^4$$

3.3.2 Newton-Interpolation mit dividierten Differenzen

Die Bestimmung der Koeffizienten c_i des Newtonschen Interpolationspolynoms im vorherigen Abschnitt erforderte die Lösung eines linearen Gleichungssystems. In der Numerik ist folgendes Verfahren der „dividierten Differenzen" zur Bestimmung der Koeffizienten vorteilhaft.

Betrachten wir noch einmal den Ansatz für das Newtonsche Interpolationspolynom für $n+1$ verschiedene Stützstellen $x_0, x_1,...,x_n$, wie wir ihn im vorherigen Abschnitt schon kennengelernt haben:

$$p_n(x) = c_0 + c_1(x-x_0) + c_2(x-x_0)(x-x_1) + ... + c_n(x-x_0)(x-x_1)....(x-x_{n-1}),$$

wobei $p_n(x_i) = y_i$, $i=0,1,...,n$, gelten soll. Die Stützstellen haben wir oben aufsteigend geordnet $(x_0<x_1<...<x_n)$, denn wir interessieren uns für das Interpolationspolynom, aufbauend von der Stützstelle x_0 hin zu x_n. Die sich wegen dieser Form des Ansatzes im folgenden ergebenden Koeffizienten heißen daher „Vorwärtsdifferenzen". Wenn wir bei der Form des Ansatzes mit der Stützstelle x_n beginnen würden, wie wir dies im Kapitel über Differentialgleichungen auch tatsächlich tun werden, würden wir sogenannte „Rückwärtsdifferenzen" erhalten.

Durch Einsetzen von $x=x_0$ in den obigen Polynomansatz erhält man :

$$c_0 = p_n(x_0) = y_0.$$

Damit wird für $x=x_1$

$$y_1 = p_n(x_1) = c_0 + c_1(x_1 - x_0) = y_0 + c_1(x_1 - x_0) ,$$

denn in den übrigen Termen wird je ein Faktor Null. Daher ist

$$c_1 = (y_1 - y_0)/(x_1 - x_0).$$

Das Ganze läßt sich entsprechend fortführen. Den sich hierbei ergebenden Differenzenquotienten bezeichnet man auch als erste dividierte Differenz von y bezüglich x_1 und x_0 und schreibt dafür auch abkürzend $[x_1 x_0]$ (ohne Komma als Trennzeichen, um Verwechslungen mit der Bezeichnung für abgeschlossene Intervalle zu vermeiden). Allgemein sind die ersten Differenzen bezogen auf die (verschiedenen) Stützstellen x_i und x_j gegeben durch $[x_i x_j] = (y_i - y_j)/(x_i - x_j)$. Es ist leicht zu sehen, dass die Differenzen symmetrisch sind: $[x_i x_j] = [x_j x_i]$.

Die zweiten dividierten Differenzen bezüglich der Stützstellen x_0, x_1 und x_2 erklärt man wie folgt: $[x_2 x_1 x_0] = [x_0 x_1 x_2] = ([x_2 x_1] - [x_1 x_0])/(x_2 - x_0)$, und so weiter.

Das Schema der vorwärtsgerichteten dividierten Differenzen sieht so aus:

		x_0	y_0			
	$x_1 - x_0$			$[x_1 x_0]$ $= (y_1 - y_0)/(x_1 - x_0)$		
$x_2 - x_0$		x_1	y_1		$[x_2 x_1 x_0]$ $= ([x_2 x_1] - [x_1 x_0])/(x_2 - x_0)$	
	$x_2 - x_1$			$[x_2 x_1]$		...
...	...	...	...	...	...	...
		x_{n-2}	y_{n-2}		$[x_{n-1} x_{n-2} x_{n-3}]$	...
	$x_{n-1} - x_{n-2}$			$[x_{n-1} x_{n-2}]$		...
$x_n - x_{n-2}$		x_{n-1}	y_{n-1}		$[x_n x_{n-1} x_{n-2}]$	
	$x_n - x_{n-1}$			$[x_n x_{n-1}]$		
		x_n	y_n			

Schema der dividierten Vorwärtsdifferenzen

Die von uns benötigten Vorwärtsdifferenzen stehen in der durch einen Pfeil gekennzeichneten absteigenden Reihe des Schemas. Sie werden auch als absteigende dividierte Differenzen bezeichnet, da sie in einer absteigenden Linie im Schema stehen. Sie lassen sich numerisch leicht berechnen.

Wir schreiben das Interpolationspolynom mit Hilfe dieser Differenzen, wobei wir aus Symmetriegründen $c_0 = y_0 = [x_0]$ setzen:

$$p_n(x) = [x_0] + [x_1 x_0] \cdot (x - x_0) + [x_2 x_1 x_0] \cdot (x - x_0)(x - x_1) + \ldots + [x_n x_{n-1} .. x_1 x_0] \cdot (x - x_0)(x - x_1) \ldots (x - x_{n-1}).$$

Hierzu nun ein Beispiel mit Mathematica: Gegeben seien 6 Stützpunkte mit den folgenden Stützstellen „X" und Stützwerten „Y". Wir haben in diesem Beispiel die y-Werte mittels eines Polynoms erzeugt, denn dann können wir das Ergebnis unserer Berechnung später leicht überprüfen. Wir müssen natürlich genau das Interpolationspolynom als Ergebnis erhalten, mit dem wir selbst die Stützwerte erzeugt haben. Dies ist in der Testphase eines Programms sehr nützlich. Wenn Sie nach Fertigstellung des folgenden Programms eigene Beispiele rechnen wollen und sich dabei die y-Werte nicht als Funktionswerte, sondern als Tabelle vorgeben, dann schreiben Sie diese Werte einfach in der Form *Y={.,....,.}* in die geschweifte Klammer.

X = {−2, −1, 0, 1, 2, 3};

f[x_] := $x^5 - 2x^4 - 8x^2 - 10x + 20$;

Y = f[X]

```
{-56, 19, 20, 1, -32, -1}
```

Zuerst bestimmen wir die Anzahl der Stützwerte, da für eine große Anzahl ein Abzählen zu mühsam wäre.

n = Length[Y];

Als 0-te Differenzen werden die Stützwerte y_i selbst gewählt. Die Verschiebung um 1 in den Indizes rührt daher, dass die Werte in den Listen von Mathematica erst ab der Position 1 stehen.

Diff[i_, 0] := Y[[i + 1]]

x[i_] := X[[i + 1]]

Probeweise geben wir die erste Spalte aus:

s1 = Table[Diff[i, 0], {i, 0, n − 1}]

{-56, 19, 20, 1, -32, -1}

Nun wird die Funktion „Diff", welche alle Differenzen berechnet, vollständig festgelegt.

$$\text{Diff[i\_, j\_]} := \frac{\text{Diff[i + 1, j − 1] − Diff[i, j − 1]}}{x[i + j] − x[i]}$$

s2 = Table[Diff[i, 1], {i, 0, n − 2}]

{75, 1, -19, -33, 31}

Wir erzeugen eine Tabelle, die an unbesetzten Positionen einen „Leerstring" aufweist.

T[i_, j_] := If[i <= n − j − 1, Diff[i, j], ""]

Table[T[i, j], {i, 0, n − 1}, {j, 0, n − 1}] // TableForm

-56	75	-37	9	-2	1
19	1	-10	1	3	
20	-19	-7	13		
1	-33	32			
-32	31				
-1					

Nun können wir das Interpolationspolynom nach Newton mit Hilfe der dividierten Vorwärtsdifferenzen (absteigende Differenzen) erstellen und dann mit dem von uns benutzten f vergleichen:

$$\left(\sum_{j=0}^{n-1} \text{Diff}[0, j] \prod_{i=0}^{j-1} (x − x[i]) \right) \text{ // Expand}$$

$20 - 10\,x - 8\,x^2 - 2\,x^4 + x^5$

f[x]

$20 - 10\,x - 8\,x^2 - 2\,x^4 + x^5$

Wenn Sie das Differenzenschema noch optisch verbessern wollen:

```
T2[i_, j_] := If[IntegerQ[i] && Not[Negative[i]], T[i, j], ""]

Table[T2[(i - j*n/2)/n, j], {i, 0, n (n - 1)}, {j, 0, n - 1}] // TableForm
```

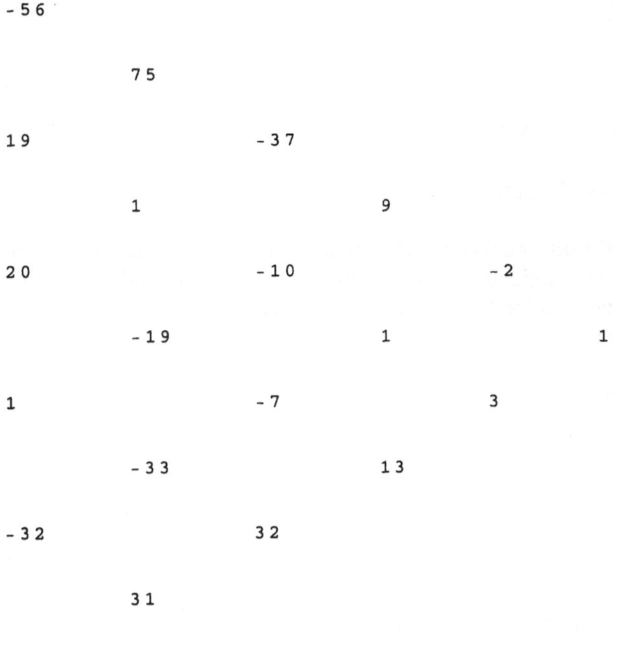

-56					
	75				
19		-37			
	1		9		
20		-10		-2	
	-19		1		1
1		-7		3	
	-33		13		
-32		32			
	31				
-1					

3.4 Spline-Interpolation

Im ersten Abschnitt dieses Kapitels haben wir die Interpolation von Tabellenwerten mittels Geradenstücken angesprochen. Nun wollen wir mit Hilfe von Polynomen niedrigen Grades (meist werden Polynome 3. Grades eingesetzt) interpolieren, die stückweise zwischen den Stützstellen definiert sind und auf den Stützpunkten „glatt" ineinander übergehen. Bei dieser sogenannten „Spline-Interpolation" wird also bei n+1 Stützstellen nicht ein Polynom vom Grad n auf dem ganzen Interpolationsintervall [a,b] zur Interpolation verwendet, sondern es wird jeweils ein Interpolationspolynom dritten Grades $s_i(x)$ einem Teilintervall zugeordnet. Die gesamte Interpolationsfunktion setzt sich somit stückweise aus diesen Polynomen $s_i(x)$ zusammen. Damit die Interpolationsfunktion an den inneren Stützstellen stetig differenzierbar ist, wird man zusätzliche Anforderungen an die Ableitungen in den Stützpunkten stellen müssen.

Der Begriff „Spline" wurde dem Schiffsbau entnommen, wo dünne Latten (splines) zwischen Holzkeile derart eingespannt wurden, dass sie ihre gewünschte Form annahmen und glatt an das benachbarte Stück angrenzten. Wir beziehen uns auf die Interpolation mit kubischen Splines und dem Ansatz:

$$s_i(x) = a_i(x-x_i)^3 + b_i(x-x_i)^2 + c_i(x-x_i) + d_i \; ; \; i = 0, 1, ..., n-1,$$

s_i ist dabei dem Teilintervall $[x_i, x_{i+1}]$ des gesamten Interpolationsintervalls $[a,b]$ zugeordnet.

Durch die folgenden Bedingungen ergibt sich ein lineares Gleichungssystem für die unbekannten Koeffizienten a_i, b_i, c_i, d_i:

(1) $s_i(x_i) = y_i$; $i = 0, 1, ..., n-1$

(2) $s_i(x_{i+1}) = y_{i+1}$; $i = 0, 1, ..., n-1$

(3) $s_i'(x_{i+1}) = s_{i+1}'(x_{i+1})$; $i = 0, 1, ..., n-2$

(4) $s_i''(x_{i+1}) = s_{i+1}''(x_{i+1})$; $i = 0, 1, ..., n-2$

(1)-(4) sind nun 4n-2 Bedingungen für 4n unbekannte Parameter. Aus diesem Grund werden noch zwei Bedingungen benötigt, damit das Gleichungssystem für die Parameter eindeutig lösbar ist. Diese Bedingungen werden natürliche Randbedingungen genannt und postulieren, dass die zweite Ableitung an den Randpunkten verschwindet:

(5) $s_0''(x_0) = 0$ und $s_{n-1}''(x_n) = 0$

<u>Beispiel</u>:

Remove["Global`*"]

Die Koordinaten der Stützpunkte als Listen X und Y sind:

X = {1, 2, 3, 4, 5};
Y = {2, 1, 2, 4, 8};

Die Anzahl der Punkte ist n:

n = Length [X] – 1;

Die Werte der beiden Listen übergibt man, wegen der bei Null beginnenden Indizierung und zur Klammerersparnis, am besten in eine Funktion xs bzw. ys:

xs [i_] := X[[i + 1]]

ys [i_] := Y[[i + 1]]

Wir legen die Splinefunktion fest:

s[i_, x_] := a[i] (x − xs [i])^3 + b[i] (x − xs [i])^2 + c[i] (x − xs [i]) + d[i]

Nun müssen wir die oben aufgezählten Bedingungen an die Funktionen in den Intervallgrenzen und die dortigen Ableitungen festlegen:

g1 = Table [s[i, xs[i]] == ys[i], {i, 0, n − 1}]

```
{d[0] == 2, d[1] == 1, d[2] == 2, d[3] == 4}
```

g2 = Table [s[i, xs[i + 1]] == ys[i + 1], {i, 0, n − 1}]

```
{a[0] + b[0] + c[0] + d[0] == 1, a[1] + b[1] + c[1] + d[1] == 2,
 a[2] + b[2] + c[2] + d[2] == 4, a[3] + b[3] + c[3] + d[3] == 8}
```

g3 = Table [(D[s[i, x], x] == D[s[i + 1, x], x]) /. x −> xs[i + 1], {i, 0, n − 2}]

```
{3 a[0] + 2 b[0] + c[0] == c[1],
 3 a[1] + 2 b[1] + c[1] == c[2], 3 a[2] + 2 b[2] + c[2] == c[3]}
```

g4 = Table [(D[s[i, x], {x, 2}] == D[s[i + 1, x], {x, 2}]) /. x −> xs[i + 1], {i, 0, n − 2}]

```
{6 a[0] + 2 b[0] == 2 b[1], 6 a[1] + 2 b[1] == 2 b[2], 6 a[2] + 2 b[2] == 2 b[3]}
```

g5 = {(D[s[0, x], {x, 2}] /. x −> xs[0]) == 0, (D[s[n − 1, x], {x, 2}] /. x −> xs[n]) == 0}

```
{2 b[0] == 0, 6 a[3] + 2 b[3] == 0}
```

Table [{a[i], b[i], c[i], d[i]}, {i, 0, n − 1}] // Flatten

```
{a[0], b[0], c[0], d[0], a[1], b[1], c[1],
 d[1], a[2], b[2], c[2], d[2], a[3], b[3], c[3], d[3]}
```

Wir lösen nun das lineare Gleichungssystem:

L = Solve [{g1, g2, g3, g4, g5} // Flatten]

$$\left\{\left\{b[0] \to 0,\ a[0] \to \frac{1}{2},\ b[1] \to \frac{3}{2},\ a[1] \to -\frac{1}{2},\ b[2] \to 0,\ a[2] \to \frac{1}{2},\ b[3] \to \frac{3}{2},\ a[3] \to -\frac{1}{2},\right.\right.$$
$$\left.\left. c[0] \to -\frac{3}{2},\ c[1] \to 0,\ c[2] \to \frac{3}{2},\ c[3] \to 3,\ d[0] \to 2,\ d[1] \to 1,\ d[2] \to 2,\ d[3] \to 4\right\}\right\}$$

Die gefundenen Koeffizienten werden in den allgemeinen Ansatz für die Splinefunktionen eingesetzt:

sp[x_] := Table [s[i, x] /. L[[1]], {i, 0, n − 1}]
sp[x] // TableForm

$$2 - \frac{3}{2}\ (-1 + x) + \frac{1}{2}\ (-1 + x)^3$$
$$1 + \frac{3}{2}\ (-2 + x)^2 - \frac{1}{2}\ (-2 + x)^3$$
$$2 + \frac{3}{2}\ (-3 + x) + \frac{1}{2}\ (-3 + x)^3$$
$$4 + 3\ (-4 + x) + \frac{3}{2}\ (-4 + x)^2 - \frac{1}{2}\ (-4 + x)^3$$

In der folgenden Grafik werden die Splines zwischen allen Stützpunkten dargestellt. Die Grafikausgabe wird unterdrückt, bis die Gesamtausgabe erfolgt.

G1 = Table [Plot [sp[x][[i + 1]], {x, xs [i], xs [i + 1]},
DisplayFunction -> Identity], {i, 0, n − 1}];

Die Liste aller Stützpunkte soll ebenfalls für die Gesamtgrafik vorbereitet werden:

XY = {X, Y} // Transpose ;

G2 = ListPlot [XY, DisplayFunction -> Identity];

Die folgende „Show"-Anweisung erstellt die Gesamtgrafik:

Show[G1, G2, DisplayFunction -> $DisplayFunction];

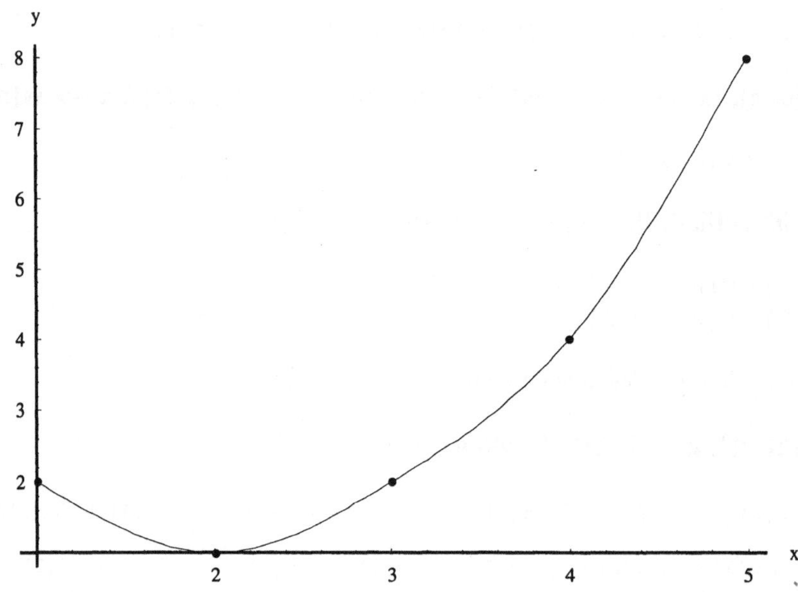

Wir erstellen zum Vergleich direkt mit der Mathematica-Anweisung „Interpolation" die Grafik:

fx = Interpolation [XY]

```
InterpolatingFunction  [{{1, 5}}, <>]
```

G3 = Plot [fx[x], {x, 1, 5}];

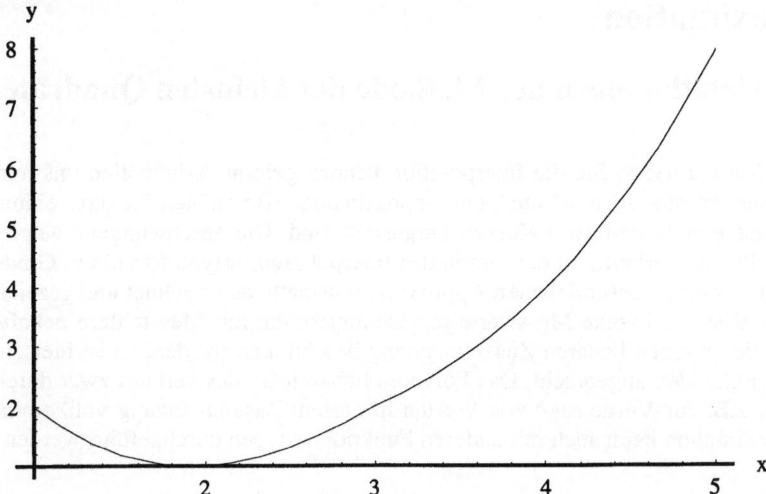

4 Approximation

4.1 Approximation nach der Methode der kleinsten Quadrate

Im vorherigen Kapitel haben Sie die Interpolation kennen gelernt. Wir wollen uns nun mit einem ähnlichen Problem beschäftigen, nämlich der Approximation. Betrachten Sie dazu einmal folgendes Bild, in dem fünf Punkte und zwei Kurven dargestellt sind. Die geschwungene Kurve, die genau durch alle fünf Punkte verläuft, ist der Graph des Interpolationspolynoms vierten Grades, während die Gerade nach der unten beschriebenen Approximationsmethode errechnet und gezeichnet wurde. Nimmt man an, dass die Punkte Messwerte repräsentieren, die mit Messfehlern behaftet sind, und dass die Daten durch einen linearen Zusammenhang beschrieben werden, so ist hier eine Approximation mit einer Geraden angebracht. Das Polynom höheren Grades verläuft zwar durch alle Messpunkte, ist aber z.B. zur Vorhersage von Werten in diesem Zusammenhang vollkommen ungeeignet. Eine Approximation kann auch mit anderen Funktionenstypen durchgeführt werden.

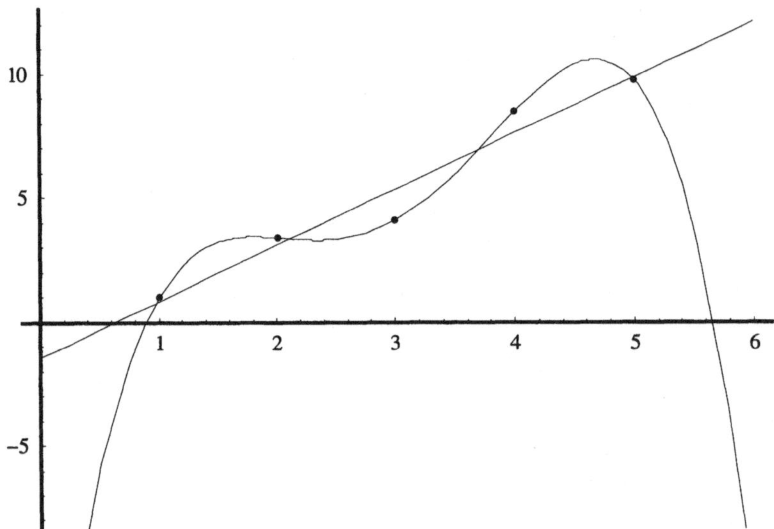

Wir formulieren das Approximationsproblem wie folgt: Gegeben sind n Wertepaare (x_1,y_1), (x_2,y_2), ..., (x_n,y_n). Gesucht ist eine Funktion f eines festgelegten Typs, deren Funktionswerte an den Stellen x_i die Werte y_i möglichst gut annähert (in einem noch festzulegenden Sinn). Wir nennen f die Approximationsfunktion oder auch Regressionsfunktion. Das Ziel ist also im allgemeinen nicht wie bei der Interpolation, eine Funktion f so zu bestimmen, dass deren Graph durch jeden der gegebenen Punkte verläuft, das heißt, dass gilt $f(x_i) = y_i$. Vielmehr wollen wir die Parameter einer gegebenen Funktion f derart bestimmen, dass $f(x_i) = y_i + \varepsilon_i$ gilt, mit betragsmäßig möglichst kleinen Fehlern $\varepsilon_i = f(x_i) - y_i$. Die Fehler in den Abszissen werden in die Ordinaten mit aufgenommen, so dass man die Abszissen als exakt ansehen kann. Um die Fehler kleiner werden zu lassen, könnte man natürlich ein Polynom immer höheren Grades zur Approximation verwenden. Das würde aber am Problem vorbei führen, denn man könnte zwar ein Polynom (n-1)-ten Grades finden, welches die Wertepaare interpoliert, dies würde aber derart schwingen, dass eine Prognose für einen beliebigen x-Wert, der keine Stützstelle ist, unmöglich wäre. Und oft ist es so, dass man zum Beispiel aus einem physikalischen Zusammenhang weiß, dass die gesuchte Funktion beispielsweise eine Gerade ist.

Nehmen wir an, die gesuchte Approximationsfunktion f hängt von k+1 unbekannten Parametern $\beta_0, \beta_1, ..., \beta_k$ ab. Beispielsweise wären dies für ein Polynom zweiten Grades die Koeffizienten $\beta_0, \beta_1, \beta_2$ in der Darstellung $f(x)=\beta_0+\beta_1 x+\beta_2 x^2$. Wir fassen diese Parameter zu einem Parametervektor $\beta=(\beta_0, \beta_1, ..., \beta_k)\in \mathbb{R}^{k+1}$ zusammen und schreiben die Abhängigkeit der Funktion f von β so: $f=f_\beta(x)$. Wir könnten nun versuchen, diese Parameter der Funktion derart zu bestimmen, dass die Summe der Beträge der Fehler minimal werden, d.h., wir würden die folgende Funktion H minimieren:

$$H(\beta) = \sum_{i=1}^{n} \left| f_\beta(x_i) - y_i \right|$$

Wenn wir die y-Werte zu einem Vektor $y=(y_1,y_2,...,y_n)^t$ und die Funktionswerte $f_\beta(x_i)$ zu einem Vektor $\hat{y}=(f_\beta(x_1),f_\beta(x_2),,...,f_\beta(x_n))^t$ zusammenfassen, können wir die Funktion H also über die Betragssummennorm der Differenz der beiden Vektoren definieren:

$$H(\beta) = \left\| \hat{y} - y \right\|_1.$$

Wenn man nun diese Funktion mit den Methoden der Analysis minimieren wollte, so wäre dies wegen der Beträge problematisch, denn die Betragsfunktion ist nicht überall differenzierbar. Aus diesem Grund wird anstelle der Betragssumme die Quadratsumme der Abweichungen minimiert:

$$Q(\beta) = \sum_{i=1}^{n} \left(f_\beta(x_i) - y_i \right)^2 = \left\| \hat{y} - y \right\|_2 = (\hat{y} - y)^t (\hat{y} - y).$$

Dabei setzt man den Gradienten von Q gleich dem Nullvektor und löst dieses Gleichungssystem nach β auf (notwendige Bedingung für die Existenz eines lokalen Extremums). Falls f ein Polynom ist, so erhält man für β ein lineares Gleichungssystem. Bei anderen Funktionen muß in der Regel ein iteratives numerisches Verfahren zur Lösung verwendet werden.

Wir beginnen bei unseren Überlegungen zu den Regressionsfunktionen mit einer Regressionsgerade $f_\beta(x)=\beta_0+\beta_1 x$. Zu minimieren ist in diesem Fall die folgende Funktion:

$$Q(\beta) = \sum_{i=1}^{n} \left(f_\beta(x_i) - y_i \right)^2 = \sum_{i=1}^{n} \left(\beta_0+\beta_1 x_i - y_i \right)^2.$$

Also:

$$\text{grad } Q(\beta) = \begin{pmatrix} \dfrac{\partial Q(\beta)}{\partial \beta_0} \\[2ex] \dfrac{\partial Q(\beta)}{\partial \beta_1} \end{pmatrix} = \begin{pmatrix} \displaystyle\sum_{i=1}^{n} 2(\beta_0+\beta_1 x_i - y_i) \\[2ex] \displaystyle\sum_{i=1}^{n} 2 x_i (\beta_0+\beta_1 x_i - y_i) \end{pmatrix} = \begin{pmatrix} 0 \\ 0 \end{pmatrix}$$

$$\Leftrightarrow \begin{pmatrix} \displaystyle\sum_{i=1}^{n} \beta_0+\beta_1 x_i \\[2ex] \displaystyle\sum_{i=1}^{n} x_i\beta_0+\beta_1 x_i^2 \end{pmatrix} = \begin{pmatrix} \displaystyle\sum_{i=1}^{n} y_i \\[2ex] \displaystyle\sum_{i=1}^{n} x_i y_i \end{pmatrix}$$

$$\Leftrightarrow \begin{pmatrix} n\beta_0 + \beta_1 \sum_{i=1}^{n} x_i \\[2ex] \beta_0 \sum_{i=1}^{n} x_i + \beta_1 \sum_{i=1}^{n} x_i^{\,2} \end{pmatrix} = \begin{pmatrix} \sum_{i=1}^{n} y_i \\[2ex] \sum_{i=1}^{n} x_i y_i \end{pmatrix}$$

$$\Leftrightarrow \begin{pmatrix} n & \sum_{i=1}^{n} x_i \\[2ex] \sum_{i=1}^{n} x_i & \sum_{i=1}^{n} x_i^{\,2} \end{pmatrix} \begin{pmatrix} \beta_0 \\[1ex] \beta_1 \end{pmatrix} = \begin{pmatrix} \sum_{i=1}^{n} y_i \\[2ex] \sum_{i=1}^{n} x_i y_i \end{pmatrix}$$

Dieses lineare Gleichungssystem ist zu lösen. Zuvor bemerken wir jedoch, dass man das obere Gleichungssystem in einer leicht zu verallgemeinernden Matrix-Vektorschreibweise ansetzen kann. Zu diesem Zweck schreibt man den Vektor der Funktionswerte $\hat{y}$ wie folgt:

$$\hat{y} = \begin{pmatrix} \beta_0 + \beta_1 x_1 \\ \beta_0 + \beta_1 x_2 \\ . \\ . \\ \beta_0 + \beta_1 x_n \end{pmatrix} = \underbrace{\begin{pmatrix} 1 & x_1 \\ 1 & x_2 \\ . & \\ . & \\ 1 & x_n \end{pmatrix}}_{=X} \cdot \begin{pmatrix} \beta_0 \\ \beta_1 \end{pmatrix} = X \cdot \beta .$$

Dabei nennt man die Matrix X die Designmatrix. Damit stellt sich die Funktion Q folgendermaßen dar: $Q(\beta) = (X\beta - y)^t (X\beta - y)$. Nach Gradientenbildung und Nullsetzen des Gradienten zur Extremwertbestimmung ergibt sich das obige Gleichungssystem in der folgenden Form: grad $Q(\beta) = \bar{0} \Leftrightarrow X^t X \beta = X^t y$. Das Gleichungssystem $X^t X \beta = X^t y$ nennt man die Normalgleichungen. Falls die Spalten der Matrix X linear unabhängig sind, so ist $X^t X$ positiv definit und man erhält eine eindeutige Lösung, die wir mit b bezeichnen wollen:

$$\boxed{\; b = \left(X^t X \right)^{-1} X^t y \;}.$$

Man kann nun allgemein nicht nur Geraden, sondern Polynome beliebigen Grades k (natürlich mit k $\leq$ n+1) verwenden. Hierzu muß die Designmatrix jeweils um solche Spalten erweitert werden, die entsprechende Potenzen der Werte x_i enthalten. Zum Beispiel erhält dann die dritte Spalte die Quadrate der Werte x_i usw. Bei einem Regressionspolynom 3. Grades würde dann die Designmatrix wie folgt aussehen:

$$X = \begin{pmatrix} 1 & x_1 & x_1^2 & x_1^3 \\ 1 & x_2 & x_2^2 & x_2^3 \\ . & . & . & . \\ . & . & . & . \\ 1 & x_n & x_n^2 & x_n^3 \end{pmatrix} .$$

4.2 Beispiele

Beispiel 1:
Als erstes wollen wir mit Mathematica eine Ausgleichsgerade bestimmen. Dabei sind in der Liste
W die Wertepaare, also zum Beispiel Messwerte, gespeichert. Um Verwechslungen mit der De-
signmatrix X zu vermeiden, nennen wir die x-Koordinaten der Punkte xw.

Remove["Global`*"]

{xw,y}={{1,2,3,4,5},{1.1,2.1,2.9,4.1,5.2}};

Wir lassen die Werte in der üblichen tabellarischen Form ausgeben:

W={xw,y}//Transpose;

W//TableForm

```
1        1.1
2        2.1
3        2.9
4        4.1
5        5.2
```

Wir bestimmen nun durch die „Length"-Anweisung die Anzahl der Punkte, was natürlich bei größeren Datenmengen sinnvoller ist, als das Abzählen der Punkte. Die Variable m liefert die Einsen in
der ersten Spalte der Designmatrix X, und zwar so viele, wie es Datenpaare gibt.

n=Length[W];

m=Table[1,{n}];

Wir bestimmen die Designmatrix X:

X={m,xw}//Transpose;

X//MatrixForm

$$\begin{pmatrix} 1 & 1 \\ 1 & 2 \\ 1 & 3 \\ 1 & 4 \\ 1 & 5 \end{pmatrix}$$

Dies ist die Designmatrix unseres speziellen Beispiels für eine Ausgleichsgerade durch die 5 Punkte
mit den Abszissen 1,2,...,5. Wir programmieren nun die oben schon genannte Formel für das Minimum $b = \left(X^t X\right)^{-1} X^t y$:

b=Inverse[Transpose[X].X].Transpose[X].y

```
{0.02, 1.02}
```

Diese beiden berechneten Werte stellen den Achsenabschnitt b_0 und den Anstieg b_1 der Regressionsgeraden dar. Um deren Gleichung für ein Weiterarbeiten in Mathematica, insbesondere für die Grafik, zur Verfügung zu haben, bilden wir wie folgt die Regressionsfunktion f:

f[x_]:={1,x}.b

f[x]

```
0.02 + 1.02 x
```

Wir zeichnen die Regressionsgerade zusammen mit den Punkten:

G1=Plot[f[x],{x,0,6},DisplayFunction->Identity];

G2=ListPlot[W,DisplayFunction->Identity];

Show[G1,G2,DisplayFunction->$DisplayFunction];

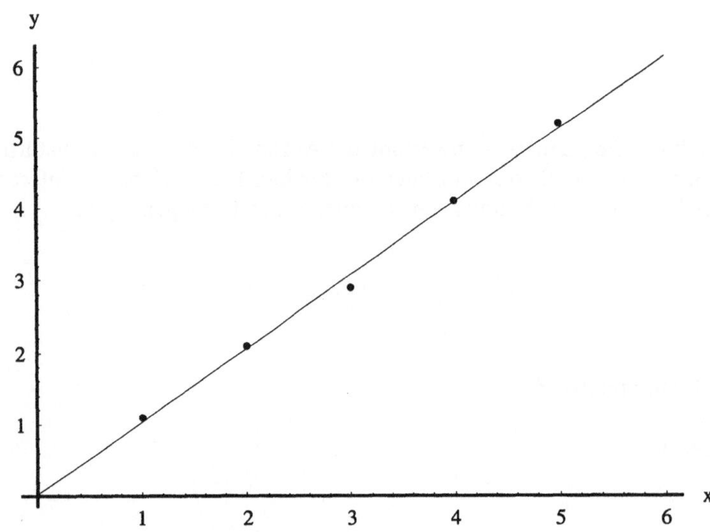

Wir wollen nun noch zeigen, dass die Funktion Q der Abweichungsquadratsumme für die oben bestimmten beiden Zahlenwerte auch tatsächlich minimal wird:

Wir setzen die Regressionsgerade in allgemeiner Form an:

fr[x_]:=b0 + b1 x

Dann bestimmen wir Q:

Q[b0_,b1_]:=(y-fr[xw]).(y-fr[xw])

Q[b0,b1]

$(5.2 - b0 - 5\,b1)^2 + (4.1 - b0 - 4\,b1)^2 + (2.9 - b0 - 3\,b1)^2 +$
$(2.1 - b0 - 2\,b1)^2 + (1.1 - b0 - b1)^2$

Wir bestimmen die Werte b_0 und b_1 für die Q minimal wird, das heißt, wir bilden den Gradienten von Q, setzen ihn Null und lösen das Gleichungssystem nach b_0 und b_1 auf:

Ls=Solve[{D[Q[b0,b1],b0],D[Q[b0,b1],b1]}=={0,0},{b0,b1}]

$\{\{b0 \to 0.02,\ b1 \to 1.02\}\}$

Der Wert der Funktion Q selbst in diesem Minimum ergibt sich durch Einsetzen der obigen Lösung in die Funktion Q:

Q[b0,b1]/.Ls

$\{0.044\}$

Beispiel 2:
Wir wollen eine Parabel als Regressionsfunktion verwenden. Zuerst definieren wir eine neue Punkteliste W.

{xw,y}={{0,1,2,3,4},{0.7,1.5,3.7,9.1,22}};

W={xw,y}//Transpose;

W//TableForm

```
0       0.7
1       1.5
2       3.7
3       9.1
4       22
```

n=Length[W];

m=Table[1,{n}];

Die Designmatrix enthält bei der quadratischen Regression auch die Quadrate der x-Werte:

X={m,xw,xw^2}//Transpose;

X//MatrixForm

$$\begin{pmatrix} 1 & 0 & 0 \\ 1 & 1 & 1 \\ 1 & 2 & 4 \\ 1 & 3 & 9 \\ 1 & 4 & 16 \end{pmatrix}$$

Die Formel für das gesuchte Minimum b wird wieder genauso wie bisher programmiert:

b=Inverse[Transpose[X].X].Transpose[X].y

```
{1.27429 , -2.80857 , 1.95714 }
```

Dies sind die 3 Parameter für eine Parabel 2. Ordnung, beginnend mit dem Absolutglied. Wieder erstellen wir die Regressionsfunktion, um diese zeichnerisch darzustellen. Die geschweifte Klammer in der folgenden Anweisung für die Regressionsfunktion f enthält nun zusätzlich den Term x^2:

f[x_]:={1,x,x^2}.b

f[x]

```
1.27429 - 2.80857 x + 1.95714 x²
```

Auch hierzu erstellen wir eine Grafik:

G1=Plot[f[x],{x,-1,5},DisplayFunction->Identity];

G2=ListPlot[W,DisplayFunction->Identity];

Show[G1,G2,DisplayFunction->$DisplayFunction];

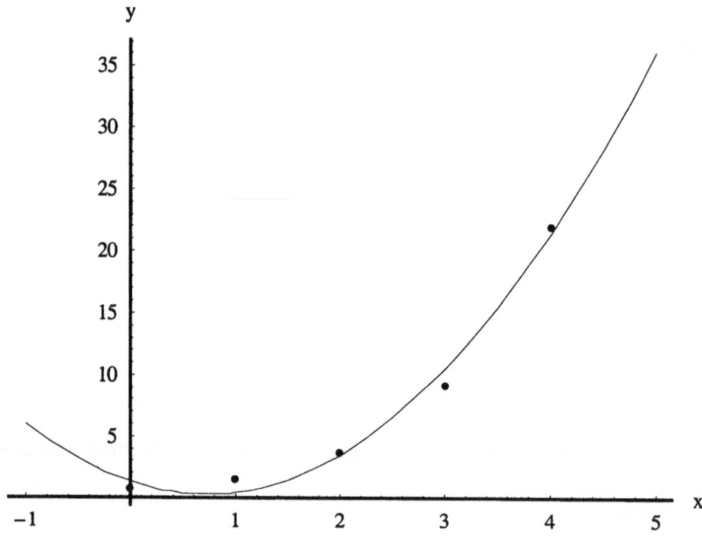

Mathematica hat für das Regressionsproblem den implementierten Befehl „Fit". Darin kann die Art der Regression durch die Liste in der geschweiften Klammer angegeben werden. Sie sehen dies in der folgenden Programmzeile für die Parabel. Die 1 steht für den absoluten Term, x für den linearen und x^2 für den quadratischen Term.

Fit[W,{1,x,x^2},x]

$$1.27429 - 2.80857\ x + 1.95714\ x^2$$

Als „Fehlerquadratsumme" bezeichnet man die aufsummierten quadrierten Differenzen der Messpunktsordinaten und der Ordinaten der Regressionsfunktion zu jeweils gleichen Abszissen. Die Fehlerquadratsumme wird meist mit „sse" (sum of squares due to error) bezeichnet und ergibt sich wie folgt:

sse=(y-X.b).(y-X.b)

$$3.81029$$

<u>Beispiel 3:</u>
Nun möchten wir eine Exponentialfunktion der Form $f(x) = e^{\beta_0 + \beta_1 x}$ als Regressionsfunktion verwenden. Hier gehen wir also davon aus, dass die Messwerte durch eine Exponentialfunktion beschrieben werden, aber fehlerbehaftet sind, d.h., $y_i = e^{\beta_0 + \beta_1 \cdot x_i} + \varepsilon_i$. Dabei sind die ε_i die Fehler, die z.B. bei der Messung entstehen können. Diese Überlegung gilt allgemein für die Regressionsanalyse bzw. Approximation. Hier geht man davon aus, dass die Messwerte, wie oben beschrieben, fehlerbehaftet sind und diese von einer Funktion f abweichen. Diese Funktion ist bis auf einen oder mehrere Parameter bekannt ist. Wenn es keine Abweichungen gäbe, so wäre natürlich eine Interpolation angebracht, wobei man nur so viele Messwerte benötigt, wie es unbekannte Parameter gibt, wogegen man bei der Approximation möglichst viele Messwerte für eine gute Anpassung benötigt.

Die Parameter bestimmen wir auf drei Arten. Zuerst wollen wir die y-Werte logarithmieren und damit dann eine lineare Regression durchführen. Danach bestimmen wir die Lösung mit der Mathematica Funktion "Fit". Im dritten Fall zeigen wir, wie die Minimierung der Quadratsumme bei der Exponentialfunktion auf ein nichtlineares Gleichungssystem führt, welches mit dem Newton-Verfahren numerisch gelöst werden kann. Die Daten stammen noch aus dem vorherigen Beispiel.
Wir beginnen mit der ersten Variante. Dazu wollen wir die y-Werte logarithmieren um eine lineare Regression rechnen zu können. Aus dem Exponentialansatz $f(x) = e^{\beta_0 + \beta_1 x}$ folgt nämlich durch logarithmieren: $\ln(y_i) = \beta_0 + \beta_1 x_i$. Damit werden die Normalgleichungen gelöst.

X={m,xw}//Transpose;

b=Inverse[Transpose[X].X].Transpose[X].Log[y]

$$\{-0.408361\ ,\ 0.869824\ \}$$

Wir müssen bei dem gefundenen Resultat berücksichtigen, dass wir von logarithmierten Werten ausgegangen sind.

f[x_]:=Exp[{1,x}.b]

Die gesuchte Regessionsfunktion ist also folgende e-Funktion:

f[x]

$$e^{-0.408361+0.869824\ x}$$

Wir bestimmen die Fehlerquadratsumme, um dieses Ergebnis weiter unten mit der Lösung von Mathematica mittels „NonlinearFit" vergleichen zu können:

sse=(y-Exp[X.b]).(y-Exp[X.b])

```
0.212069
```

G1=Plot[f[x],{x,-1,5},DisplayFunction->Identity];

G2=ListPlot[W,DisplayFunction->Identity];

Show[G1,G2,DisplayFunction->$DisplayFunction];

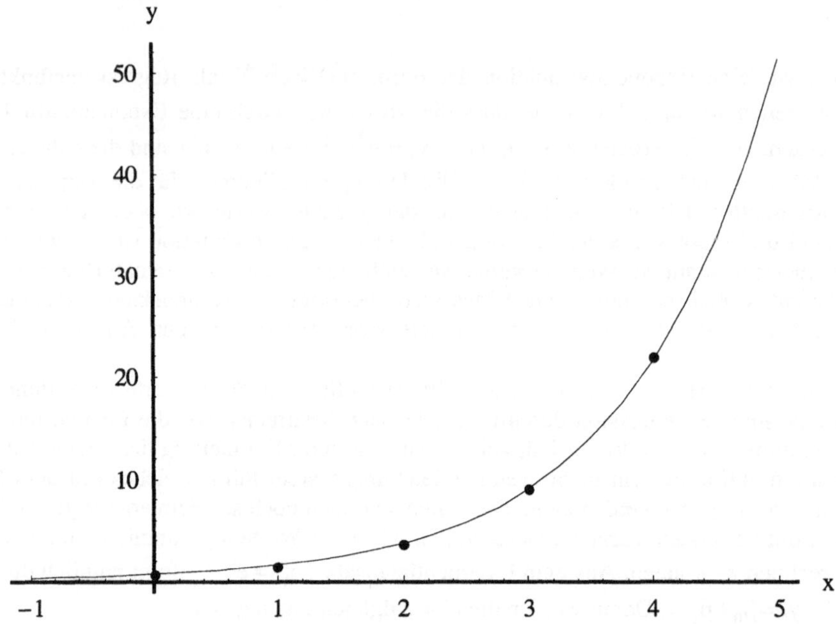

Wir wollen die Regression nun mit der Mathematica-Anweisung „NonlinearFit" durchführen. Da es sich um eine nichtlineare Regression handelt, laden wir das entsprechende Paket von Mathematica:

<< Statistics ` NonlinearFit `

Wir müssen das Modell angeben, das wir den Daten anpassen wollen. Hier geben wir wieder das exponentielle Modell ein, mit den zu bestimmenden Parametern β_0 und β_1. Anders als im obigen Fall wird hier nicht logarithmiert, sondern ein nichtlineares Gleichungssystem mit der Anweisung „NonlinearFit" iterativ gelöst.

L = NonlinearFit[W, Exp[β_0 + β_1 x], x, {β_0, β_1}]

$$e^{-0.454973+0.886573\,x}$$

Gegenüber der Linearisierung im ersten Fall erhalten wir eine etwas andere Regressionsfunktion, deren Anpassung (wie weiter unten bei „sse" nachgerechnet wird) sogar besser als bei der Linearisierung ist.

f[x_]:=L//Evaluate

G1=Plot[f[x],{x,-1,5},DisplayFunction->Identity];

G2=ListPlot[W,DisplayFunction->Identity];

Show[G1,G2,DisplayFunction->$DisplayFunction];

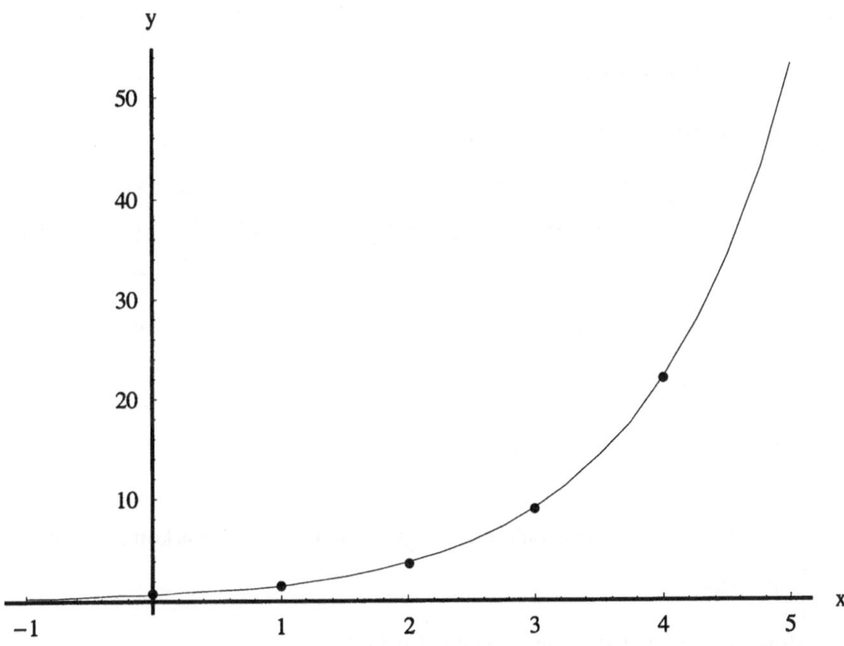

sse=(y-f[xw]).(y-f[xw])

0.0082755

Der Grund für die bessere Anpassung gegenüber der Linearisierung ist der, dass ohne Linearisierung $Q(\beta) = \sum_{i=1}^{n} \left(e^{\beta_0 + \beta_1 \cdot x_i} - y_i\right)^2$ minimiert wird, während bei der Linearisierung aber die folgende Funktion $Q^*(\beta) = \sum_{i=1}^{n} \left(\beta_0 + \beta_1 x_i - \ln(y_i)\right)^2$ minimiert wird. Wenn es keine Abweichungen (d.h. $\varepsilon_i = 0$ für i = 1,2,...,n) der Messwerte von der Funktion gibt, erhält man natürlich bei beiden Funktionen das gleiche Minimum und somit die gleichen Werte für die Parameter.

In der nun folgenden dritten Variante dieses Beispiels wird gezeigt, wie Sie die Parameter für eine beliebige nach den Parametern differenzierbare Approximationsfunktion bestimmen können. Beliebig bedeutet hier, dass die Funktion nicht notwendigerweise als Linearkombination von Funktionen (die die Parameter nicht enthalten) und den β_i (Parametern) darstellbar sein muß. Dies hatten wir bei den Normalgleichungen vorausgesetzt. Wir verwenden zum Vergleich noch einmal das gleiche Beispiel wie zuvor.

fr[x_]:=Exp[b0 + b1 x]

Q[b0_,b1_]:=(y-fr[xw]).(y-fr[xw])

Q[b0,b1]

$$(0.7 - e^{b0})^2 + (1.5 - e^{b0+b1})^2 + (3.7 - e^{b0+2\,b1})^2 + (9.1 - e^{b0+3\,b1})^2 + (22 - e^{b0+4\,b1})^2$$

Wir bestimmen den Gradienten von Q:

ls={D[Q[b0,b1],b0],D[Q[b0,b1],b1]}//Evaluate

$$\{-2\,e^{b0}\,(0.7 - e^{b0}) - 2\,e^{b0+b1}\,(1.5 - e^{b0+b1}) - 2\,e^{b0+2\,b1}\,(3.7 - e^{b0+2\,b1}) -$$
$$2\,e^{b0+3\,b1}\,(9.1 - e^{b0+3\,b1}) - 2\,e^{b0+4\,b1}\,(22 - e^{b0+4\,b1}), \; -2\,e^{b0+b1}\,(1.5 - e^{b0+b1}) -$$
$$4\,e^{b0+2\,b1}\,(3.7 - e^{b0+2\,b1}) - 6\,e^{b0+3\,b1}\,(9.1 - e^{b0+3\,b1}) - 8\,e^{b0+4\,b1}\,(22 - e^{b0+4\,b1})\}$$

Wir lösen das Gleichungssystem grad Q=0 mit Hilfe der "FindRoots"-Anweisung iterativ:

FindRoot[ls=={0,0},{b0,1},{b1,1}]

$$\{b0 \rightarrow -0.454973 \, , \; b1 \rightarrow 0.886573 \}$$

Anmerkung: Hat die Regressionsfunktion die folgende Gestalt einer Linearkombination:

$$f(x) = \sum_{i=0}^{m} \beta_i g_i(x),$$

so ergibt sich für die Designmatrix X die folgende Gestalt:

$$X = \begin{pmatrix} g_0(x_1) & \cdot & \cdot & g_m(x_1) \\ & \cdot & & \cdot \\ & \cdot & & \cdot \\ g_0(x_n) & \cdot & \cdot & g_m(x_n) \end{pmatrix}$$

Die unbekannten Parameter β_i können eindeutig bestimmt werden, wenn die Funktionen g_i linear unabhängig sind. Bei dieser Methode handelt es sich um eine Verallgemeinerung des linearen Modells, bei welchem $g_0(x)=1$ und $g_1(x)=x$ gesetzt werden können. Durch das Minimieren der Quadratsumme erhält man die Normalgleichungen

$$X'X\vec{\beta} = X'\vec{y}$$

bzw. folgendes ausführlicher geschriebenes Gleichungssystem für die unbekannten Parameter:

$$\overbrace{\begin{pmatrix} \sum_{i=0}^{n} g_0(x_i)^2 & \sum_{i=0}^{n} g_0(x_i)g_1(x_i) & \cdot & \cdot & \sum_{i=0}^{n} g_0(x_i)g_m(x_i) \\ \sum_{i=0}^{n} g_1(x_i)g_0(x_i) & \sum_{i=0}^{n} g_1(x_i)^2 & \cdot & \cdot & \sum_{i=0}^{n} g_1(x_i)g_m(x_i) \\ \cdot & \cdot & \cdot & \cdot & \cdot \\ \cdot & \cdot & \cdot & \cdot & \cdot \\ \sum_{i=0}^{n} g_m(x_i)g_0(x_i) & \cdot & & \cdot & \sum_{i=0}^{n} g_m(x_i)^2 \end{pmatrix}}^{X^{t}X} \begin{pmatrix} \beta_0 \\ \beta_1 \\ \cdot \\ \cdot \\ \cdot \\ \beta_m \end{pmatrix} = \begin{pmatrix} \sum_{i=0}^{n} g_0(x_i)y_i \\ \sum_{i=0}^{n} g_1(x_i)y_i \\ \cdot \\ \cdot \\ \sum_{i=0}^{n} g_m(x_i)y_i \end{pmatrix}$$

Wir benutzen an dieser Stelle Vektorpfeile in der Schreibweise, um Verwechslungen zu vermeiden. Definiert man einen Vektor $\vec{x}_s = (g_s(x_1), g_s(x_2),..., g_s(x_n))^t$, das ist die s-te Spalte der Matrix X, so ergeben sich die Elemente in der s-ten Zeile und r-ten Spalte der Matrix auf der linken Seite des oberen Gleichungssystems aus dem Skalarprodukt $\vec{x}_s \cdot \vec{x}_r$ und die s-te Komponente des Vektors auf der rechten Seite aus dem Skalarprodukt $\vec{x}_s \cdot \vec{y}$.

Falls die Regressionsfunktion ein Polynom m-ten Grades ist, so gilt $g_i(x) = x^i$; i=1,..., m.

$$f(x) = \beta_0 + \beta_1 x + \beta_2 x^2 + ... + \beta_m x^m$$

$$X = \begin{pmatrix} 1 & x_1 & x_1^2 & \cdot & \cdot & x_1^m \\ \cdot & \cdot & \cdot & & & \cdot \\ \cdot & \cdot & \cdot & & & \cdot \\ 1 & x_n & x_n^2 & \cdot & \cdot & x_n^m \end{pmatrix}.$$

Die Normalgleichungen lauten dann:

$$\begin{pmatrix} n & \sum x_i & \sum x_i^2 & \cdot & \cdot & \sum x_i^m \\ \sum x_1 & & & & & \cdot \\ \cdot & & & & & \cdot \\ \cdot & & & & & \cdot \\ \sum x_i^m & \cdot & \cdot & \cdot & \cdot & \sum x_i^{2m} \end{pmatrix} \begin{pmatrix} \beta_0 \\ \cdot \\ \cdot \\ \cdot \\ \beta_m \end{pmatrix} = \begin{pmatrix} \sum y_i \\ \sum x_i y_i \\ \sum x_i^2 y_i \\ \cdot \\ \sum x_i^m y_i \end{pmatrix}.$$

4.3 Globale Approximation

Bei der globalen Approximation gehen wir davon aus, dass eine Funktion f gegeben ist, die wir möglichst gut durch eine Funktion g auf dem Intervall [a,b] approximieren wollen. Die Funktion g enthält wieder unbekannte Parameter, welche wir zu einem Vektor β zusammenfassen. Wir schreiben $g = g_\beta(x)$. Diese Parameter möchten wir nun derart bestimmen, dass $\left\| f(x) - g_\beta(x) \right\|_2$ minimal wird. Wir minimieren die folgende Funktion q:

$$q(\beta) = \int_a^b (f(x) - g_\beta(x))^2 \, dx$$

Hinweis: Eine weitere Möglichkeit der globalen Approximation ist bei periodischen Funktionen die Entwicklung von g in eine Fourier-Reihe, die wir im nächsten Kapitel behandeln. Auch die Wavelettransformation, die wir noch kennen lernen werden, gehört hierzu.

<u>Beispiel:</u>
Wir wollen die Funktion $f(x)=1+e^{-x}$ durch ein Polynom zweiten Grades stetig in $[a,b]=[0,1]$ approximieren.

f[x_]:=1+Exp[-x]

a=0; b=1;

n = 2;

Wir legen das Polynom fest. Die Koeffizienten seien mit c[0],c[1],c[2] bezeichnet:

g[i_][x_] := x^i

fs[x_]:=$\sum_{i=0}^{n} c[i]\, g[i][x]$

fs[x]

c[0] + x c[1] + x^2 c[2]

Wir programmieren die oben beschriebene Funktion q:

$q := \int_a^b (f[x] - fs[x])^2\, dx$

q

$\frac{1}{30}$ (75 - 60 c[0] - 60 c[1] - 120 c[2]) +

$\frac{1}{30\, e^2}$ (-15 - 60 e + 30 e^2 + 60 e c[0] -

     60 e^2 c[0] + 30 e^2 c[0]^2 + 120 e c[1] - 30 e^2 c[1] +

     30 e^2 c[0] c[1] + 10 e^2 c[1]^2 + 300 e c[2] - 20 e^2 c[2] +

     20 e^2 c[0] c[2] + 15 e^2 c[1] c[2] + 6 e^2 c[2]^2)

Nun leiten wir q ab, setzen die Ableitungen Null und lösen nach den Koeffizienten auf:

LGS = Map [D[q, #] &, Table [c[i], {i, 0, n}]]

$\{-2 + \dfrac{60\ e - 60\ e^2 + 60\ e^2\ c[0] + 30\ e^2\ c[1] + 20\ e^2\ c[2]}{30\ e^2}$,

$-2 + \dfrac{120\ e - 30\ e^2 + 30\ e^2\ c[0] + 20\ e^2\ c[1] + 15\ e^2\ c[2]}{30\ e^2}$,

$-4 + \dfrac{300\ e - 20\ e^2 + 20\ e^2\ c[0] + 15\ e^2\ c[1] + 12\ e^2\ c[2]}{30\ e^2}\}$

L = Solve[LGS == 0, Table[c[i], {i, 0, n}]][[1]]

$$\left\{ c[0] \rightarrow -\frac{87 - 34\ e}{e}, \right.$$
$$\left. c[1] \rightarrow -\frac{12\ (-46 + 17\ e)}{e},\ c[2] \rightarrow \frac{30\ (-19 + 7\ e)}{e} \right\}$$

Die so gefundenen Koeffizienten setzen wir in die Funktion ein:

fs[x] /. L

$$-\frac{87 - 34\ e}{e} - \frac{12\ (-46 + 17\ e)\ x}{e} + \frac{30\ (-19 + 7\ e)\ x^2}{e}$$

Wir zeichnen schließlich die ursprüngliche Funktion f sowie das Approximationspolynom fs im gewählten Bereich zwischen 0 und 1:

Plot[{f[x], fs[x] /. L}, {x, 0, 1}];

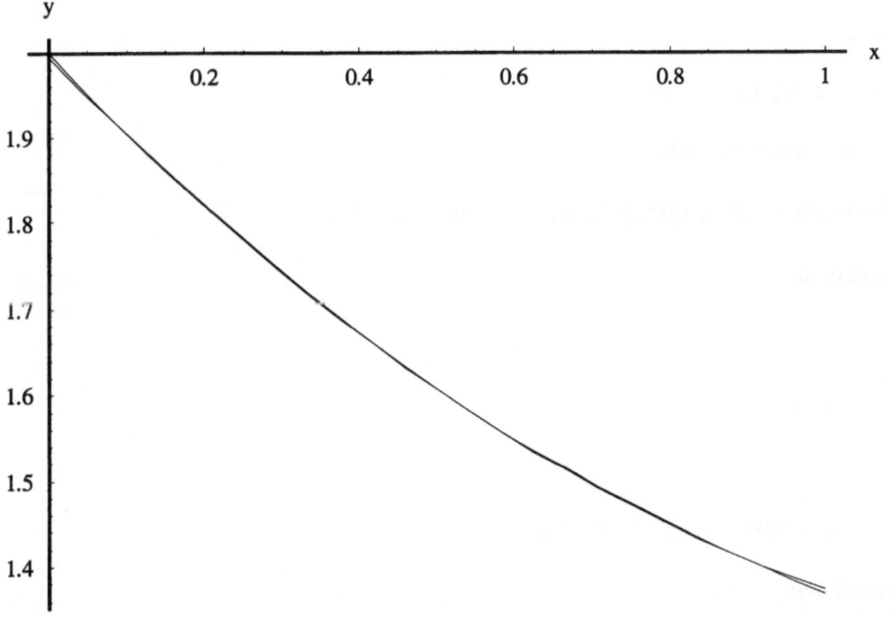

Setzt sich die Funktion g wieder aus einer Linearkombination von Funktionen g_i zusammen, $g(x) = \sum_{i=0}^{m} \beta_i g_i(x)$, so ergibt sich bei der Minimierung von q das folgende lineare Gleichungssystem für die unbekannten Parameter β_i:

$$\underbrace{\begin{pmatrix} \int_a^b g_0(x)^2\,dx & \int_a^b g_0(x)g_1(x)dx & . & . & \int_a^b g_0(x)g_m(x)dx \\ \int_a^b g_1(x)g_0(x)dx & \int_a^b g_1(x)^2\,dx & . & . & \int_a^b g_1(x)g_m(x)dx \\ & . & & & . \\ & . & & . & . \\ \int_a^b g_m(x)g_0(x)dx & . & & . & \int_a^b g_m(x)^2\,dx \end{pmatrix}}_{x^Tx} \cdot \begin{pmatrix} \beta_0 \\ \beta_1 \\ . \\ . \\ \beta_m \end{pmatrix} = \begin{pmatrix} \int_a^b g_0(x)f(x)dx \\ \int_a^b g_1(x)f(x)dx \\ . \\ . \\ \int_a^b g_m(x)f(x)dx \end{pmatrix}$$

Wie zu sehen ist, ergeben sich die Elemente in der s-ten Zeile und r-ten Spalte der Matrix auf der linken Seite des oberen Gleichungssystems aus dem Skalarprodukt der Funktionen g_s und g_r und die s-te Komponente des Vektors auf der rechten Seite aus dem Skalarprodukt der Funktionen g_s und f.

Im Beispiel:

g[0][x_]:=1

g[1][x_]:= x

g[2][x_]:=x^2

Wir definieren das Skalarprodukt:

sp[f_,g_]:=Integrate[f*g,{x,a,b}]

XtX = Table[sp[g[s][x], g[r][x]], {s, 0, 2}, {r, 0, 2}];

XtX//MatrixForm

$$\begin{pmatrix} 1 & \frac{1}{2} & \frac{1}{3} \\ \frac{1}{2} & \frac{1}{3} & \frac{1}{4} \\ \frac{1}{3} & \frac{1}{4} & \frac{1}{5} \end{pmatrix}$$

Xty = Table[sp[g[s][x], f[x]], {s, 0, 2}];

Xty // MatrixForm

$$\begin{pmatrix} 1 + \frac{-1+e}{e} \\ 1 + \frac{-4+e}{2\,e} \\ 2 + \frac{-15+e}{3\,e} \end{pmatrix}$$

Wir lösen die Normalgleichung für die Koeffizienten der Approximationsfunktion:

Inverse[XtX].Xty // Together // MatrixForm

$$\begin{pmatrix} \dfrac{-87+34\ e}{e} \\[2ex] -\dfrac{12\ (-46+17\ e)}{e} \\[2ex] \dfrac{30\ (-19+7\ e)}{e} \end{pmatrix}$$

Zum Vergleich mit dem weiter oben berechneten L:

L // MatrixForm

$$\begin{pmatrix} c[0] \to -\dfrac{87-34\ e}{e} \\[2ex] c[1] \to -\dfrac{12\ (-46+17\ e)}{e} \\[2ex] c[2] \to \dfrac{30\ (-19+7\ e)}{e} \end{pmatrix}$$

5 Fourier-Analyse

Unter dem Begriff „Fourier-Analyse" wollen wir sowohl die „Harmonische Analyse", als auch die sogenannte „Fourier-Transformation" zusammenfassen. Die Harmonische Analyse befasst sich mit der Darstellung periodischer Funktionen als Reihen, die aus Sinus- und Kosinustermen bestehen (Fourier-Reihen). Die Fourier-Transformation stellt eine Integraltransformation von Funktionen dar, die nicht periodisch sind, die aber so schnell gegen Null gehen, dass die Fläche zwischen ihrem Graph und der x-Achse endlich ist. Einer solchen Funktion f wird über diese Integraltransformation ihre Fourier-Transformierte $\hat{f}$ zugeordnet. Wenn f eine von der Zeit t abhängige Funktion ist, dann ist deren Fourier-Transformierte von der Frequenz ω abhängig; die Information über die Zeit ist bei der Fourier-Transformierten nur noch indirekt vorhanden. Die Fourier-Transformierte einer Funktion kann in vielen Fällen direkt interpretiert werden („Frequenzraum"). Oft werden damit Gleichungen transformiert, deren Lösung im Originalraum kompliziert sein kann, und anschließend nach ihrer Lösung im Bildraum rücktransformiert.

Die Anwendungen der Fourier-Analyse reichen von den Differentialgleichungen über die Statistik bis hin zur Physik, wo sie ein breites Anwendungsspektrum findet. Beispielsweise lassen sich mit der Fourier-Analyse physikalische Phänomene untersuchen, die auf Wellen basieren (Schall-, Radio-, Mikrowellen,...). Sie findet auch in der Quantenmechanik ihre Anwendung. Kann man im Ortsraum den Aufenthalt eines Teilchens bestimmen, so kann man im Fourier-Raum dessen Impuls bestimmen. Aufgrund der Unschärferelation können bei Elementarteilchen allerdings nicht gleichzeitig Ort und Impuls bestimmt werden. Je genauer man den Ort lokalisiert, um so ungenauer werden Aussagen über den Impuls und umgekehrt. Die Fourier-Analyse wird auch in der Digitaltechnologie angewandt,zum Beispiel beim Sampling-Theorem (Abtasttheorem von Shannon, siehe das Kapitel über Wavelets). Hier hat man den Vorteil, dass sich die Koeffizienten über die Funktionswerte an diskreten Stellen ergeben. Zusätzlich hat man bei der Fourier-Analyse den Nutzen, dass die Fourier-Koeffizienten stetiger Funktionen bei hohen Frequenzen gegen Null gehen. Man benötigt somit nur eine endliche Anzahl von Fourier-Koeffizienten um z.B. ein Signal hinreichend gut zu beschreiben.

5.1 Fourier-Transformation

Wir beginnen in diesem Kapitel mit der Fourier-Transformation. Die Fourier-Transformation ist eine Integraltransformation, die einer Funktion $f: \mathbb{R} \to \mathbb{R}$ (auch $f: \mathbb{R} \to \mathbb{C}$ ist möglich) deren Fourier-Transformierte $\mathcal{F}(f) = \hat{f} : \mathbb{R} \to \mathbb{C}$ zuordnet. Eine hinreichende Bedingung für die Existenz der Fourier-Transformierten ist die Existenz von $\int_{-\infty}^{\infty} |f(t)| dt = \|f\|_1$, d.h., $f \in L^1(\mathbb{R})$. Man sagt, die Funktion ist absolut integrierbar.

(Hinweis: Will man sicherstellen, daß auch immer das Integral für die Rücktransformation existiert, so soll gelten $f \in L^2(\mathbb{R})$ .Wenn Ihnen die L^p-Räume nicht geläufig sind, finden Sie mehr dazu in dem Buch von Koenigsberger, siehe Literaturverzeichnis.)

Die Fourier-Transformierte $\hat{f}$ von f ist über das folgende Integral (Fourierintegral) definiert:

$$\hat{f}(\omega) = \frac{1}{\sqrt{2\pi}} \int_{-\infty}^{\infty} f(t) e^{i\omega t} dt .$$

Es sei bemerkt, dass in einigen Büchern bei der Definition der Fourier-Transformierten der Faktor $\frac{1}{\sqrt{2\pi}}$ nicht verwendet wird und dieser erst bei der Rücktransformation berücksichtigt wird. Man findet auch oft im Exponenten der e-Funktion -iωt. Wir halten uns hier an die Mathematica-Konvention. In diesem Abschnitt wollen wir nur auf die Technik der Fourier-Transformation mit Mathematica eingehen und noch nicht auf deren Anwendungen. Dazu vergleichen Sie bitte auch unsere Ausführungen in dem Kapitel über Wavelets.

Wir beginnen nun mit der Festlegung einer Funktion in Mathematica, als Beispiel $f(t) = e^{-t^2}$, deren Fourier-Transformierte wir bestimmen wollen. Dazu laden wir zunächst das Package „Calculus`FourierTransform" (Hinweis: Groß/Klein-Schreibung bitte genau beachten). Dann definieren und zeichnen wir die Funktion.

Remove["Global`*"]

<<Calculus`FourierTransform`

$f[t\_] := e^{-t^2}$

Plot[f[t], {t, −2, 2}];

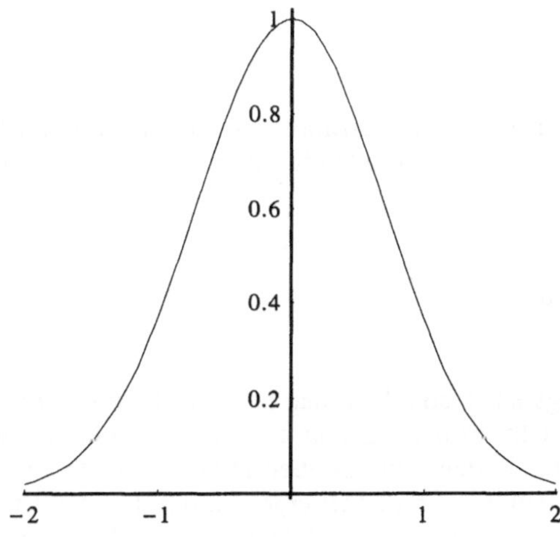

Wir bestimmen nun die Fourier-Transformierte $\hat{f}$ einmal über die in Mathematica implementierte Funktion „FourierTransform", wobei wir diese in Mathematica mit dem Großbuchstaben F bezeichnen, und danach über das Fourierintegral als Formel, die wir in Mathematica entsprechend unserer obigen Definition eingeben. (Hinweis : bei den älteren Mathematica-Versionen vor der Version 4.0 wird $\hat{f}(\omega) = \int_{-\infty}^{\infty} f(t)e^{i\omega t}dt$ berechnet, das heißt, es wird ohne den Faktor $\dfrac{1}{\sqrt{2\pi}}$ gearbeitet.

Man kann dies auch in der neuen Version von Mathematica erreichen, wenn man mit der Option „*FourierParameters->{1,1}*" arbeitet. Durch die Option „*FourierParameters->{1,-1}*" kann man gleichzeitig mit negativem Exponenten arbeiten).

F[ω_]=FourierTransform[f[t], t, ω]

$$\dfrac{e^{-\frac{\omega^2}{4}}}{\sqrt{2}}$$

Wie Sie in der nun folgenden Darstellung mit der Integralformel sehen, trifft Mathematica eine Fallunterscheidung. Das Integral wird unter der Voraussetzung berechnet, dass $\omega \in \mathbb{R}$. Diese Bedingung ist jedoch erfüllt, da $\hat{f}$ eine Funktion von $\mathbb{R} \to \mathbb{C}$ ist. Die Mathematica-Funktion „FourierTransform" gibt aus diesem Grund keine Fallunterscheidung mit aus. (Hinweis: Bitte vergessen Sie nicht bei der Eingabe trennende Leerzeichen einzufügen; hier z.B. zwischen i, ω und t):

$$\frac{1}{\sqrt{2\pi}} \int_{-\infty}^{\infty} \mathbf{f[t]}\, e^{i\,\omega\,t}\, d\mathbf{t}$$

$$\frac{1}{\sqrt{2\pi}}\, \mathrm{If}\!\left[\mathrm{Im}[\omega] == 0,\ e^{-\frac{\omega^2}{4}}\, \sqrt{\pi},\ \int_{-\infty}^{\infty} e^{-t^2 + i\,t\,\omega}\, d\,t\right]$$

Wir können jedoch die Fallunterscheidung unterdrücken, indem wir die folgende Option angeben:

$$\mathbf{Integrate}\!\left[\frac{1}{\sqrt{2\pi}}\, \mathbf{f[t]}\, e^{i\,\omega\,t},\ \{t,\, -\infty,\, \infty\},\ \mathbf{GenerateConditions} \to \mathbf{False}\right]$$

$$\frac{e^{-\frac{\omega^2}{4}}}{\sqrt{2}}$$

Für die Rücktransformation einer Fourier-Transformierten gilt bei unserer Definition des Fourierintegrals die folgende Formel, die wir weiter unten für unser Beispiel in Mathematica realisieren wollen:

$$f(t) = \frac{1}{\sqrt{2\pi}} \int_{-\infty}^{\infty} \hat{f}(\omega) e^{-i\omega t} d\omega.$$

Besitzt die Funktion f Sprungstellen, so erhält man nach der Fourier-Transformation und anschließender Rücktransformation nicht mehr unbedingt die Originalfunktion f selbst, sondern die rücktransformierte Funktion besitzt an den Sprungstellen Funktionswerte, die sich aus dem Mittelwert aus linksseitigem und rechtsseitigem Grenzwert ergeben, d.h. $(f(t^-) + f(t^+))/2$. Diese Tatsache gilt auch bei der Fourier-Reihenentwicklung und Sie können dies an den Graphen im nächsten Unterkapitel sehen, in denen wir die Funktionen f und ihre Approximation durch eine abgebrochene Fourier-Reihe zeichnerisch dargestellt haben.

Nun zeigen wir, wie man die Fourier-Transformierte $\hat{f}$ mit Mathematica rücktransformieren kann, um wieder die Originalfunktion zu erhalten. Wir tun dies wiederum auf zwei mögliche Arten: Einmal, indem wir das entsprechende Integral nach der oben stehenden Formel zur Rücktransformation verwenden, danach mit Hilfe der Mathematica-Funktion „InverseFourierTransform". Zunächst folgt die erste Variante:

$$\frac{1}{\sqrt{2\pi}} \int_{-\infty}^{\infty} \mathbf{F[\omega]}\, e^{-i\,\omega\,t}\, d\omega$$

$$\frac{\mathrm{If}\!\left[\mathrm{Im}[t] == 0,\ 2\, e^{-t^2}\, \sqrt{\pi},\ \int_{-\infty}^{\infty} e^{-i\,t\,\omega - \frac{\omega^2}{4}}\, d\omega\right]}{2\,\sqrt{\pi}}$$

beziehungsweise mit Option „GenerateConditions->False":

$$\textbf{Integrate}\left[\frac{1}{\sqrt{2\pi}}\;\textbf{F}[\omega]\;e^{-i\omega t},\;\{\omega,\;-\infty,\;\infty\},\;\textbf{GenerateConditions}\rightarrow\textbf{False}\right]$$

$$e^{-t^2}$$

Zweite Variante:

InverseFourierTransform[F[ω], ω, t]

$$e^{-t^2}$$

5.2 Fourier-Reihen

Bei der Fourier-Reihenentwicklung geht man von einer auf $\mathbb{R}$ periodischen Funktion f aus. Sie habe die Periode 2L. (Hinweis: Man könnte auch Funktionen aus $L^2[-L,L]$ betrachten. Die Fourier-Reihe setzt dann diese Funktion auf $\mathbb{R}$ periodisch fort.)

f soll auf dem Intervall I=[-L,L] stückweise glatt sein, das heißt, daß es eine Zerlegung des Intervalls I in endlich viele Teilintervalle gibt, auf denen f stetig differenzierbar ist und alle einseitigen Grenzwerte existieren. Dann läßt sich die Funktion f in eine Fourier-Reihe entwickeln, die wie folgt definiert ist:

$$\frac{a_0}{2}+\sum_{k=1}^{\infty}a_k\cos(k\cdot t\cdot\pi/L)+b_k\sin(k\cdot t\cdot\pi/L)$$

$$\text{mit } a_k=\frac{1}{L}\int_{-L}^{L}f(t)\cos(k\cdot t\cdot\pi/L)dt=\langle f(t),\cos(k\cdot t\cdot\pi/L)\rangle\;;\;\;k\geq 0$$

$$\text{und } b_k=\frac{1}{L}\int_{-L}^{L}f(t)\sin(k\cdot t\cdot\pi/L)dt=\langle f(t),\sin(k\cdot t\cdot\pi/L)\rangle;\;\;k>1.$$

Bemerkungen:

1) Ist die Funktion f eine zur Ordinatenachse symmetrische Funktion, d.h. gilt $f(t) = f(-t)$ für alle t aus dem Definitionsbereich D_f, dann gilt $b_k = 0$ für alle $k\in\mathbb{N}$. Ist die Funktion punktsymmetrisch zum Ursprung, d.h. gilt $-f(t) = f(-t)$ für alle $t\in D_f$, dann gilt $a_k = 0$ für alle $k\in\mathbb{N}_0$.

2) Die Funktionen $\{1/\sqrt{2},\cos(kt),\sin(kt)\}_{k\in\mathbb{N}}$, bzw. $\{e^{ikt}\}_{k\in\mathbb{Z}}$ bilden je eine Orthonormalbasis von $L^2[-\pi,\pi]$. Es gilt somit zum Beispiel für das Skalarprodukt $<\cos(k\cdot t),\sin(m\cdot t)> =$

$$\frac{1}{2\pi}\int_{-\pi}^{\pi}\cos(k\cdot t)\cdot\sin(m\cdot t)\,dt=\begin{cases}1 & \text{für } k=m\\0 & \text{für } k\neq m\end{cases}.$$ Das System $\{e^{ikt\pi/L}\}_{k\in\mathbb{Z}}$ ist eine Orthonormalbasis von $L^2(I)$. Hier gilt also:

$$\langle e^{ikt\pi/L},\, e^{imt\pi/L}\rangle = \frac{1}{2L}\int\limits_{-L}^{L} e^{ikt\pi/L}\cdot \overline{e^{imt\pi/L}}\,dt = \frac{1}{2L}\int\limits_{-L}^{L} e^{ikt\pi/L}\cdot e^{-imt\pi/L}\,dt = \begin{cases}1 & \text{für } k = m\\[4pt] 0 & \text{für } k \neq m\end{cases}.$$

3) Im praktischen Fall möchte man meist die Funktion f nur approximieren. Aus diesem Grund verwendet man nur die ersten n Summanden der Reihe.

Die Funktionen sin und cos hängen wegen der Eulerschen Formel $\cos(t)+i\cdot\sin(t)=e^{i\cdot t}$ über die imaginäre Einheit i mit der Eulerschen Zahl e zusammen. Deshalb wählt man auch gerne eine andere Darstellung der oben gezeigten Fourier-Reihen, die in der Schreibweise und bei Umformungen oft bequemer ist. In der komplexen Darstellung hat die Fourier-Reihe die folgende Gestalt:

$$\sum_{k=-\infty}^{\infty} c_k e^{k\cdot t\cdot i\cdot \pi/L} \quad \text{mit } c_k = \frac{1}{2L}\int\limits_{-L}^{L} f(t)e^{-k\cdot t\cdot i\cdot \pi/L}\,dt = \left\langle f(t),\, e^{k\cdot t\cdot i\cdot \pi/L}\right\rangle.$$

Man findet bei dem obigen Integral auch oft die Integrationsgrenzen 0 und 2L. Dies spielt jedoch für den Wert des Integrals keine Rolle, da f und $e^{-kti\pi/L}$ beides Funktionen mit der Periode 2L sind. In der „Default"-Einstellung von Mathematica wird bei der Fourier-Reihe in der Exponentialdarstellung das Minuszeichen nicht im Exponenten des zweiten Faktors unter dem Integralzeichen gesetzt, sondern es wird bei der Summation der Reihe berücksichtigt.

Für die Koeffizienten a_k und b_k der Fourier-Reihe gilt, dass sie mit steigendem k gegen Null gehen. Analog gilt bei der komplexen Darstellung, dass die Koeefizienten c_k mit betragsmäßig steigendem k verschwinden: $\lim\limits_{k\to\pm\infty} c_k = 0$ (Riemann-Lebesgue-Lemma).

Wir beginnen mit dem Beispiel einer punktsymmetrischen Funktion und bestimmen mit Mathematica die ersten 5 Summanden der Fourier-Reihe. Wegen der Punktsymmetrie sind nur Sinus-Terme vorhanden, da alle $a_k=0$; $k\geq 0$. Die Funktion, die wir in eine Fourier-Reihe entwickeln wollen, sei
$$g(t) = t - 2n \quad \text{für } -1+2n \leq t < 1+2n \text{ und } n \in \mathbb{Z}.$$
Wir wollen f grafisch darstellen. Dazu schreiben wir die Abhängigkeit von n ebenfalls in die eckige Klammer.

```
g[t_, n_] := t - 2n
```

```
Do[Bild[n] = Plot[g[t, n], {t, -1 + 2 * n, 1 + 2 * n}, DisplayFunction → Identity], {n, -3, 3}]
```

```
Show[Table[Bild[n], {n, -3, 3}], DisplayFunction → $DisplayFunction]
```

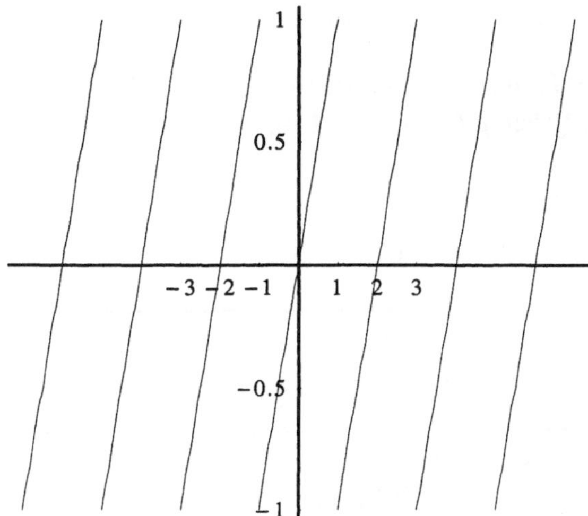

Wir definieren nun in Mathematica eine Funktion f, die mit der obigen Funktion g für den Bereich
$-1 \le t < 1$ übereinstimmt. Da man bei der Berechnung der Koeffizienten nur über eine Periode integrieren muss, genügt dies zur Erfassung einer Periode von g. Der Integrationsbereich bei der Bestimmung der Fourier-Koeffizienten verläuft in diesem Fall von -1 bis 1 (allgemein von -L bis L).

Als Hilfmittel benutzen wir die Mathematica-Funktion „UnitStep", die wir in mathematischer Notation mit σ bezeichnen wollen. Diese Funktion ist bekannt als die Heaviside (Sprung-) Funktion, und
sie wird im allgemeinen als „Einheitssprung" bezeichnet. Sie hat für negative Abszissen den Wert
0 und 1 sonst: $\sigma(t) = \begin{cases} 0 \ \text{für } t < 0 \\ 1 \ \text{für } t \ge 0 \end{cases}$. Dabei ist die Festlegung für σ im Nullpunkt nicht einheitlich,
wird aber standardmäßig in Mathematica als 1 gewählt.

σ[t_] := UnitStep[t]

Plot[σ[t], {t, −4, 4}, PlotRange → {{−4, 4}, {−2, 2}},
PlotStyle −> {Thickness[0.006], RGBColor[1, 0, 0]}];

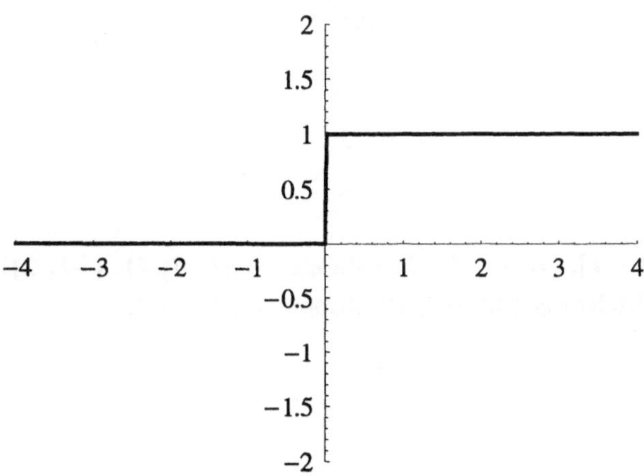

Für unsere Zwecke benötigen wir zwei Translationen der Heaviside-Funktion: $\sigma(t+1)$ und $\sigma(t-1)$, sowie deren Differenz, die wir uns nun alle anschauen wollen.

Plot[σ[t + 1], {t, −4, 4}, PlotRange → {{−4, 4}, {−2, 2}},
PlotStyle → {Thickness [0.006], RGBColor [1, 0, 0]}];

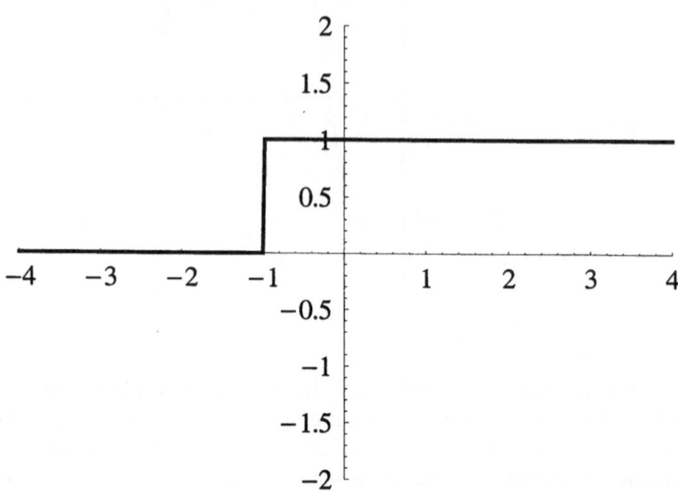

Plot[σ[t − 1], {t, −4, 4}, PlotRange → {{−4, 4}, {−2, 2}},
PlotStyle → {Thickness [0.006], RGBColor [1, 0, 0]}];

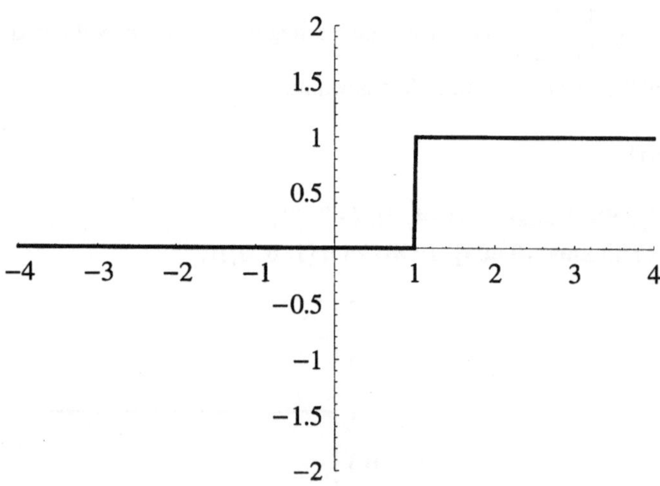

Plot[σ[t + 1] − σ[t − 1], {t, −4, 4}, PlotRange → {{−4, 4}, {−2, 2}},
PlotStyle → {Thickness [0.006], RGBColor [1, 0, 0]}];

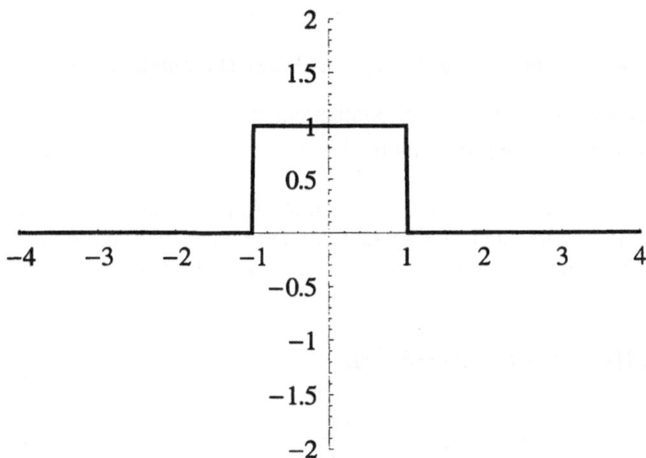

Die Differenz der beiden Funktionen ist also über dem Intervall [-1,1) gleich 1 und 0 sonst. Sie ist daher geeignet, die Funktion g auf dieses Intervall einzuschränken. Die Abhängigkeit von n wird nun nicht mehr gebraucht. (Hinweis: Da wir σ später noch mehrfach bei unseren Berechnungen brauchen, wollen wir diese Funktion bereits hier vorstellen. Man benötigt nur eine Funktion, die mit g in einer Periode übereinstimmt, die die Stelle t=0 einschließt.)

f[t_] := g[t, n] * (σ[t + 1] – σ[t – 1]) /. n → 0

Plot[f[t], {t, −4, 4}, PlotRange → {{−4, 4}, {−2, 2}},
**   PlotStyle –> {Thickness[0.006], RGBColor[1, 0, 0]}];**

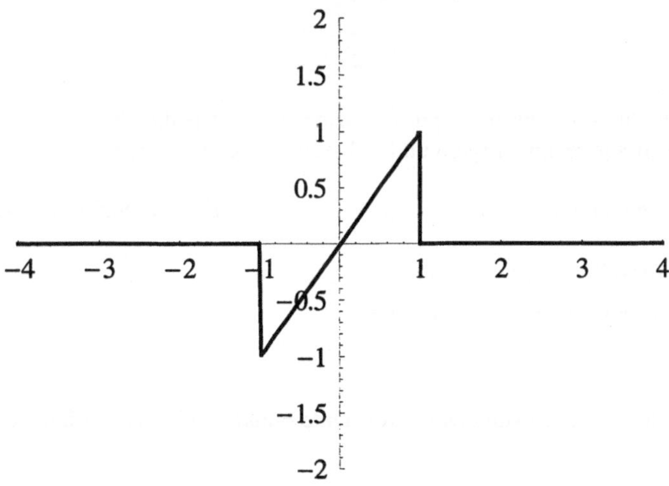

Wir bestimmen fünf Terme in der Fourierentwicklung von f(t):

FR = FourierTrigSeries[f[t], t, 5, FourierParameters → {0, 1 / 2}] // Simplify

$$\frac{1}{30\,\pi}\,(60\,\mathrm{Sin}\,[\pi\,t] - 30\,\mathrm{Sin}\,[2\,\pi\,t] + 20\,\mathrm{Sin}\,[3\,\pi\,t] - 15\,\mathrm{Sin}\,[4\,\pi\,t] + 12\,\mathrm{Sin}\,[5\,\pi\,t]\,)$$

Hinweis: Bei der Periode 2L müssen Sie die Option „FourierParameters $\rightarrow \{0, \frac{1}{2L}\}$" angeben, allgemein: „FourierParameters $\rightarrow \{a, b\}$" (siehe Mathematica-Hilfe). Mit *FR=FourierSeries[f[t], t, 5, FourierParameters->{0,1/2}]//Simplify* erhalten Sie die Exponentialdarstellung der Fourier-Reihe.

Nun zeichnen wir drei Perioden der Funktion und ihrer Approximation über die fünf Terme in der Fourierentwicklung. Sie können auch die Anzahl der Terme erhöhen und eine bessere Approximation erzielen. Wie Sie in der unteren Grafik sehen, gibt es die größten Abweichungen an den Sprungstellen

Plot[{f[t + 2], f[t], f[t − 2], FR}, {t, −3, 3}];

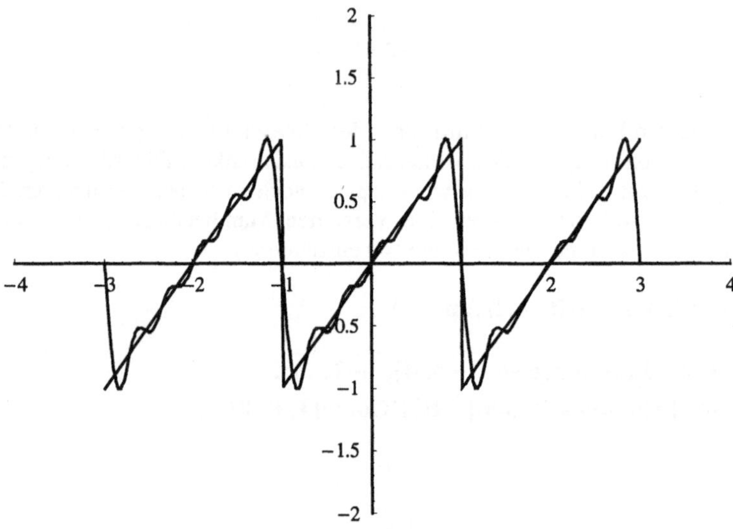

Wie oben bereits erwähnt, nimmt die Approximation von f über die Fourier-Reihe an den Sprungstellen den Mittelwert aus rechtsseitigem und linksseitigem Grenzwert an.

Im zweiten Beispiel gehen wir von einer zur y-Achse symmetrischen Funktion g aus:

$$g(t) = \begin{cases} 0 & \text{für} -2+4n \leq t < -1+4n \\ 1 & \text{für} -1+4n \leq t < 1+4n \\ 0 & \text{für} 1+4n \leq t < 2+4n \end{cases} \quad n \in \mathbb{Z}$$

Wir geben g in Mathematica als stückweise konstante Funktion ein und stellen diese grafisch dar:

Remove[f, g, FR]

g[t_, n_] := 0 /; −2 + 4 n ≤ t < −1 + 4 n

g[t_, n_] := 1 /; −1 + 4 n ≤ t < 1 + 4 n

g[t_, n_] := 0 /; 1 + 4 n ≤ t < 2 + 4 n

? g

```
Global`g
g[t_, n_] := 0 /; -2 + 4 n ≤ t < -1 + 4 n

g[t_, n_] := 1 /; -1 + 4 n ≤ t < 1 + 4 n

g[t_, n_] := 0 /; 1 + 4 n ≤ t < 2 + 4 n
```

Do[Bild[n] = Plot[g[t, n], {t, −2 + 4 ∗ n, 2 + 4 ∗ n}, DisplayFunction → Identity],
{n, −2, 2}]

Gra = Show[Table[Bild[n], {n, −2, 2}], DisplayFunction → \$DisplayFunction];

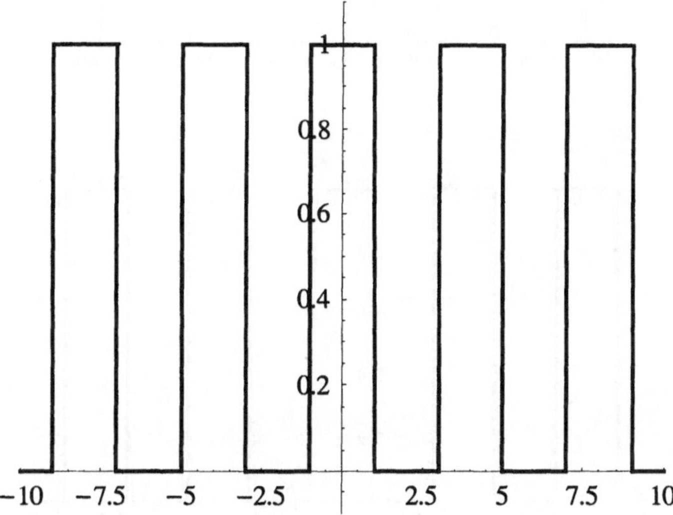

Wir legen in Mathematica als f eine Funktion fest, die wieder nur eine Periode, nämlich [-2,2], der eigentlichen Funktion g erfaßt. (Beachten Sie für die Festlegung der Funktion mittels der Heaviside-Funktion, dass die Funktion für n=0 den Wert 1 nur im Intervall [-1,1) annimmt.) Gibt man bei der Option „FourierOptions" den Wert b an, so ist der Integrationsbereich $\left[\dfrac{1}{-2|b|}, \dfrac{1}{2|b|}\right]$. Hier ist nun b=1/4 und der Bereich daher [-2,2].

f[t_] := g[t, n] ∗ (σ[t + 2] − σ[t − 2]) /. n → 0

Da wir die Funktion als stückweise konstant definiert haben, kann man bei der Berechnung der Fourier-Koeffizienten nicht exakt in Mathematica integrieren, daher integrieren wir numerisch. (Hinweis: Hätten wir nur eine Periode von g erfasst mit f[t_]:=σ[t+1]-σ[t-1], so hätte man auch exakt integrieren können.) Bei der Berechnung erscheinen einige Warnhinweise über die erreichten Genauigkeiten bei der numerischen Integration, die wir hier jedoch nicht ausgeben.

FR = FourierTrigSeries [f[t], t, 5, FourierParameters → {0, 1 / 4}] // Simplify // N // Chop

0.25 (2. + 2. (1.27324 Cos [1.5708 t] − 0.424413 Cos [4.71239 t] + 0.254648 Cos [7.85398 t]))

Wir plotten einen begrenzten Bereich

F1 = Plot [FR, {t, −10, 10}, PlotPoints → 40];

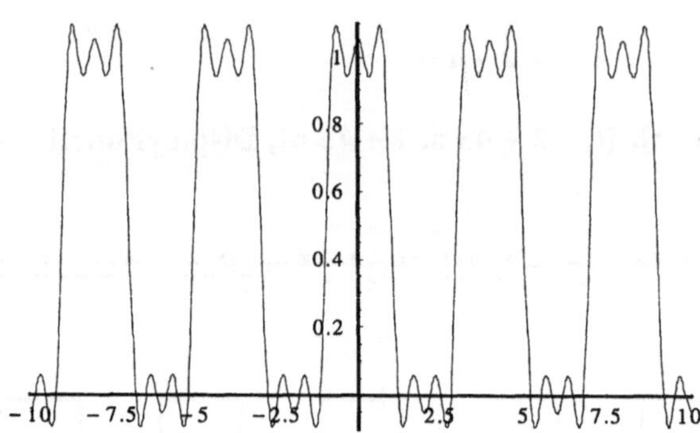

Show[Gra, F1]

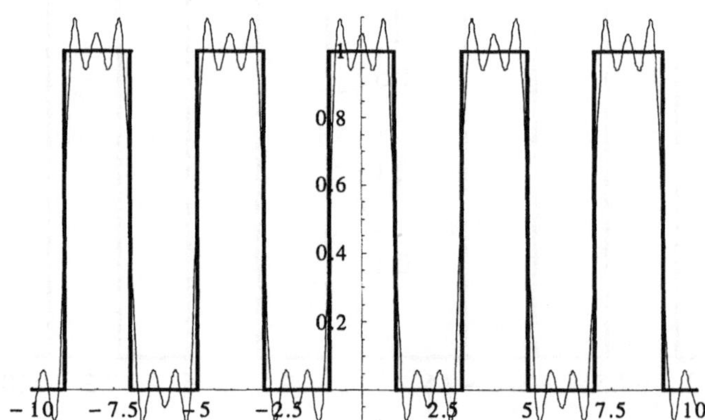

Wir wollen schließlich noch eine zweite Möglichkeit aufzeigen, wie man die Funktion, statt stückweise, auch mit der Heaviside-Funktion definieren könnte. Damit kann Mathematica dann exakt rechnen.

g2[t_, n_] := σ[(t + 1) + 4 n] − σ[(t − 1) + 4 n]

? g2

```
Global'g2
g2[t_, n_] := σ[(t + 1) + 4 n] - σ[(t - 1) + 4 n]
```

Do[Bild[n] = Plot[g2[t, n], {t, −10, 10}, DisplayFunction → Identity], {n, −2, 2}]

Graph1 = Show[Table [Bild [n], {n, −2, 2}], DisplayFunction → $DisplayFunction];

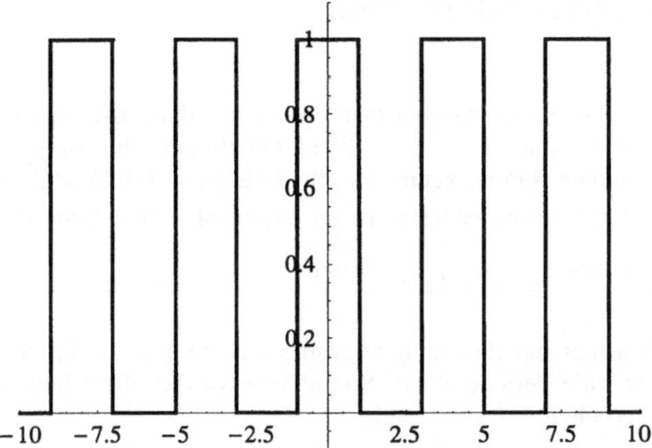

FR = FourierTrigSeries[g2[t, 0], t, 5, FourierParameters → {0, 1 / 4}] // Simplify

$$\frac{15\,\pi + 60\,\text{Cos}\left[\frac{\pi\,t}{2}\right] - 20\,\text{Cos}\left[\frac{3\,\pi\,t}{2}\right] + 12\,\text{Cos}\left[\frac{5\,\pi\,t}{2}\right]}{30\,\pi}$$

Graph2 = Plot [FR, {t, −10, 10}, PlotPoints → 40, DisplayFunction → Identity];

Show[Graph1 , Graph2];

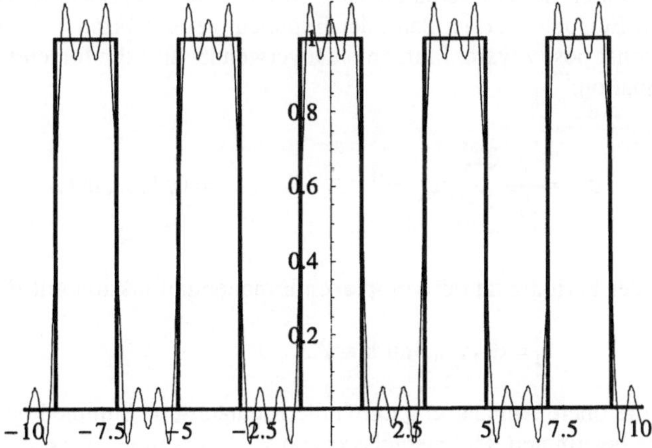

5.3 Diskrete Fourier-Transformation

Bei der diskreten Fourier-Transformation geht man davon aus, dass man anstatt der periodischen Funktion f: $\mathbb{R} \to \mathbb{C}$ (mit der Periode $2L = T$) nur deren Funktionswerte $\{y_0, y_1, ..., y_{n-1}\}$ innerhalb einer Periode an n äquidistanten Stellen kennt. Es gilt dabei $y_k = f(k \cdot \Delta t)$ mit $k = 0,1,...,n-1$ und $\Delta t = T/n$. Die Koeffizienten zur Fourier-Reihe in der Exponentialdarstellung lassen sich wie folgt

berechnen $c_j = \dfrac{1}{T}\displaystyle\int_0^T f(t)e^{-j \cdot t \cdot i \cdot 2\pi/T}\,dt = \left\langle f(t), e^{j \cdot t \cdot i \cdot 2\pi/T} \right\rangle$. Dies haben wir im vorhergehenden Kapi-

tel beschrieben. Wir haben hier nur den Integrationsbereich von [-T/2,T/2] auf [0,T] abgeändert. Dies ist aber irrelevant, da f die Periode T hat. Nun nähern wir das obere Integral über seine Riemannsche Summe an und erhalten

$$c_j \approx d_j = \frac{1}{T}\sum_{k=0}^{n-1} f(k \cdot \Delta t) \cdot e^{-j \cdot k \cdot \Delta t \cdot i \cdot 2\pi/T} \cdot \Delta t$$

Mit $T = n \cdot \Delta t$ folgt:

$$d_j = \frac{1}{n}\sum_{k=0}^{n-1} y_k \cdot e^{-j \cdot k \cdot i \cdot 2\pi/n} \quad ; \quad j = 0, 1, ..., n\text{-}1.$$

In manchen Büchern finden Sie in der oberen Darstellung der diskreten Fourier-Koeffizienten anstatt des Faktors 1/n den Faktor $1/\sqrt{n}$. Der Faktor $1/\sqrt{n}$ wird auch von Mathematica verwendet. Hier wird dann der Faktor $1/\sqrt{n}$ auch bei der Rücktransformation berücksichtigt. Häufig findet man zudem den Exponenten in der oberen Formel mit positivem Vorzeichen, wie das auch bei Mathematica der Fall ist. Entsprechend ist dann der Exponent bei der Formel zur Rücktransformation negativ, während er sonst positv wäre. Mathematica verwendet also die folgende Formel zur diskreten Fourier-Transformation:

$$d_j = \frac{1}{\sqrt{n}}\sum_{k=0}^{n-1} y_k \cdot e^{j \cdot k \cdot i \cdot 2\pi/n} \quad ; \quad j = 0, 1, ..., n\text{-}1.$$

Hinweis: Auf Grund der Periodizität der komplexen Exponentialfunktion gilt für die diskreten Fourier-Koeffizienten:

$$d_j = d_{j+k \cdot n} \text{ mit } k \in \mathbb{Z}.$$

Man kann also über die obere Annäherung durch die Riemannsche Summe höchstens n Koeffizienten c_j näherungsweise bestimmen. Ist beispielsweise $n = 11$, so gilt $d_{-5} \approx c_{-5}$, $d_{-4} \approx c_{-4}$, ..., $d_4 \approx c_4$, $d_5 \approx c_5$. Somit folgt aus der oberen Beziehung: $d_6 \approx c_{-5}$, $d_7 \approx c_{-4}$, ..., $d_{10} \approx c_{-1}$.

Wir beginnen nun mit einem Beispiel. Wir erstellen eine Liste mit Funktionswerten und verwenden dazu die Funktion f aus dem vorhergehenden Beispiel. Im allgemeinen liegen die Daten beispielsweise als Messwerte eines Experiments in einer Liste vor. Wir speichern unsere erzeugten Werte (hier 40 Stück) in der Liste „data", mit der wir dann arbeiten wollen.

$\sigma\,[\text{t\_}] := \textbf{UnitStep[t]}$

f[t_] := $-\sigma[-1-t] + \sigma[1-t]$

data = Table[f[t], {t, -2, 1.9, 0.1}] // N

```
{0., 0., 0., 0., 0., 0., 0., 0., 0., 0., 0., 1., 1., 1., 1., 1., 1., 1., 1., 1.,
 1., 1., 1., 1., 1., 1., 1., 1., 1., 1., 0., 0., 0., 0., 0., 0., 0., 0., 0., 0.}
```

Wir bestimmen nun die diskreten Fourier-Koeffizienten. Zuerst müssen wir feststellen, wieviel Daten wir haben. Bei allgemein vorgegebenen Daten können das recht viele sein, so dass ein Auszählen durch den Anwender mühsam werden könnte. Also sollte Mathematica dies für uns bewerkstelligen, obwohl wir in unserem konstruierten Beispiel natürlich die Anzahl kennen.

n = Length[data]

40

Damit wir die gleiche Symbolik wie in den Formeln benutzen können, schreiben wir in Mathematica eine Funktion y. (Hinweis: Ab der Mathematica-Version 3 ist es möglich, k als Index wie in den Formeln zu verwenden.) Sie könnten die nun folgende Anweisung auch in der Form $y_k{:}{=}data[[k+1]]$ schreiben. Wegen der Verbesserung der Schnelligkeit wäre es noch vorteilhafter zu schreiben $y[k_\_] {:}{=}y[k]{=}data[[k+1]]$. Wir begnügen uns mit der Schreibweise ohne tiefgestellten Index.

y[k_] := data[[k + 1]]

Zur Kontrolle überprüfen wir die Übergabe der Daten in die y_k. Die Schleife in der folgenden „Table"-Anweisung läuft in unserem Beispiel von 0 bis 39, da wir 40 Werte haben und die Zählung bei Null beginnen soll:

Table[y[k], {k, 0, n $-$ 1}]

```
{0., 0., 0., 0., 0., 0., 0., 0., 0., 0., 0., 1., 1., 1., 1., 1., 1., 1., 1., 1.,
 1., 1., 1., 1., 1., 1., 1., 1., 1., 1., 0., 0., 0., 0., 0., 0., 0., 0., 0., 0.}
```

Damit lautet nun die oben stehende Formel für die d_j in Mathematica:

$$d[j\_] := \frac{1}{\sqrt{n}} \sum_{k=0}^{n-1} y[k] * e^{j\,k\,i\,2.*\pi/n}$$

Werden die d_j für spätere Berechnungen nochmals benötigt, schreibt man auch hierbei besser $d[j\_]{:}{=}d[j]{=}\frac{1}{\sqrt{n}}\sum_{k=0}^{n-1}y[k]*e^{jki2.*\pi/n}$. Bei großen Werten von n sollten Sie in der Formel oben im Exponenten anstatt 2 den Wert 2.0 setzen, damit Mathematica numerisch (und damit schneller) rechnet und nicht versucht, weiterhin mit der symbolischen Formel zu arbeiten. Wir lassen uns nun die diskreten Fourier-Koeffizienten ausgeben.

Table[d[j], {j, 0, Length[data] $-$ 1}] // N // Chop

{3.00416 , -2.00903 , 0.158114 , 0.658592 , -0.158114 , -0.381721 , 0.158114 ,
  0.258018 , -0.158114 , -0.185128 , 0.158114 , 0.135042 , -0.158114 , -0.0968923 ,
  0.158114 , 0.0654929 , -0.158114 , -0.0379598 , 0.158114 , 0.0124438 ,
  -0.158114 , 0.0124438 , 0.158114 , -0.0379598 , -0.158114 , 0.0654929 ,
  0.158114 , -0.0968923 , -0.158114 , 0.135042 , 0.158114 , -0.185128 , -0.158114 ,
  0.258018 , 0.158114 , -0.381721 , -0.158114 , 0.658592 , 0.158114 , -2.00903 }

Das gleiche Ergebnis erhalten wir mit der Mathematica-Funktion „Fourier".

fdata = Fourier[data] // Chop

{3.00416 , -2.00903 , 0.158114 , 0.658592 , -0.158114 , -0.381721 , 0.158114 ,
  0.258018 , -0.158114 , -0.185128 , 0.158114 , 0.135042 , -0.158114 , -0.0968923 ,
  0.158114 , 0.0654929 , -0.158114 , -0.0379598 , 0.158114 , 0.0124438 ,
  -0.158114 , 0.0124438 , 0.158114 , -0.0379598 , -0.158114 , 0.0654929 ,
  0.158114 , -0.0968923 , -0.158114 , 0.135042 , 0.158114 , -0.185128 , -0.158114 ,
  0.258018 , 0.158114 , -0.381721 , -0.158114 , 0.658592 , 0.158114 , -2.00903 }

Bei der Rücktransformation wird die folgende Formel verwendet:

$$y_k = \frac{1}{\sqrt{n}} \sum_{j=0}^{n-1} d_j \cdot e^{-j \cdot k \cdot i \cdot 2\pi/n} \quad ; \quad k = 0, 1, ..., n-1$$

Diese geben wir nun in Mathematica ein (mit dem neuen Namen „yz"):

$$yz[k\_] := \frac{1}{\sqrt{n}} \sum_{j=0}^{n-1} d[j] * e^{-j k \, i \, 2.*\pi/n}$$

Table[yz[k], {k, 0, n − 1}] // Chop

{0, 0, 0, 0, 0, 0, 0, 0, 0, 0, 0, 1., 1., 1., 1., 1., 1., 1., 1.,
  1., 1., 1., 1., 1., 1., 1., 1., 1., 1., 0, 0, 0, 0, 0, 0, 0, 0, 0, 0}

Wir erhalten also unsere Originaldaten zurück. Es folgt nun noch die Demonstration der Möglichkeit der Rücktransformation mit der fertigen Mathematica-Funktion „InverseFourier":

InverseFourier[fdata] // Chop

{0, 0, 0, 0, 0, 0, 0, 0, 0, 0, 0, 1., 1., 1., 1., 1., 1., 1., 1.,
  1., 1., 1., 1., 1., 1., 1., 1., 1., 1., 0, 0, 0, 0, 0, 0, 0, 0, 0, 0}

Auch hier ergeben sich wieder unsere Ausgangsdaten.

Nun kommen wir zu einem weiteren <u>Beispiel</u> mit praktischem Bezug.
Wir erzeugen eine Liste mit Funktionswerten, zu denen jeweils eine Zufallszahl (zwischen −0.1 und 0.1) addiert wird. Diese zufällige Komponente kann man als Messfehler (Rauschen) einer Schwingungsmessung interpretieren.

Dat = Table[Sin[x] − 0.5 Cos[0.5 + 4 ∗ x] + Random[Real, {−0.1, 0.1}],
    {x, 0, 2π − 2π / 126, 2π / 126}] // N;

Nun zeichnen wir die „Meßdaten" indem wir die Meßpunkte durch Linienelemente verbinden.

ListPlot[Dat, PlotJoined → True]

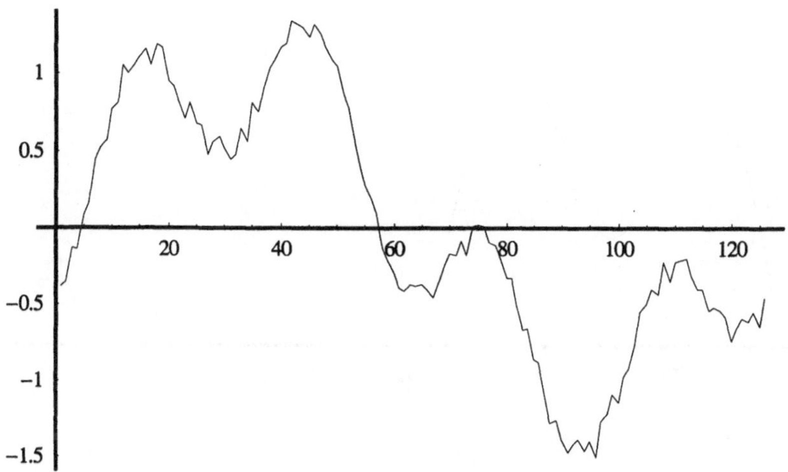

Im folgenden wird das Betragsspektrum, d.h. die absoluten Beträge der diskreten Fourier-Koeffizienten, grafisch dargestellt.

FDat = Fourier[Dat];

ListPlot[Abs[FDat], PlotRange → All]

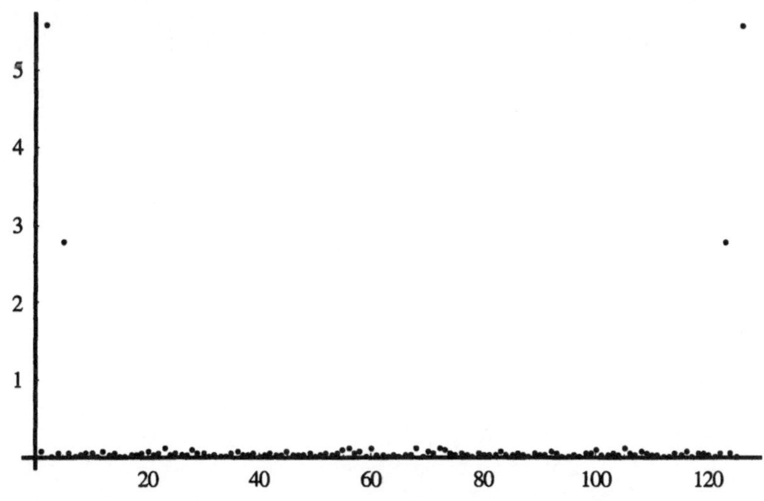

Mit dem folgenden Befehl werden alle Fourier-Koeffizienten < 0.25 auf Null gesetzt. Danach werden diese reduzierten diskreten Fourier-Koeffizienten zur Rücktransformation verwendet und dann die so rücktransformierten Funktionswerte grafisch dargestellt.

```
RFDat = Chop[FDat, 0.25];

Datn = InverseFourier[RFDat];

ListPlot[Datn, PlotJoined → True]
```

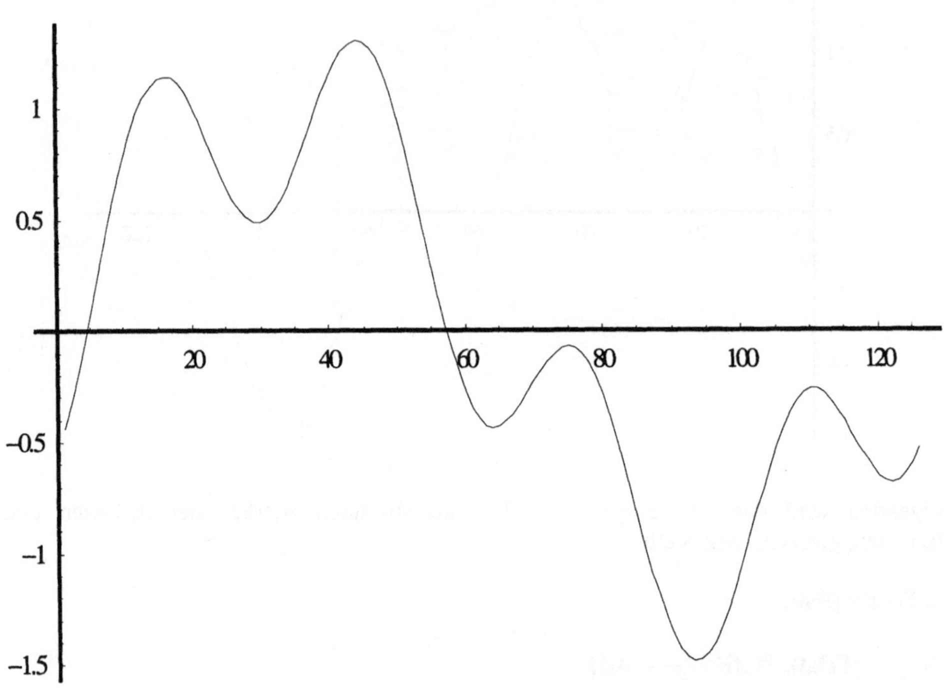

5.4 Schnelle Fourier-Transformation

Eine praxisgerechtere Möglichkeit der Berechnung der diskreten Fourier-Koeffizienten bietet die schnelle diskrete Fourier-Transformation, da hier weniger Rechenoperationen nötig sind. Wir gehen dabei davon aus, dass die Anzahl n der gegebenen Funktionswerte durch 2 teilbar ist. Dann zerlegen wir die Menge der Funktionswerte y_k in zwei gleich große Teilmengen, deren Elemente im folgenden mit oberem Index (1) bzw. (2) gekennzeichnet sind, mit jeweils m = n/2 Elementen:

$$y_k^{(1)} = y_{2k} \; ; \quad k = 0,1,...,m-1$$

$$y_k^{(2)} = y_{2k+1} \; ; \quad k = 0,1,...,m-1$$

Nun werden für diese beiden Teilmengen die diskreten Fourier-Koeffizienten $d_j^{(1)}$ und $d_j^{(2)}$ getrennt bestimmt. Mit diesen lassen sich dann die diskreten Fourier-Koeffizienten d_j der gesamten Funktionswerte y_k bestimmen über:

$$d_j = \frac{1}{\sqrt{2}}\left(d_j^{(1)} + d_j^{(2)} e^{j \cdot i \cdot \pi/m}\right); \quad j = 0,1,...,m-1 \qquad (1)$$

$$d_{j+m} = \frac{1}{\sqrt{2}}\left(d_j^{(1)} - d_j^{(2)} e^{j \cdot i \cdot \pi/m}\right); \quad j = 0,1,...,m-1 \qquad (2)$$

Diese Formeln (1) bzw. (2) kann man sich folgendermaßen herleiten: Aus der im vorherigen Abschnitt angegebenen allgemeinen Formel für die Berechnung der diskreten Fourier-Koeffizienten

$$d_j = \frac{1}{\sqrt{n}} \sum_{k=0}^{n-1} y_k e^{k \cdot i \cdot j \cdot 2\pi/n}$$

bzw. der ausgeschriebenen Summe

$$= \frac{1}{\sqrt{n}}\left(y_0 e^0 + y_1 e^{i \cdot j \cdot 2\pi/n} + y_2 e^{2 \cdot i \cdot j \cdot 2\pi/n} + y_3 e^{3 \cdot i \cdot j \cdot 2\pi/n} + ... + y_{n-1} e^{(n-1) \cdot i \cdot j \cdot 2\pi/n}\right)$$

erhält man bei der besagten Aufspaltung in die Terme mit geradem bzw. ungeradem Index j:

$$= \frac{1}{\sqrt{n}}\left(y_0 e^0 + y_2 e^{2 \cdot i \cdot j \cdot 2\pi/n} + ...\right) + \frac{1}{\sqrt{n}}\left(y_1 e^{i \cdot j \cdot 2\pi/n} + y_3 e^{3 \cdot i \cdot j \cdot 2\pi/n} + ...\right). \qquad (0)$$

In der zweiten Klammer kann der Faktor $e^{ij2\pi/n}$ vor die Klammer gezogen werden.

$$= \frac{1}{\sqrt{n}}\left(y_0 e^0 + y_2 e^{2 \cdot i \cdot j \cdot 2\pi/n} + ...\right) + \frac{1}{\sqrt{n}} e^{i \cdot j \cdot 2\pi/n}\left(y_1 e^0 + y_3 e^{2 \cdot i \cdot j \cdot 2\pi/n} + ...\right)$$

In Schreibweise mit dem Summensymbol:

$$= \frac{1}{\sqrt{n}} \sum_{k=0}^{n/2-1} y_{2k} e^{2k \cdot i \cdot j \cdot 2\pi/n} + \frac{1}{\sqrt{n}} e^{i \cdot j \cdot 2\pi/n} \sum_{k=0}^{n/2-1} y_{2k+1} e^{2k \cdot i \cdot j \cdot 2\pi/n}$$

Wir setzten für n= 2m, womit folgt:

$$d_j = \frac{1}{\sqrt{2}}\left(\underbrace{\frac{1}{\sqrt{m}} \sum_{k=0}^{m-1} y_{2k} e^{k \cdot i \cdot j \cdot 2\pi/m}}_{=d_j^{(1)}} + e^{i \cdot j \cdot 2\pi/n} \underbrace{\frac{1}{\sqrt{m}} \sum_{k=0}^{m-1} y_{2k+1} e^{k \cdot i \cdot j \cdot 2\pi/m}}_{=d_j^{(2)}} \right)$$

Dies gilt nun für $0 \leq j \leq$ n-1 und somit natürlich auch für $0 \leq j \leq$ m-1, woraus (1) folgt. Bei der Aufteilung der Funktionswerte nach der oberen Beschreibung sind nun aber nur m-1 Funktionswerte in jeder Teilmenge vorhanden und man erhält somit nur die $d_j^{(1)}$ und $d_j^{(2)}$ für $0 \leq j \leq$ m-1, wenn man über diese die Fourier-Koeffizienten bestimmt. Nun kann man aber mit diesen Fourier-Koeffizienten die Werte für $d_j^{(1)}$ und $d_j^{(2)}$ für $m \leq j \leq 2m-1$ berechnen. Dies sieht man am besten an der Gleichung (0). Setzt man hier anstatt j immer j+n/2 ein, so folgt

$$\frac{1}{\sqrt{n}}\left(y_0 e^0 + y_2 e^{2 \cdot i \cdot j \cdot 2\pi/n + 2i\pi} + \dots\right) + \frac{1}{\sqrt{n}}\left(y_1 e^{i \cdot j \cdot 2\pi/n + i\pi} + y_3 e^{3 \cdot i \cdot j \cdot 2\pi/n + 3i\pi} + \dots\right)$$

Die erste Teilsumme bleibt also unverändert, da im Exponenten immer gerade Vielfache von πi addiert werden, was einer Drehung um 360° entspricht. Bei der zweiten Teilsumme werden ungerade Vielfache von πi addiert. Dies bedeutet eine Drehung um 180° bzw. einer Multiplikation der Teilsumme mit -1. Somit folgt (2) und unsere Herleitung ist abgeschlossen.

Mit Hilfe dieser Methode kann die Anzahl der Multiplikationen von $4m^2$ auf $2m^2+m$ reduziert werden. Ist m ebenfalls durch zwei teilbar, lassen sich die zwei Mengen nochmals in zwei gleich große Mengen zerlegen. Dies kann man so oft wiederholen, bis die Anzahl der Elemente in den sich so ergebenden Mengen nicht mehr durch 2 teilbar ist. Dann transformiert man jeweils die Mengen, die sich nach der letzten Aufteilung ergeben haben und berechnet mit dem oberen Algorithmus jeweils die Fourier-Koeffizienten der vorhergehenden Mengen mit doppelt so vielen Funktionswerten.

Wir verwenden in diesem Beispiel zur schnellen Fourier-Transformation die Daten aus dem vorhergehenden Beispiel. Diese standen zunächst als Werte in einer List „data", die wir dann an die Funktion y_k übergeben hatten. Wir wiederholen aus Gründen der Vollständigkeit und Übersichtlichkeit des Programm diese Eingabezeilen noch einmal:

Remove["Global'*"]

σ**[t_] := UnitStep[t]**

f[t_] := $-\sigma[-1 - t] + \sigma[1 - t]$

data = Table[f[t], {t, -2, 1.9, 0.1}] // N

```
{0., 0., 0., 0., 0., 0., 0., 0., 0., 0., 0., 1., 1., 1., 1., 1., 1., 1., 1., 1.,
 1., 1., 1., 1., 1., 1., 1., 1., 1., 1., 0., 0., 0., 0., 0., 0., 0., 0., 0., 0.}
```

n = Length[data]

40

y[k_] := data[[k + 1]]

Table[y[k], {k, 0, n − 1}]

```
{0., 0., 0., 0., 0., 0., 0., 0., 0., 0., 0., 1., 1., 1., 1., 1., 1., 1., 1., 1.,
 1., 1., 1., 1., 1., 1., 1., 1., 1., 1., 0., 0., 0., 0., 0., 0., 0., 0., 0., 0.}
```

Wir beginnen nun mit der Aufteilung der Funktionswerte y_k nach der oberen Vorschrift für die Erstellung der beiden Mengen:

y1[k_] := y[2 k]

y2[k_] := y[2 k + 1]

m = n/2;

Wir bestimmen die diskreten Fourier-Koeffizienten für beide Teilmengen:

$$d1[j\_] := \frac{1}{\sqrt{m}} \sum_{k=0}^{m-1} y1[k] * e^{j\,k\,i\,2*\pi/m}$$

Table[d1[j], {j, 0, m − 1}] // N // Chop

```
{2.01246 , -1.4118 , 0.223607 , 0.438853 , -0.223607 , -0.223607 , 0.223607 ,
  0.113933 , -0.223607 , -0.0354158 , 0.223607 , -0.0354158 , -0.223607 ,
  0.113933 , 0.223607 , -0.223607 , -0.223607 , 0.438853 , 0.223607 , -1.4118 }
```

$$d2[j\_] := \frac{1}{\sqrt{m}} \sum_{k=0}^{m-1} y2[k] * e^{j\,k\,i\,2*\pi/m}$$

Table[d2[j], {j, 0, m − 1}] // N // Chop

```
{2.23607 , -1.4118 + 0.223607 i, 0, 0.438853 - 0.223607 i, 0,
  -0.223607 + 0.223607 i, 0, 0.113933 - 0.223607 i, 0, -0.0354158 + 0.223607 i,
  0, -0.0354158 - 0.223607 i, 0, 0.113933 + 0.223607 i, 0,
  -0.223607 - 0.223607 i, 0, 0.438853 + 0.223607 i, 0, -1.4118 - 0.223607 i}
```

Aus diesen berechnen wir nun die Fourier-Koeffizienten der Gesamtmenge der Funktionswerte:

$$d[j\_] := 1/\sqrt{2}\,(d1[j] + d2[j] * e^{j\,i*\pi/m}) \;/;\, j \leq m - 1$$

$$d[j\_] := 1/\sqrt{2}\,(d1[j - m] - d2[j - m] * e^{(j-m)\,i*\pi/m}) \;/;\, j > m - 1$$

dl = Table[d[j], {j, 0, n − 1}] // N // Chop

```
{3.00416 , -2.00903 , 0.158114 , 0.658592 , -0.158114 , -0.381721 , 0.158114 ,
  0.258018 , -0.158114 , -0.185128 , 0.158114 , 0.135042 , -0.158114 , -0.0968923 ,
  0.158114 , 0.0654929 , -0.158114 , -0.0379598 , 0.158114 , 0.0124438 ,
  -0.158114 , 0.0124438 , 0.158114 , -0.0379598 , -0.158114 , 0.0654929 ,
  0.158114 , -0.0968923 , -0.158114 , 0.135042 , 0.158114 , -0.185128 , -0.158114 ,
  0.258018 , 0.158114 , -0.381721 , -0.158114 , 0.658592 , 0.158114 , -2.00903 }
```

Diese stimmen mit denen aus dem vorangegangen Beispiel überein. Da wir insgesamt 40 Funktionswerte verwenden, könnten wir diese J=3 mal aufteilen, da $2^3 \cdot 5 = 40$ ergibt.

J = 3;

$$r = n \big/ 2^J$$

5

Die erste Mengenzerlegung definieren wir als yg_2, unten entsprechend die zweite als yg_1 und die letztmögliche Zerlegung als yg_0 (yg_J ist die Gesamtmenge der Funktionswerte).

yg[J − 1] = Transpose[Partition[data, 2]]

```
{{0., 0., 0., 0., 0., 0., 1., 1., 1., 1., 1., 1., 1., 1., 1., 0., 0., 0., 0., 0.},
 {0., 0., 0., 0., 0., 1., 1., 1., 1., 1., 1., 1., 1., 1., 1., 0., 0., 0., 0., 0.}}
```

yg[t_] := Flatten$\big[$Table$\big[$Transpose[Partition[yg[t + 1][[s]], 2]], $\{$s, 1, $2^{J-t-1}\}\big]$, 1$\big]$

yg[0]

```
{{0., 0., 1., 1., 0.}, {0., 1., 1., 1., 0.}, {0., 0., 1., 1., 0.}, {0., 1., 1., 0., 0.},
 {0., 0., 1., 1., 0.}, {0., 1., 1., 1., 0.}, {0., 1., 1., 1., 0.}, {0., 1., 1., 0., 0.}}
```

Nun werden die Mengen der letztmöglichen Zerlegung jeweils der diskreten Fourier-Transformation unterzogen, d.h. wir bestimmen für jede Teilmenge von Funktionswerten die diskreten Fourier-Koeffizienten.

d0 = Map[Fourier, yg[0]] // Chop

```
{{0.894427 , −0.723607 , 0.276393 , 0.276393 , −0.723607 },
 {1.34164 , −0.58541 + 0.425325 i, −0.0854102 + 0.262866 i, −0.0854102 − 0.262866 i,
  −0.58541 − 0.425325 i}, {0.894427 , −0.723607 , 0.276393 , 0.276393 , −0.723607 },
 {0.894427 , −0.223607 + 0.688191 i, −0.223607 − 0.16246 i, −0.223607 + 0.16246 i,
  −0.223607 − 0.688191 i}, {0.894427 , −0.723607 , 0.276393 , 0.276393 , −0.723607 },
 {1.34164 , −0.58541 + 0.425325 i, −0.0854102 + 0.262866 i, −0.0854102 − 0.262866 i,
  −0.58541 − 0.425325 i}, {1.34164 , −0.58541 + 0.425325 i, −0.0854102 + 0.262866 i,
  −0.0854102 − 0.262866 i, −0.58541 − 0.425325 i}, {0.894427 , −0.223607 + 0.688191 i,
  −0.223607 − 0.16246 i, −0.223607 + 0.16246 i, −0.223607 − 0.688191 i}}
```

Den j-ten diskreten Fourier-Koeffizienten der i-ten Teilmenge bei der s=0-ten (letztmöglichen) Zerlegung bezeichnen wir wie folgt in Mathematica.

d[i_, j_, 0] := d0[[i]][[j + 1]]

Die Anzahl der Koeffizienten in der s-ten Zerlegung bezeichnen wir mit ms_s. Danach bestimmen wir die Fourier-Koeffizienten der s-ten Zerlegung:

ms[s_] := r ∗ 2^s

$$d[i\_, j\_, s\_] := 1 \big/ \sqrt{2}\, \left(d[2\,(i-1)+1,\, j,\, s-1] + d[2\,i,\, j,\, s-1] \ast e^{\,j\,i\ast\pi/ms[s-1]} \right) /;\ j \le ms[s-1]-1$$

$$d[i\_, j\_, s\_] := 1 \big/ \sqrt{2}\, \big(d[2\,(i-1)+1,\, j - ms[s-1],\, s-1] -$$
$$d[2\,i,\, j - ms[s-1],\, s-1] \ast e^{\,(j-ms[s-1])\,i\ast\pi/ms[s-1]} \big) /;\ j > ms[s-1]-1$$

Ausgabe[s_] := Table$\left[d[i, j, s], \{i, 1, 2^{J-s}\}, \{j, 0, ms[s] - 1\}\right]$

Diese lassen wir uns nun ausgeben. Die Koeffizienten der s=3-ten Zerlegung sind dann die Fourier-Koeffizienten der gesamten Funktionswerte. Ausgabe(0) bedeutet, wir lassen uns die Fourier-Koeffizienten der 0-ten Zerlegung ausgeben, d.h. die Fourier-Koeffizienten der einzelnen Teilmengen, die sich bei der letztmöglichen Zerlegung ergeben. Diese sind natürlich identisch mit den Werten in der oberen Liste.

Ausgabe[0]

```
{{0.894427 , -0.723607 , 0.276393 , 0.276393 , -0.723607 },
 {1.34164 , -0.58541 + 0.425325 i, -0.0854102 + 0.262866 i, -0.0854102 - 0.262866 i,
  -0.58541 - 0.425325 i}, {0.894427 , -0.723607 , 0.276393 , 0.276393 , -0.723607 },
 {0.894427 , -0.223607 + 0.688191 i, -0.223607 - 0.16246 i, -0.223607 + 0.16246 i,
  -0.223607 - 0.688191 i}, {0.894427 , -0.723607 , 0.276393 , 0.276393 , -0.723607 },
 {1.34164 , -0.58541 + 0.425325 i, -0.0854102 + 0.262866 i, -0.0854102 - 0.262866 i,
  -0.58541 - 0.425325 i}, {1.34164 , -0.58541 + 0.425325 i, -0.0854102 + 0.262866 i,
  -0.0854102 - 0.262866 i, -0.58541 - 0.425325 i}, {0.894427 , -0.223607 + 0.688191 i,
  -0.223607 - 0.16246 i, -0.223607 + 0.16246 i, -0.223607 - 0.688191 i}}
```

Bei der folgenden Ausgabe(1) wurden mit Hilfe der Koeffizienten aus der Ausgabe(0) und den Formeln (1) und (2) die jeweiligen Koeffizienten der s=1-ten Zerlegung bestimmt.

Ausgabe[1] // Chop

```
{{1.58114 , -1.02333 , 0, 0.390879 , 0, -0.316228 , 0, 0.390879 , 0, -1.02333 },
 {1.26491 , -0.925615 + 0.30075 i, 0.255834 - 0.185874 i,
  0.135045 - 0.185874 i, -0.0977198 + 0.30075 i, 0, -0.0977198 - 0.30075 i,
  0.135045 + 0.185874 i, 0.255834 + 0.185874 i, -0.925615 - 0.30075 i},
 {1.58114 , -1.02333 , 0, 0.390879 , 0, -0.316228 , 0, 0.390879 , 0, -1.02333 },
 {1.58114 , -0.827895 + 0.601501 i, 0, -0.120788 - 0.371748 i, 0,
  0.316228 , 0, -0.120788 + 0.371748 i, 0, -0.827895 - 0.601501 i}}
```

Ausgabe[2] // Chop

```
{{2.01246 , -1.4118 , 0.223607 , 0.438853 , -0.223607 , -0.223607 , 0.223607 ,
  0.113933 , -0.223607 , -0.0354158 , 0.223607 , -0.0354158 , -0.223607 ,
  0.113933 , 0.223607 , -0.223607 , -0.223607 , 0.438853 , 0.223607 , -1.4118 },
 {2.23607 , -1.4118 + 0.223607 i, 0, 0.438853 - 0.223607 i, 0,
  -0.223607 + 0.223607 i, 0, 0.113933 - 0.223607 i, 0, -0.0354158 + 0.223607 i,
  0, -0.0354158 - 0.223607 i, 0, 0.113933 + 0.223607 i, 0,
  -0.223607 - 0.223607 i, 0, 0.438853 + 0.223607 i, 0, -1.4118 - 0.223607 i}}
```

Ausgabe[3] // Chop

{{3.00416 , -2.00903 , 0.158114 , 0.658592 , -0.158114 , -0.381721 , 0.158114 ,
  0.258018 , -0.158114 , -0.185128 , 0.158114 , 0.135042 , -0.158114 , -0.0968923 ,
  0.158114 , 0.0654929 , -0.158114 , -0.0379598 , 0.158114 , 0.0124438 ,
  -0.158114 , 0.0124438 , 0.158114 , -0.0379598 , -0.158114 , 0.0654929 ,
  0.158114 , -0.0968923 , -0.158114 , 0.135042 , 0.158114 , -0.185128 , -0.158114 ,
  0.258018 , 0.158114 , -0.381721 , -0.158114 , 0.658592 , 0.158114 , -2.00903 }}

Wir vergleichen die in der Ausgabe(3) stehenden Fourier-Koeffizienten, die wir über die schnelle
Fourier-Transformation, also über die Zerlegung der Daten bestimmt haben, mit denjenigen, die
man bei der direkten Transformation der gesamten Funktionswerte erhält. (Hinweis: Es war J=3
festgelegt und Ausgabe[J][[1]] bezeichnet die Inhalt der Ausgabe(3) ohne die äußere Listenklam-
mer von Mathematica.)

Ausgabe[J][[1]] − Fourier[data] // Chop

{0, 0, 0, 0, 0, 0, 0, 0, 0, 0, 0, 0, 0, 0, 0, 0, 0, 0,
  0, 0, 0, 0, 0, 0, 0, 0, 0, 0, 0, 0, 0, 0, 0, 0, 0, 0, 0, 0, 0, 0}

6 Wavelets

Der Name „Wavelet" bedeutet „kleine Welle" oder „Wellenpaket". Wavelets können zur Analyse von Zeitsignalen eingesetzt werden, das sind Funktionen $f: \mathbb{R} \to \mathbb{C}$, bei denen die unabhängige Variable die Bedeutung der Zeit hat. Die Waveletanalyse stellt in gewissem Sinne eine Erweiterung der Fourier-Analyse dar.

Ein Nachteil bei der im vorherigen Kapitel behandelten Fourier-Analyse ist, dass mit ihr Frequenzänderungen über die Zeit nicht untersucht und behandelt werden können. Auch die sogenannte „gefensterte" Fourier-Analyse kann diesen Mißstand nicht vollständig beheben. Hierbei wird die im Signal enthaltene Frequenz ausschnittsweise berechnet. Der Nachteil dabei ist: je schmaler das Fenster wird, desto besser lassen sich zwar plötzliche Änderungen erfassen, desto unempfindlicher gegenüber niedrigen Frequenzen wird das Verfahren aber auch.

Dieses Problem kann nun mit der Waveletanalyse gelöst werden, bei der man Signale mit „Wellenfunktionen" gleichzeitig sowohl in der Zeit, als auch in der Frequenz untersuchen kann. Ein wichtiges Verfahren zur praktischen Anwendung der Wavelettransformation stellt die schnelle Wavelettransformation nach Mallat dar, die wir in einem eigenen Abschnitt dieses Kapitels behandeln. Die Wavelettransformation findet heute in vielen Gebieten ihre Anwendung, sei es bei der Komprimierung von Bilddateien (JPEGs), beim Lösen von Differentialgleichungen oder auch in der Statistik. Im Abschnitt 6.1 werden Sie nach einer allgemeinen Definition von Wavelets zwei wichtige Beispiele für diese analysierenden Funktionen kennen lernen.

6.1 Wavelettransformation und Haar-Wavelet

Es sei $\psi \in L^2(\mathbb{R})$, d.h. eine komplexwertige quadratintegrable Funktion über den reellen Zahlen. ψ heißt „Wavelet" (auch „Mutterwavelet"), wenn gilt:

$$\int_{\mathbb{R}\setminus\{0\}} \frac{\hat{\psi}(\omega)}{|\omega|} \, d\omega < \infty \qquad (*)$$

Dabei ist $\hat{\psi}$ die Fourier-Transformierte von ψ. Die Bedingung (*) heißt „Zulässigkeitsbedingung". Sie wird gefordert, um die Existenz einer inversen Wavelettransformierten zu gewährleisten. Falls gilt $\int_{-\infty}^{\infty} |t| \, \psi(t) dt < \infty$, so kann man diese Bedingung äquivalent umschreiben:

$$\int_{\mathbb{R}} \psi(t) \, dt = 0$$

Hinweis: Für eine Funktion $f \in L^2(\mathbb{R})$ muß das Integral $\int_{-\infty}^{\infty} |f(t)|^2 dt = \|f\|_2$ existieren. Genaueres zu den L^p-Räumen findet der Leser bei Koenigsberger (siehe Literaturverzeichnis). Wir kürzen die Bezeichnung $L^2(\mathbb{R})$ der Bequemlichkeit halber meist mit L^2 ab.

Eines der bekanntesten Wavelets ist der sogenannte „Mexikanerhut", der die Vorstellung einer kleinen Welle deutlich macht. Wir wollen uns zunächst ein Bild davon verschaffen. Arbeiten werden wir später allerdings mit einem noch einfacheren Wavelet. Wir geben diese Funktion gleich in Mathematica ein:

Remove["Global`*"]

$$\psi[t\_] := \frac{2}{3}\,\sqrt{3}\,\frac{1}{\sqrt[4]{\pi}}\,(1 - t^2)\,e^{-t^2/2}$$

Plot[ψ[t], {t, −5, 5}];

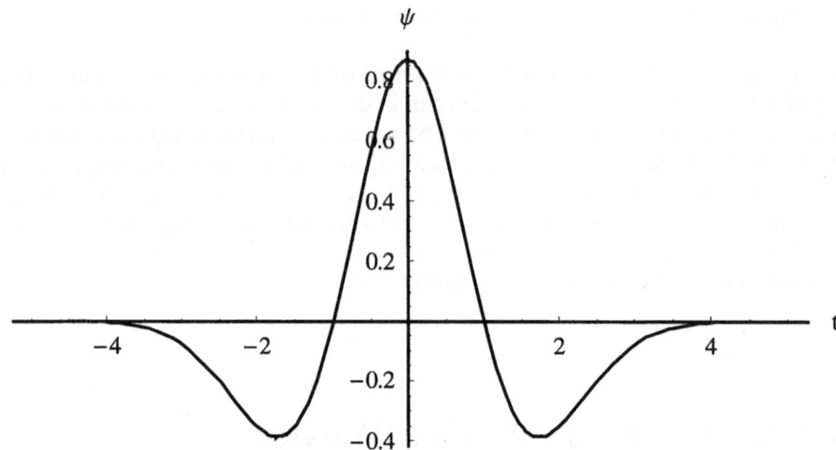

Wir wollen zur Überprüfung seiner Waveleteigenschaften die Fourier-Transformierte mit Mathematica berechnen. Dazu laden wir zunächst das entsprechende Paket in Mathematica. Dieses Paket muß nur bei den Mathematica-Versionen vor der Version 4 geladen werden, wenn man den Befehl „FourierTransform", oder auch den später verwendeten „UnitStep", benutzten will (vgl. Kap. Fourier-Analyse).

<<Calculus`FourierTransform`

$\hat{\psi}$[ω_] := FourierTransform[ψ[t], t, ω]

$\hat{\psi}$[ω]

$$\frac{2\,e^{-\frac{\omega^2}{2}}\,\omega^2}{\sqrt{3}\,\pi^{1/4}}$$

Wir überprüfen die Zulässigkeitsbedingung:

$$\int_{-\infty}^{\infty} \frac{\hat{\psi}[\omega]}{\mathbf{Abs}[\omega]}\,d\omega$$

$$\frac{4}{\sqrt{3}\,\pi^{1/4}}$$

Die Zulässigkeitsbedingung ist offensichtlich erfüllt. Nun zeichnen wir auch die Fourier-Transformierte und berechnen danach das Integral $\int_R \psi(t)\,dt$:

Plot$\left[\hat{\psi}[\omega]\ //\ \text{Evaluate},\ \{\omega,\ -5,\ 5\}\right]$;

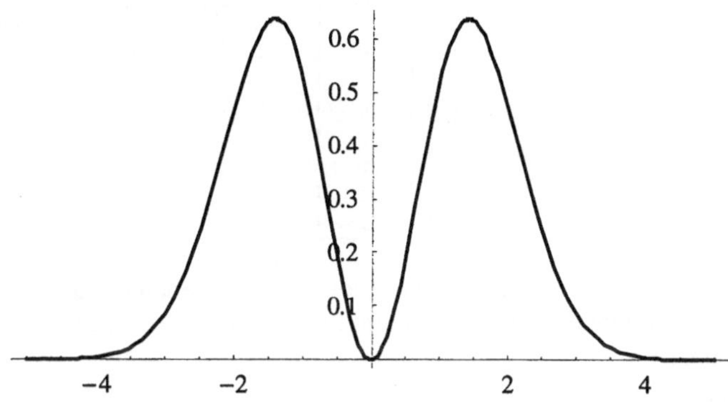

Prüfen wir noch die äquivalente Bedingung und löschen danach die Funktion ψ wieder:

Integrate [ψ[t], {t, $-\infty$, ∞}]

0

Remove[ψ]

Das wohl einfachste Wavelet, mit dem wir nun arbeiten wollen, stellt das sogenannte Haar-Wavelet (nach A. Haar) dar. Das Haar-Wavelet ist eine Treppenfunktion, die definiert ist durch:

$$\psi(t) = \begin{cases} 1 & \text{für } 0 \le t < \dfrac{1}{2} \\[2mm] -1 & \text{für } \dfrac{1}{2} \le t < 1 \\[2mm] 0 & \text{sonst} \end{cases}$$

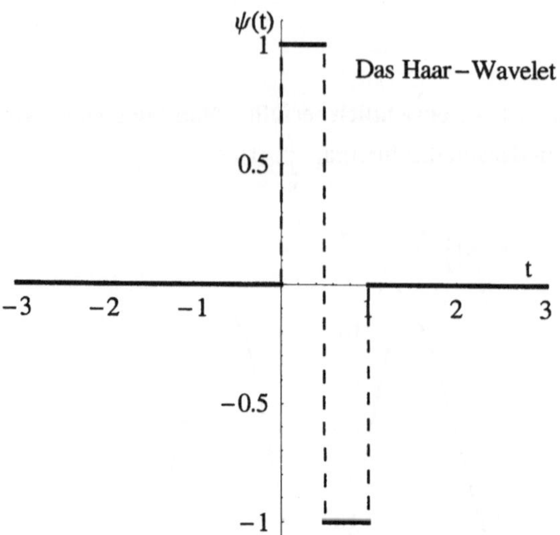

Das Haar-Wavelet läßt sich durch Translation (Verschiebung) und Dilatation (Stauchung/Streckung) aus der folgenden Skalierungsfunktion ϕ zusammensetzen.

$$\phi(t) = \begin{cases} 1 & \text{für } 0 \leq t < 1 \\ 0 & \text{sonst} \end{cases}$$

Skalierungsfunktionen werden oft auch als „Vaterwavelet" bezeichnet. Es gilt $\psi(t) = \phi(2t) - \phi(2t-1)$. Diese Beziehung ergibt sich auch aus der Waveletgleichung, die wir später im Rahmen der diskreten Wavelettransformation beschreiben.

Wir benutzen die Heaviside-Funktion σ (in Mathematica „UnitStep", vergleichen Sie dazu das Kapitel über Fourier-Analyse), um die Funktionen ϕ und damit auch ψ in Mathematica zu definieren. Es gilt: $\phi(t) = \sigma(t) - \sigma(t-1)$. Den bisher geschilderten Sachverhalt wollen wir nun mit Mathematica veranschaulichen:

```
σ[t_] := UnitStep[t]

Plot[σ[t], {t, −4, 4}, PlotRange → {{−5, 5}, {−2, 2}},
    PlotStyle -> {Thickness[0.008], RGBColor[1, 0, 0]}];
```

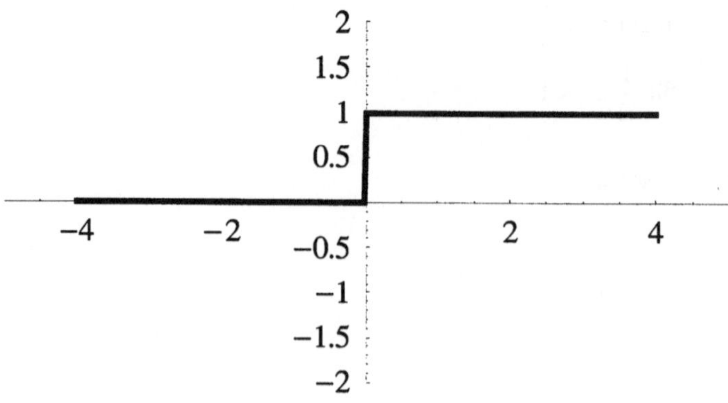

Wir definieren damit die Skalierungsfunktion (Vaterwavelet):

$$\phi[t\_] := \sigma[t] - \sigma[t-1]$$

Plot[ϕ[t], {t, −4, 4}, PlotRange → {{−5, 5}, {−2, 2}},
    PlotStyle −> {Thickness[0.008], RGBColor[1, 0, 0]}];

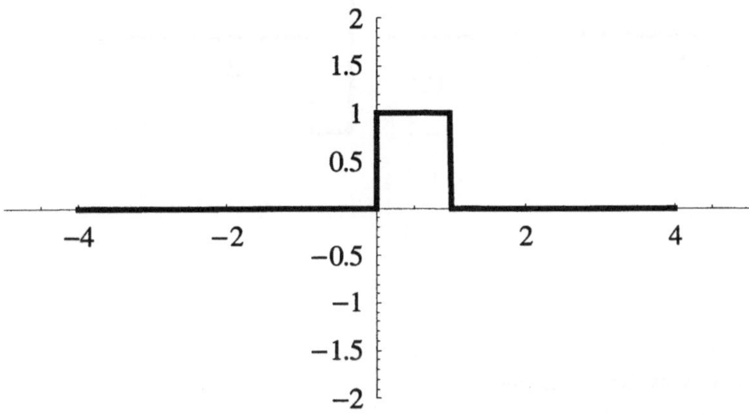

Wie sieht diese Skalierungsfunktion bei Verdoppelung des Arguments aus? Die Funktion ist jetzt nur im Bereich von 0 bis 0.5 von Null verschieden. Dieser Bereich ist also halbiert worden (Dilatation).

Plot[ϕ[2 t], {t, −4, 4}, PlotRange → {{−5, 5}, {−2, 2}},
    PlotStyle −> {Thickness[0.004], RGBColor[1, 0, 0]}];

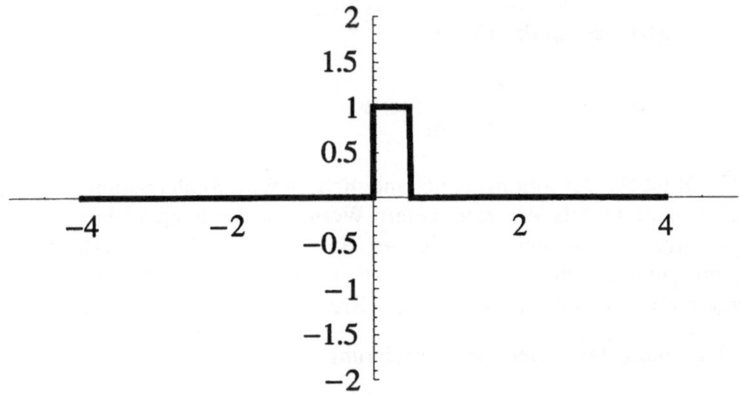

Analog könnte man diese Funktion nach rechts bzw. links verschieben durch ϕ(t-u) (Translation).

Schließlich wollen wir mit ϕ das Haar-Wavelet ψ festlegen:

$$\psi[t\_] := \phi[2t] - \phi[2t-1]$$

Plot[ψ[t], {t, −4, 4}, PlotRange → {{−5, 5}, {−2, 2}},

PlotStyle −> {Thickness[0.005], RGBColor[1, 0, 0]}];

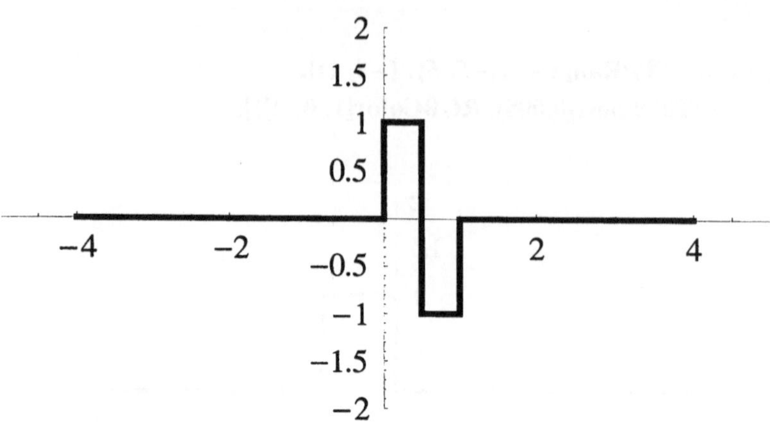

Es sei jetzt f ein „Zeitsignal", das heißt eine zeitabhängige Funktion. Ist ψ: $\mathbb{R} \to \mathbb{C}$ ein Wavelet (zum Beispiel unser Haar-Wavelet), so nennen wir

$$\psi_{a,b}(t) := \frac{1}{|a|^{1/2}}\,\psi\!\left(\frac{t-b}{a}\right)$$

eine zu ψ gehörige Waveletfunktion, die durch Normierung, Dilatation und Translation mittels der reellen Parameter a≠0 und b aus der Funktion ψ entsteht. Die Wavelettransformierte (zu diesem Wavelet ψ) des Zeitsignals f ist gegeben durch die Abbildung

$$W_f : \mathbb{R}\backslash\{0\} \times \mathbb{R} \to \mathbb{C} \,,$$

die das Paar (a,b) $\in \mathbb{R}\backslash\{0\} \times \mathbb{R}$ auf das Element

$$W_f(a, b) = \;<f, \psi_{a,b}> \; = \; \frac{1}{|a|^{1/2}} \int_{\mathbb{R}} f(t)\,\psi\!\left(\frac{t-b}{a}\right)d t \; \in \mathbb{C}$$

abbildet (auch $\mathbb{R}^+ \times \mathbb{R}$ ist als Definitionsbereich möglich). a wird Skalenparameter genannt, denn bei der Analyse von Signalen mittels Wavelets liefern Werte von a mit $|a|\gg1$ breite „Fenster" zur Untersuchung langwelliger Schwingungsanteile des Signals, und Skalenwerte mit $|a|\ll1$ liefern schmale Fenster zur Untersuchung kurzwelliger bzw. hochfrequenter Schwingungsanteile. Der Faktor 1/a im Argument dient also der Dilatation; die Breite des Abfragemusters/-fensters wächst proportional zu $|a|$. Der Faktor $\frac{1}{|a|^{1/2}}$ dient der Normierung.

Wir programmieren wieder mit Mathematica. Hier definieren wir die Waveletfunktion unter Verwendung des Haar-Wavelets und stellen den Effekt der Dilatation grafisch als Beispiel für die Werte a=4 bzw. a=1/4 dar. Der Parameter b hat in beiden Fällen den Wert 0.

$$\psi[a\_,\, b\_,\, t\_] := \psi\!\left[\frac{t-b}{a}\right]$$

Plot [{ψ[4, 0, t], ψ[1 / 4, 0, t]}, {t, −2, 5}, PlotRange → {{−2, 5}, {−2, 2}} ,
PlotStyle → {{Thickness[0.005], RGBColor[1, 0, 0]}, {Thickness[0.007], RGBColor[0, 0, 1]}},
AspectRatio → 0.5, DefaultFont → {"Times", 11}, AxesLabel → {"x", " y "},
AxesStyle → {Thickness[0.004]}];

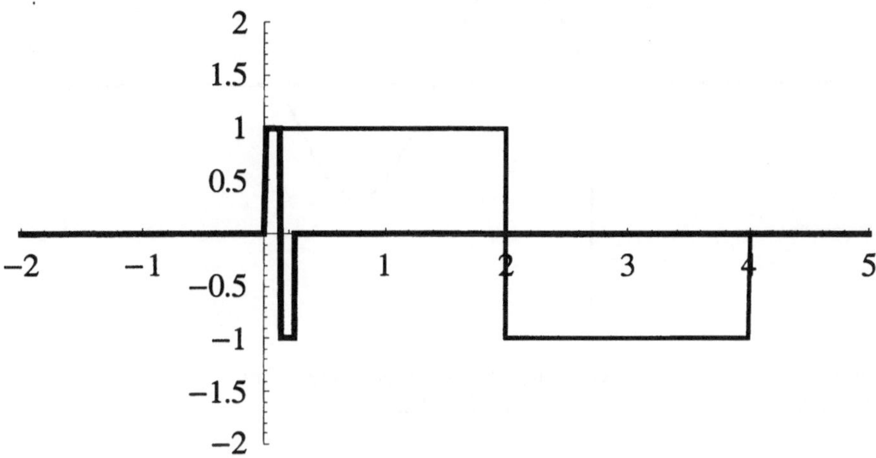

Beim Haar-Wavelet vereinfacht sich die Gleichung zur Bestimmung der Wavelettransformierten W_f, da

$$\psi_{a,b}(t) = 0 \text{ für } t{<}b \text{ oder für } t \geq a{+}b$$

$$\psi_{a,b}(t) = 1 \text{ für } b \leq t < a/2{+}b$$

$$\psi_{a,b}(t) = -1 \text{ für } a/2{+}b \leq t < a{+}b:$$

Aus unserer oben schon genannten Formel für die Wavelettransformierte

$$W_f(a, b) = \, <f, \psi_{a,b}> \, = \frac{1}{|a|^{1/2}} \int_{\mathbb{R}} f(t)\,\psi\left(\frac{t-b}{a}\right) dt$$

wird in diesem Fall die nun folgende Formel, welche wir gleich in Mathematica eingeben:

$$Wf[a\_, b\_] := \frac{1}{\sqrt{a}}\left(\int_{b}^{b+a/2} f[t]\,dt - \int_{b+a/2}^{b+a} f[t]\,dt\right)$$

Wir wählen als Beispiel das folgende Zeitsignal f(t):

f[t_] := Sin[t] ∗ (σ[t] − σ[t − 2 π])

Plot[f[t], {t, −4, 10}, PlotRange → {{−5, 10}, {−2, 2}},
PlotStyle −> {Thickness[0.006], RGBColor[1, 0, 0]}];

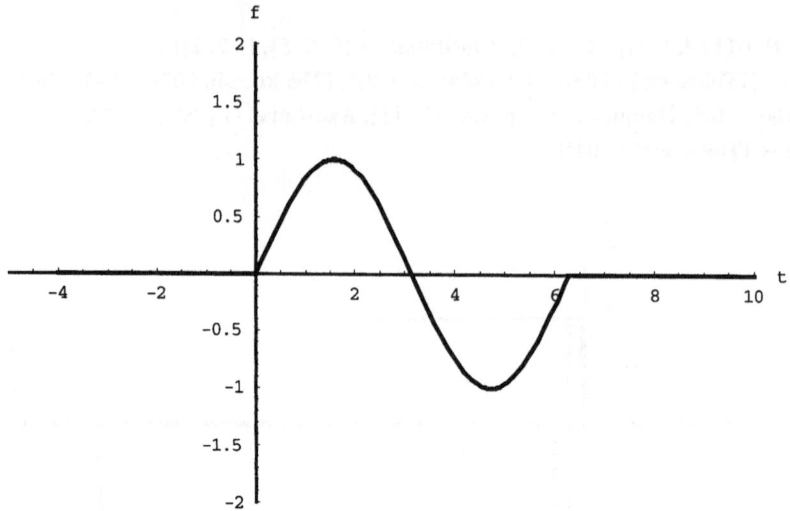

Wir bestimmen Wf(π,π/2), das heißt die Wavelettransformierte mit Dilatationsparameter π und Translationsparameter π/2, und interpretieren dann den Wert.

$\sqrt{\pi}$ Wf[π, π / 2] // N

2.

Integrate[Sin[t], {t, π / 2, π}] $*$ 2

2

Nach der letzten Formel für W_f ergibt sich, bis auf den Faktor $1/\sqrt{a}$ =$1/\sqrt{\pi}$, die Differenz zwischen dem Integral von f über dem Intervall I_1= [b,b+a/2]=[π/2, π] und dem Integral über dem Intervall I_2=[b+a/2,b+a]=[π,3/2π]. Das erste Integral entspricht der Fläche zwischen der Kurve und der x-Achse über dem Intervall I_1 und das zweite Integral entspricht der negativen Fläche zwischen Kurve und x-Achse über I_2, da hier f negativ ist. Wir erhalten daher die Summe der beiden Flächen. Beide Flächen sind gleich groß und haben den Wert 1. In der folgenden Grafik sind die beiden Flächen zu sehen.

<< Graphics'FilledPlot'

FilledPlot[{(σ[t $-\pi$] $- \sigma$[t $- 3\pi$ / 2]) f[t], f[t] (σ[t $- \pi$ / 2] $- \sigma$[t $- 3\pi$ / 2])}, {t, 0, 2π},
**   PlotRange $->$ All, Fills $->$ {RGBColor[0, 0, 1], RGBColor[1, 0, 0]},**
**   Ticks $->$ {{π / 2, π, 3 / 2π, 2π}, Automatic}];**

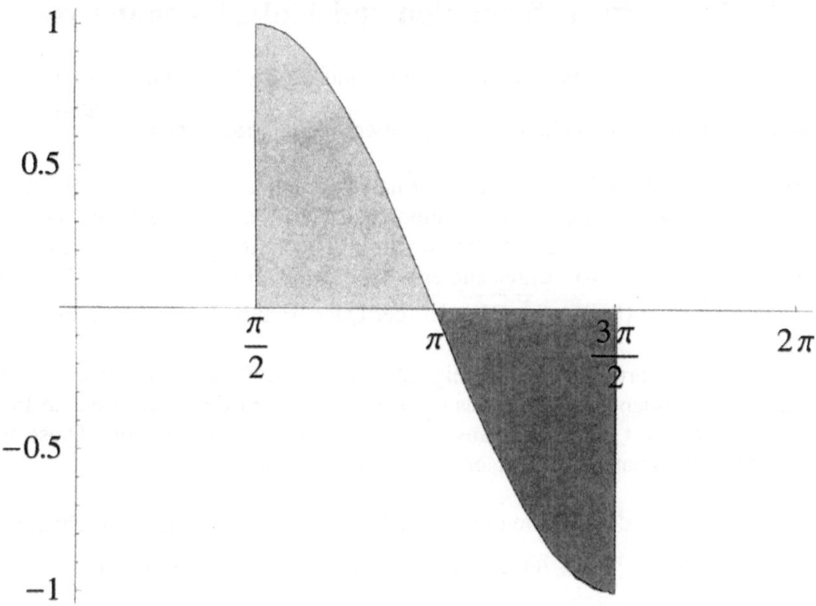

Wie gesagt, durch die Festlegung einer Skalierungsfunktion ϕ ist das Wavelet ψ definiert. Das Haar-Wavelet hat, nebenbei bemerkt, einen kompakten Träger, das heißt, dass es außerhalb eines kompakten Intervalls (hier außerhalb [0,1]) verschwindet. Dies ist eine bei praktischen Anwendungen wünschenswerte Eigenschaft von Wavelets, sie ist aber nicht notwendig, wie wir noch sehen werden. Dagegen haben Wavelets, wie zum Beispiel der Mexikanerhut, oder auch das Shannon-Wavelet, das wir noch vorstellen, keinen kompakten Träger. Sie nähern sich jedoch schnell der x-Achse.

Bemerkung: Es gibt auch die Möglichkeit, ϕ - und somit ψ - durch andere Funktionen bzw. andere Familien von Funktionen zu definieren, die bestimmten Voraussetzungen genügen müssen. Die Voraussetzungen für ψ haben wir am Anfang des Kapitels beschrieben. Bei den sogenannten orthonormalen Waveletfunktionen kann man durch Translation und Dilatation eines einzigen Mutter-Wavelets ψ eine Orthonormalbasis des L^2 erzeugen. Man kann beispielsweise durch Faltung der oben beschriebenen Skalierungsfunktion ϕ ganze Familien von Skalierungsfunktionen erhalten. Diese werden als sogenannte B-Splines bezeichnet (das „B" steht für Basis). Dabei wird ϕ als β_0 bezeichnet, und durch die Faltung $\beta_0 * \beta_0$ erhält man β_1. Diese neue Skalierungsfunktion β_1 muß allerdings orthogonalisiert werden. Analog erhält man β_2, usw. (Battle-Lemarié-Wavelets). Eine weitere Familie von Wavelets, die sogenannten Daubechies-Wavelets, werden im letzten Abschnitt dieses Kapitels behandelt (das Daubechies-Wavelet erster Ordnung ist identisch mit dem Haar-Wavelet).

6.2 Diskrete Wavelettransformation und Multiskalenanalyse

Wir kommen nun zur diskreten Wavelettransformation und zur Multiskalenanalyse, um die Analyse von Zeitsignalen zu erklären. Wir gehen von der Skalierungsfunktion $\phi(t) = \begin{cases} 1 & \textit{für } 0 \le t < 1 \\ 0 & \textit{sonst} \end{cases}$ aus. Die

Funktionen $\phi(t\text{-}k)$ mit $k \in \mathbb{Z}$ bilden eine Orthonormalbasis aller auf $[k,k+1)$ stückweise konstanten Funktionen. (Allgemein müssen jedoch die Skalierungs- bzw. Waveletfunktionen nicht orthogonal sein.) Der von der Basis $\{\phi(t\text{-}k)\}_k$ erzeugte Raum wird mit V_0 bezeichnet. V_0 ist ein Unterraum von L^2. Nun wollen wir ein System von Unterräumen $\{V_j\}$ des Vektorraums L^2 betrachten, für das gilt

$...V_{-1} \subset V_0 \subset V_1...$ und $\bigcap_j V_j = \{0\}$ bzw. $\overline{\bigcup_j V_j} = L^2$ (der Querstrich bedeutet die abgeschlossene Hül-

le). Dabei enthalten die Unterräume V_j mit steigendem j jeweils Funktionen zur sukzessiven besseren Anpassung an Funktionen aus L^2. (In manchen Büchern wird dies für fallenden Index aufgeschrieben.) Wir können somit Funktionen aus L^2 beliebig genau approximieren. Diese Vorgehensweise nennt man Multiskalenanalyse (MA, engl.: Multiresolution Analysis).

Wir wollen nun diese Anpassung an eine Funktion f in einem Beispiel verdeutlichen. Dazu gehen wir von der Funktion $f(t) = e^{-t^2}$ aus, die wir zunächst in Mathematica definieren:

$$\mathbf{f[t\_] := } e^{-t^2}$$

Nun wollen wir f durch eine Linearkombination f_0 der Basiselemente $\phi(t\text{-}k)$ $(k \in \mathbb{Z})$ des Raumes V_0 approximieren. Wir sagen: „Die Funktion f_0 approximiert die Funktion f mit der Auflösung j=0". Wir beginnen nun mit der Berechnung der Koeffizienten c_k der Linearkombination der Basiselemente $\phi(t\text{-}k)$. Bei der Summation beschränken wir uns auf den Bereich k = -4,-3,...,2,3, da wir die Approximation nur in dem Bereich [-4,4] darstellen wollen und die Funktion f auch „schnell gegen Null" geht.

$$\mathbf{c[k\_] := Evaluate}\left[\int_{-\infty}^{\infty} \mathbf{f[t]} * \phi\mathbf{[t-k]}\,d\,\mathbf{t} \right]$$

$$\mathbf{f_0[t\_] := } \sum_{k=-4}^{3} \mathbf{c[k]} * \phi\mathbf{[t-k]}$$

Wir zeichnen den Graphen der Funktion f zusammen mit ihrer Approximation f_0 (bei einer Auflösung j=0).

$$\mathbf{Plot[\{f_0[t], f[t]\}, \{t, -4, 4\}, PlotRange \rightarrow All]}$$

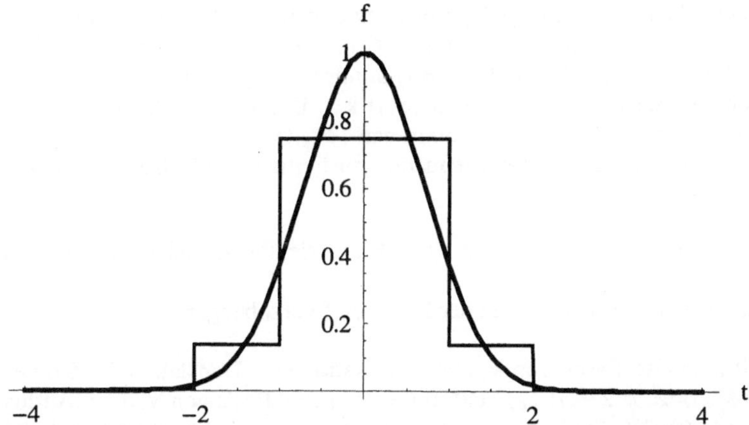

Nun kann man f mit einer Funktion f_j zu einer beliebigen Auflösung j approximieren (f_j ist dann aus V_j). Es gilt nämlich, dass $\{\phi_{1,k}(t)=2^{1/2}\phi(2t-k)\}_{k\in\mathbb{Z}}$ eine Basis von V_1 ist und allgemein ist $\{\phi_{j,k}(t)=2^{j/2}\phi(2^j t-k)\}_{k\in\mathbb{Z}}$ eine Basis von V_j. Wir bestimmen nun, unter Anwendung dieser Tatsache, die Approximationsfunktion $f_1 \in V_1$ von f im Beispiel:

$$\phi_{j\_,k\_}[t\_] := 2^{j/2}\,\phi[2^j t - k]$$

$$c_{j\_}[k\_] := \text{Evaluate}\left[\int_{-\infty}^{\infty} f[t] * \phi_{j,k}[t]\,d t\right]$$

$$f_1[t\_] = \sum_{k=-8}^{7} c_1[k] * \phi_{1,k}[t];$$

$$\text{Plot}[\{f_1[t],\ f[t]\},\ \{t,\ -4,\ 4\},\ \text{PlotRange} \rightarrow \text{All}];$$

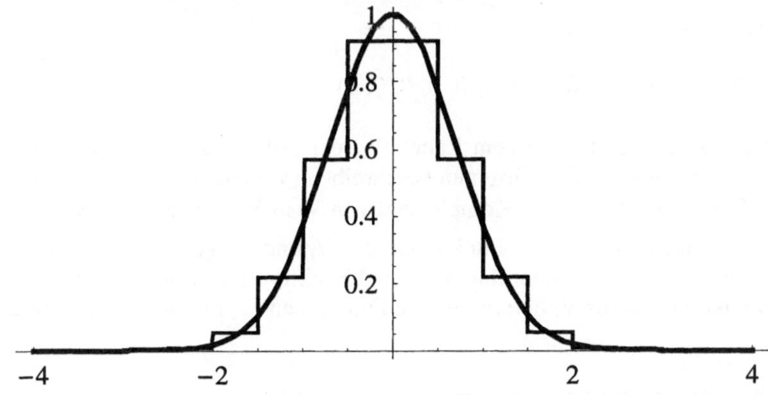

Unser Ziel ist es nun, wie Sie später bei der Fortführung dieses Beispiels sehen werden, von einer bestimmen Auflösung j auszugehen und durch Hinzunahmen von Details die zu approximierende Funktion f immer besser anzupassen. Zur Bestimmung dieser Details wird die Waveletfunktion benötigt.

In diesem Beispiel haben wir anschaulich gesehen, wie man zunächst durch Translation der Funktion $\phi(t)$, d.h. durch die Bildung von $\phi(t-k)$, mit $k \in \mathbb{Z}$, eine Basis von V_0 erhält. Zur besseren Approximation der Funktion $f(t)$ wird die Funktion $\phi(t)$ dilatiert und $\phi(2t)$ erhalten, mit der wir wiederum durch Translation eine Basis von V_1 erhalten $\{\phi(2t-k)\}$. Damit diese Basis eine Orthonormalbasis wird, benötigt man noch den Faktor $2^{1/2}$, womit man $\{\phi_{1,k}(t)=2^{1/2}\phi(2t-k)\}$ mit $k \in \mathbb{Z}$ als Basis für V_1 verwendet, mit der wir eine bessere Approximation für f erhalten. Wir haben dabei f_j wie folgt konstruiert:

$$f_j(t) = \sum_k f_k^j \phi_{j,k}(t) \quad \text{mit} \quad f_k^j = \int_{-\infty}^{\infty} \phi_{j,k}(t)f(t)dt \quad \text{(Die Koeffizienten } f_k^j \text{ haben wir in Mathematica mit}$$

$c_j[k]$ bezeichnet, um Verwechslungen mit der Funktion f vorzubeugen).

Allgemein erhält man also Basen von V_j durch Dilatation und Translation der Skalierungsfunktion $\phi(t)$ wie folgt: $\{\phi_{j,k}(t)=2^{j/2}\phi(2^jt-k)\}_{k \in \mathbb{Z}}$ stellt für festes j eine Basis von V_j dar („Auflösung j"). Außerdem stellt $\{\phi_{j,k}(t)=2^{j/2}\phi(2^jt-k)\}_{k,j \in \mathbb{Z}}$ eine Basis des L^2 dar („alle möglichen Auflösungen").

An die Stelle des Faktors 1/a (mit $a \in \mathbb{R}\setminus\{0\}$) bei der stetigen Wavelettransformation tritt nun bei der diskreten Wavelettransformation der Faktor 2^j ($j \in \mathbb{Z}$), und an die Stelle von b/a ($a \in \mathbb{R}\setminus\{0\}$, $b \in \mathbb{R}$) tritt k ($\in \mathbb{Z}$). Somit tritt $\psi_{j,k}$ bei der diskreten Wavelettransformation an die Stelle der Waveletfunktion $\psi_{a,b}$.

Jede Funktion aus V_0 kann durch Basisfunktionen aus V_1 erzeugt werden, wobei gilt:

$$\phi(t)=\Sigma_k\, h_k\phi_{1,k}(t)=\sqrt{2}\Sigma_k\, h_k\phi\,(2t-k) \quad \text{mit } h_k=<\phi_{1,k},\, \phi>=\sqrt{2}\int_{-\infty}^{\infty}\phi(t)\phi(2t-k)dt \quad \text{(Dilatationsgleichung)}$$

Diese Gleichung wird auch Skalierungsgleichung genannt. Für die oben definierte, speziell zum Haar-Wavelet gehörende Skalierungsfunktion (Vaterwavelet) gilt: $\phi(t) = \phi(2t)+\phi(2t-1)$, da sich die folgenden Koeffizienten h_k ergeben: $h_0=h_1=1/\sqrt{2}$ und $h_k = 0$ für k<0 oder k>1 (siehe Berechnung in Mathematica unten). In der folgenden Mathematica-Zeile zeigen wir die Orthonormalität von $\phi(t)$ und $\phi(t-k)$ (k =-10, -9,..., -1, 1,...10):

Table[Integrate[ϕ[t] $*$ ϕ[t − k], {t, −∞, ∞}, GenerateConditions −> False],
  {k, −10, 10}]

{0, 0, 0, 0, 0, 0, 0, 0, 0, 0, 1, 0, 0, 0, 0, 0, 0, 0, 0, 0, 0}

Das Wavelet ψ ist ein Element aus einem Raum W_0, der orthogonal zu V_0 ist, somit gilt, dass ψ orthogonal zu ϕ ist. ψ läßt sich, wie wir unten beschreiben (Waveletgleichung), aus ϕ konstruieren. Allgemein gilt: W_j ist das orthogonale Komplement von V_j in V_{j+1}, womit gilt $V_{j+1} = V_j \oplus W_j$. Damit kann man Funktionen aus V_{j+1} aus Funktionen aus V_j und W_j konstruieren (siehe Beispiel unten). Vereinfachend gesagt gilt: In dem Raum W_j sind Funktion $\psi_{j,k}$ vorhanden, die die ergänzenden Details zu den Funktionen f_j aus V_j liefern, um die Funktionen f_{j+1} mit höherer Auflösung in V_{j+1} zu konstruieren.

$\psi(t-k)$ mit $k \in \mathbb{Z}$ bildet ebenfalls ein Orthonormalsystem für W_0:

Table[Integrate[ψ[t] $*$ ψ[t − k], {t, −∞, ∞}, GenerateConditions → False], {k, −5, 5}]

{0, 0, 0, 0, 0, 1, 0, 0, 0, 0, 0}

ψ läßt sich allgemein aus ϕ konstruieren durch:

$$\psi(t)=\Sigma_k\, g_k\phi_{1,k}(t)=\sqrt{2}\,\Sigma_k\, g_k\phi(2t\text{-}k) \text{ mit } g_k=<\phi_{1,k},\psi>=\sqrt{2}\int_{-\infty}^{\infty}\psi(t)\phi(2t-k)\,dt \quad \text{(Waveletgleichung)}.$$

Für das Haar-Wavelet ψ ergibt sich über die obere Waveletgleichung die Beziehung, die wir bereits verwendet haben: $\psi(t)=\phi(2t)-\phi(2t-1)$. Es ergeben sich somit die Koeffizienten (siehe unten in Mathematica): $g_0 = 1/\sqrt{(2)}$, $g_1=-g_0$ und $g_k = 0$ für k<0 oder k>1. Man kann die Koeffizienten g_k über das oben stehende Skalarprodukt bestimmen, oder auch über die Gleichung $g_k=(-1)^k h_{1\text{-}k}$, falls man zuvor die Koeffizienten h_k (aus der Darstellung von $\phi(t)$ als Reihe, d.h. der Dilatationsgleichung) bestimmt hat. Diese Beziehung zwischen den Koeffizienten g_k und h_k erhält man, wenn man die Orthogonalitätsbedingungen von ϕ zu ψ im Fourier-Raum herleitet.

Wir berechnen nun die Koeffizienten h_k und g_k für das Haar-Wavelet in Mathematica:

$$h[k\_] := \sqrt{2}\int_0^1 \phi[t]*\phi[2t-k]\,dt$$

Die Werte von h_k und g_k wollen wir für k= -3 bis 3 tabellieren (eigentlich würde k=0,1 genügen, denn hierzu sind die Werte von Null verschieden):

Table[{k, h[k]}, {k, -3, 3}] // Transpose // TableForm

−3	−2	−1	0	1	2	3
0	0	0	$\frac{1}{\sqrt{2}}$	$\frac{1}{\sqrt{2}}$	0	0

$$g[k\_] := (-1)^k\, h[1-k]$$

Table[{k, g[k]}, {k, -3, 3}] // Transpose // TableForm

−3	−2	−1	0	1	2	3
0	0	0	$\frac{1}{\sqrt{2}}$	$-\frac{1}{\sqrt{2}}$	0	0

$\{\psi(t\text{-}k)\}$ bildet für k∈$\mathbb{Z}$ eine Orthonormalbasis von W_0, $\{\sqrt{2}\,\psi(2t\text{-}k)\}_{k\in\mathbb{Z}}$ bildet eine Orthonormalbasis von W_1 und allgemein $\{2^{j/2}\psi(2^j t\text{-}k)\}_{k\in\mathbb{Z}}$ eine Orthonormalbasis von W_j. Außerdem bildet $\{\psi_{j,k}(t)=2^{j/2}\psi(2^j t\text{-}k)\}_{k,j\in\mathbb{Z}}$ eine Orthonormalbasis des $L^2(\mathbb{R})$, genannt die Waveletbasis, womit also auch W_r zu W_s orthogonal ist (für r≠s). Der Faktor $2^{j/2}$ dient ebenfalls der Normierung.
Es folgt eine Grafik der Funktionen $\psi_{1,1}(t)$ und $\psi_{1,2}(t)$ aus dem Raum W_1. Dabei ist zu sehen, dass diese orthogonal sind, denn das Integral über das Produkt der beiden Funktionen ist gleich Null. Gleiches gilt für die Funktionen $\psi_{1,0}(t)\in W_1$ und $\psi_{2,0}(t)\in W_2$, die in der zweiten Grafik zu sehen sind.

$$\psi[t\_] := \phi[2t]-\phi[2t-1]$$

$$\psi_{j,k}[t\_] := 2^{j/2}\,\psi[2^j t-k]$$

```
Plot[{ψ1,1[t], ψ1,2[t]}, {t, -1, 2},
      PlotStyle -> {{Thickness[0.008], RGBColor[1, 0, 0]},
            {Thickness[0.002], RGBColor[0, 0, 1]}} ];
```

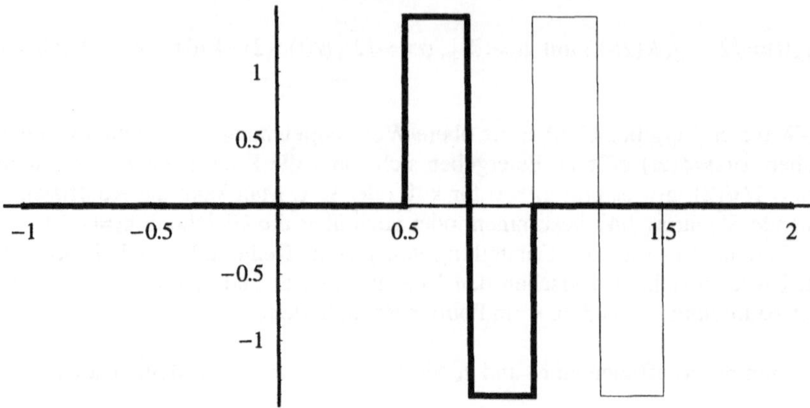

NIntegrate[$\psi_{1,1}$[t] * $\psi_{1,2}$[t], {t, −1, 1}]

0.

Plot[{$\psi_{1,0}$[t], $\psi_{2,0}$[t]}, {t, 0, 1}, PlotStyle −> {{Thickness[0.008], RGBColor[1, 0, 0]},
{Thickness[0.002], RGBColor[0, 0, 1]}}];

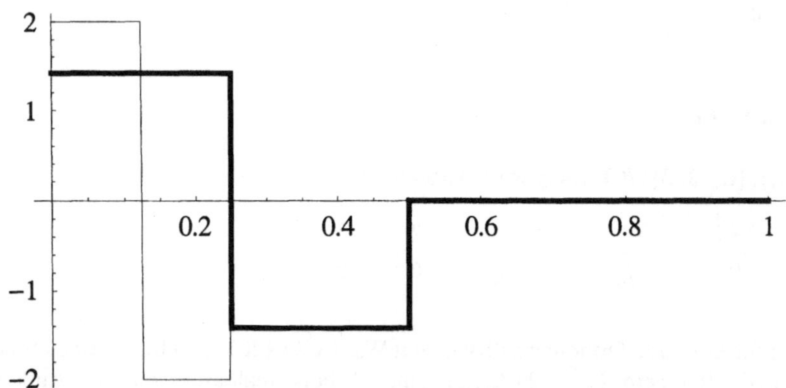

Oben haben wir bereits gezeigt, was es heißt, eine Funktion (bzw. im diskreten Fall nur deren Funktionswerte) zu einer bestimmten Auflösung j zu kennen. Dabei sind wir von der Funktion $f(t) = e^{-t^2}$ ausgegangen.

Die Funktionen $\phi_{j,k}(t)=2^{j/2}\phi(2^j t-k)$ stellen für feste j (k $\in \mathbb{Z}$), wie bereits beschrieben, eine orthonormale Basis von V_j dar. Analog stellen die Funktionen $\psi_{j,k}(t)=2^{j/2}\psi(2^j t-k)$ für feste j eine orthonormale Basis von W_j dar. Will man nun die Funktion f_{j+1} der Auflösung j+1 bestimmen, so kann man sich die oben beschriebene Aussage $V_{j+1} = V_j \oplus W_j$ zu nutze machen, denn es existiert nun eine Funktion d_j aus W_j, und eine Funktion f_j aus V_j, so dass gilt $f_{j+1}(t) = f_j(t)+d_j(t)$ bzw. $d_j(t) = f_{j+1}(t)-f_j(t)$. Die Funktion d_j kann man analog der Funktion f_j wie folgt, bei gegebener Funktion f, berechnen:

$$d_j(t) = \sum_k d_k^j \psi_{j,k}(t) \text{ mit } d_k^j = \int_{-\infty}^{\infty} \psi_{j,k}(t)f(t)dt$$

Wir bezeichnen diese Funktion mit „d_j", da die Funktion d_j die ergänzenden Details zu f_j enthält, um f_{j+1} zu bestimmen.

Nun wollen wir in unserem Beispiel die Funktion $f_1 \in V_1$ mit den Funktionen $f_0 \in V_0$ und $d_0 \in W_0$ erzeugen, wobei wir uns die Tatsache $V_0 \oplus W_0 = V_1$ zu nutze machen. Die Koeffizienten d_k^j werden in Mathematica mit $d_j[k]$ bezeichnet. Für die Funktion d_j verwenden wir in Mathematica keine Bezeichnung, sie wird direkt als Summe realisiert. Den Summationsbereich für k (theoretisch $\mathbb{Z}$) haben wir entsprechend dem Bereich, in dem wir die Funktion f approximieren wollen, eingeschränkt.

$$d_j\_[k\_] := \mathbf{Evaluate}\left[\int_{-\infty}^{\infty} f[t] * \psi_{j,k}[t]\,d\,t\right]$$

$$f_1[t\_] = \sum_{k=-4}^{3} c_0[k] * \phi_{0,k}[t] + \sum_{k=-4}^{3} d_0[k] * \psi_{0,k}[t];$$

Plot[{f_1[t], f[t]}, {t, -4, 4}, PlotRange $\rightarrow$ All];

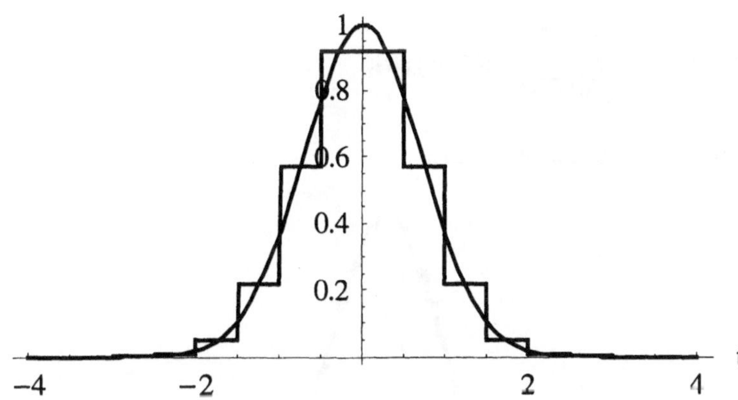

Analog kann man $f_2 \in V_2$ durch $f_0 \in V_0$, $d_0 \in W_0$ und $d_1 \in W_1$ erzeugen, da $V_0 \oplus W_0 \oplus W_1 = V_2$:

$$f_2[t\_] = \sum_{k=-4}^{3} c_0[k] * \phi_{0,k}[t] + \sum_{j=0}^{1} \sum_{k=-8}^{7} d_j[k] * \psi_{j,k}[t];$$

Plot[{f_2[t], f[t]}, {t, -4, 4}, PlotRange $\rightarrow$ All];

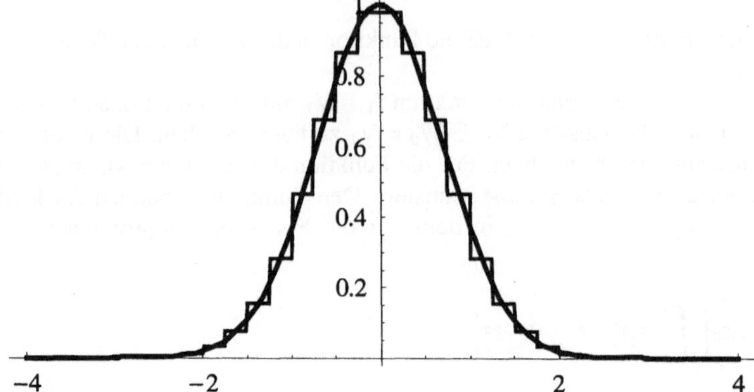

Jetzt kann man die Funktion f mit jeder beliebigen Auflösung approximieren. Im folgenden stellen wir noch die Approximation von f durch die Funktion $f_3 \subset V_3$ dar, die wir mit den Funktionen $f_0 \in V_0$, $d_0 \in W_0$, $d_1 \in W_1$ und $d_2 \in W_2$ erzeugen ($V_0 \oplus W_0 \oplus W_1 \oplus W_2 = V_3$):

$$f_3[t\_] = \sum_{k=-4}^{3} c_0[k] * \phi_{0,k}[t] + \sum_{j=0}^{2} \sum_{k=-16}^{15} d_j[k] * \psi_{j,k}[t];$$

Plot[{f3[t], f[t]}, {t, −4, 4}, PlotRange → All];

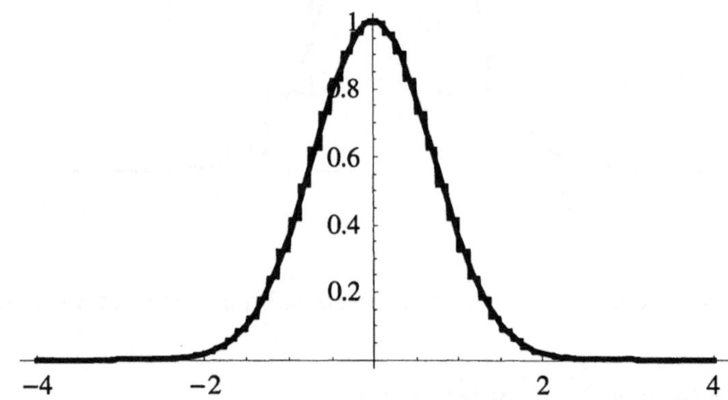

Allgemein gilt:

$$f_J(t) = \sum_{k} f_k^0 \cdot \phi_{0,k}(t) + \sum_{j=0}^{J-1} \sum_{k} d_k^j \cdot \psi_{j,k}(t) = f_0(t) + \sum_{j=0}^{J-1} d_j(t)$$

bzw. $V_J = V_0 \oplus \bigoplus_{j=0}^{J-1} W_j$, womit folgt: $V_J = \bigoplus_{j=-\infty}^{J-1} W_j$ und $L^2(\mathbb{R}) = \bigoplus_{j=-\infty}^{\infty} W_j$.

Diese Tatsache ist für die Datenkompression wichtig und wir werden darauf im Kapitel zur schnellen diskreten Wavelettransformation zurückgreifen.

Bemerkung:

1) Formal werden an eine Multiskalenanalyse folgende Bedingungen geknüpft. Eine Multiskalenanalyse von L^2 ist durch eine Folge $\{V_j\}$, $j \in \mathbb{Z}$, von Teilmengen des $L^2(\mathbb{R})$ gegeben, für die gilt:

(I) $\ldots \subset V_{-1} \subset V_0 \subset V_1 \subset \ldots \subset L^2(\mathbb{R})$

(II) $\cap_j V_j = \{0\}$, $\overline{\cup_j V_j} = L^2(\mathbb{R})$ (der Querstrich bezeichnet die abgeschlossene Hülle)

(III) $f(t) \in V_j \Leftrightarrow f(2t) \in V_{j+1}$

(IV) $f(t) \in V_0 \Rightarrow f(t-k) \in V_0$

(V) Es existiert eine Funktion $\phi(t)$, die sogenannte Skalierungsfunktion, so dass $\{\phi(t-k)\}$ eine orthonormale Basis von V_0 ist.

2) Die Dilatationsgleichung und die Waveletgleichung haben im Fourier-Raum die folgende Gestalt:

$$\hat{\phi}(\omega) = H(\omega/2)\hat{\phi}(\omega/2) \text{ mit } H(\omega) = \sum_k \frac{h_k}{\sqrt{2}} e^{-i\omega k} .$$

$$\hat{\psi}(\omega) = G(\omega/2)\hat{\psi}(\omega/2) \text{ mit } G(\omega) = \sum_k \frac{g_k}{\sqrt{2}} e^{-i\omega k} .$$

3) Es gilt: $\sum_k h_k = \sqrt{2}$ und $\sum_k h_k^2 = 1$.

6.3 Shannons Abtasttheorem

Das Abtasttheorem von Shannon (sampling theorem) hat eine große Bedeutung in der Praxis (zum Beispiel beim Speichern von Musik auf CDs). Voraussetzung des Shannon-Theorems ist, dass eine Funktion $f \in L^1$ gegeben ist, deren Fourier-Transformierte $\hat{f}$ außerhalb eines kompakten Bereichs $\{\omega \mid |\omega| \le \Omega\}$ verschwindet, d.h., es muß gelten $\hat{f}(\omega) = 0$ für $|\omega| > \Omega \in \mathbb{R}$. Man sagt, dass $\hat{f}$ einen kompakten Träger besitzt. Diese Funktion nennt man „bandbegrenzt". Dann besagt dieses Theorem, dass sich die Funktion f vollständig (d.h. für alle $t \in \mathbb{R}$) rekonstruieren lässt, wenn man nur die Funktionswerte an diskreten Stellen $k\pi/\Omega$ kennt mit $k \in \mathbb{Z}$. Es gilt:

$$f(t) = \sum_k f(\frac{\pi}{\Omega}k) \frac{\sin(\Omega i - \pi k)}{\Omega t - \pi k} .$$

Diese Beziehung ergibt sich, wenn man die Fourier-Transformierte $\hat{f}$ von f auf $\{\omega \mid |\omega| \le \Omega\}$ als Fourier-Reihe darstellt und diese rücktransformiert. Man erhält dabei diese einfache Darstellung von f, da sich der Integrationsbereich von $\mathbb{R}$ bei der Fourier-Transformation (siehe Kapitel über Fourier-Transformation) auf das Kompaktum $\{\omega \mid |\omega| \le \Omega\}$ reduziert.

Wir beginnen mit unserem ersten Beispiel und gehen nicht den üblichen Weg, beginnend mit der Funktion f im Originalraum, sondern wir gehen hier zunächst von der Fourier-Transformierten

$$\hat{f}(\omega) = \begin{cases} 1 & \text{für } -\pi \le \omega < \pi \\ 0 & \text{sonst} \end{cases} = \sigma(\omega+\pi) - \sigma(\omega-\pi) \text{ aus, die einen kompakten Träger besitzt, d.h., die}$$

entsprechend den Voraussetzungen des Theorems außerhalb des kompakten Bereichs $|\omega| > \pi = \Omega$

verschwindet. Zu dieser Fourier-Transformierten bestimmen wir mit Mathematica die zugehörige Originalfunktion f:

InverseFourierTransform[UnitStep[w + π] − UnitStep[w − π], w, t]

$$\frac{\text{Sin}[\pi t]}{\pi t}$$

Ab der Mathematica-Version 4 erhalten Sie den oberen Ausdruck in der Exponentialdarstellung. Diese Funktion f ist zunächst an der Stelle t=0 nicht definiert, man kann sie allerdings stetig ergän-

$$\text{zen: } f(t) = \begin{cases} \dfrac{\sin(\pi t)}{\pi t} & \text{für } t \neq 0 \\ 1 & \text{für } t = 0 \end{cases} \text{, da } \lim_{t \to 0} f(t) = 1.$$

Es sei bemerkt, dass über die Funktion f eine Skalierungsfunktion ϕ definiert werden kann und dass

$$\{\phi(t-k)\} = \left\{\frac{\sin(\pi(t-k))}{\pi(t-k)}\right\} \text{ mit } k \in \mathbb{Z} \text{ eine orthonormale Basis aller Funktionen f aus } L^2 \text{ bildet,}$$

deren Fourier-Transformierte $\hat{f}(\omega)$ für $|\omega| > \pi$ verschwindet. Mit dieser Skalierungsfunktion kann nun auch eine Multiskalenanalyse durchgeführt werden. Bezeichnet man den Raum, zu dem { ϕ (t-n)} eine Basis bildet, mit V_0, so erhält man eine Basis von V_1 durch { ϕ (2t-k)}. V_1 ist dann der Raum aller Funktionen f aus L^2, deren Fourier-Transformierte $\hat{f}(\omega)$ für $|\omega| > 2\pi$ verschwindet.

Nach Shannons Theorem benötigen wir jetzt nur die Funktionswerte an den Stellen k $\in \mathbb{Z}$ und können mit diesen die Funktion vollständig rekonstruieren. Da $\Omega = \pi$, gilt:

$$f(t) = \sum_k f(k) \frac{\sin(\pi(t-k))}{\pi(t-k)} = \sum_k f(k)f(t-k).$$

Kommen wir zum zweiten Beispiel und beginnen wieder mit der Definition der Fourier-Transformierten

$$\hat{f}(\omega) = \begin{cases} 1+\omega & \text{für } -1 \leq \omega < 0, \\ 1-\omega & \text{für } 0 \leq \omega < 1, \\ 0 & \text{sonst.} \end{cases}$$

In Mathematica schreiben wir:

fd[w_] := (1 + w) ∗ (UnitStep[w + 1] − UnitStep[w]) + (1 − w) ∗ (UnitStep[w] − UnitStep[w − 1])

Plot[fd[w], {w, −5, 5}]

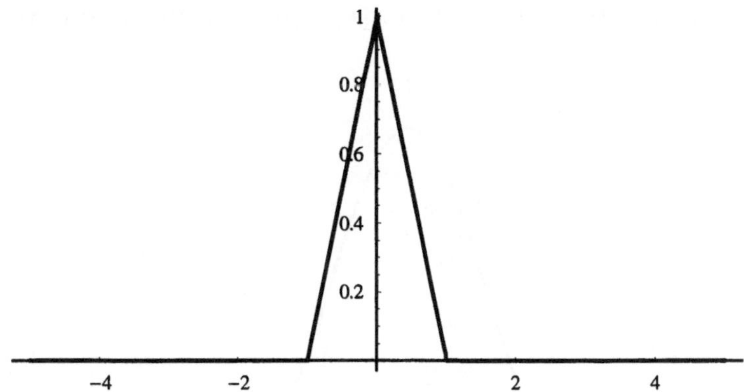

Für diese Fourier-Transformierte $\hat{f}$ gilt somit $\Omega = 1$. Wir bestimmen die Funktion f im Originalraum:

InverseFourierTransform[fd[w], w, t]

$$\frac{1}{\pi t^2} - \frac{Cos[t]}{\pi t^2}$$

$$f[t\_] := \frac{1}{\pi\, t^2} - \frac{Cos[t]}{\pi\, t^2} \; /; t \neq 0$$

Diese Funktion ist ebenfalls an der Stelle t = 0 nicht definiert, man kann sie aber stetig ergänzen:

$$gw = Limit\left[\frac{1}{\pi\, t^2} - \frac{Cos[t]}{\pi\, t^2}, t \rightarrow 0\right]$$

$$\frac{1}{2\pi}$$

$$f[t\_] := gw /; t == 0$$

Nun wollen wir die Funktion nicht vollständig rekonstruieren, sondern eine Näherung für diese Funktion bestimmen, indem wir nur die Funktionswerte an den Stellen -20π, -19π,..., 0, π,..., 19π, 20π verwenden. Wir bestimmen somit die Näherungsfunktion:

$$f(t) \approx \sum_{-20 \leq k \leq 20} f(\pi k)\frac{\sin(t - \pi k)}{t - \pi k}.$$

Der Vorteil dieses Verfahrens liegt nun darin, wie oben zu sehen ist, dass keine Koeffizienten über Integrale bestimmt werden müssen, sondern die Koeffizienten sind die Funktionswerte an den diskreten Stellen selbst. Den oberen Ausdruck setzen wir nun in Mathematica um:

$$\sum_{k=-20}^{20} f[\pi * k] * \frac{Sin[\, t - \pi\, k]}{t - \pi\, k} \, ;$$

Plot[{%, f[t]}, {t, −12, 12}, PlotStyle −> {RGBColor[1, 0, 0], RGBColor[0, 0, 1]}];

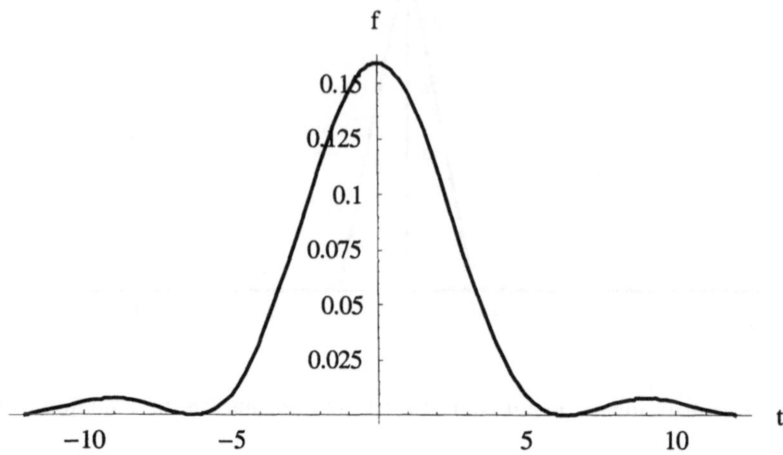

Oben sind der Graph der Funktion f und ihre Näherung geplottet. Man sieht zwischen beiden grafisch praktisch keinen Unterschied. Hierin liegt nun die Bedeutung für die Praxis: Man kann Funktionen, die den Bedingungen des Theorems genügen, beliebig genau rekonstruieren, indem man nur die Funktionswerte an bestimmten Stellen abspeichert. Da diese Funktionswerte außerhalb des Bereichs ±2π „relativ klein" sind, genügen hier sogar viel weniger Stellen. Wir verwenden aus diesem Grund nur die Stellen -π, 0, π und zeichnen nochmals den Graphen der Funktion f und ihre Näherung.

$$\sum_{k=-1}^{1} f[\pi * k] * \frac{\mathrm{Sin}[\, t - \pi \; k\,]}{t - \pi \; k}$$

$$\frac{\mathrm{Sin}[t]}{2\,\pi\,t} - \frac{2\,\mathrm{Sin}[t]}{\pi^3\,(-\pi + t)} - \frac{2\,\mathrm{Sin}[t]}{\pi^3\,(\pi + t)}$$

Plot[{%, f[t]}, {t, −12, 12}, PlotStyle −> {RGBColor[1, 0, 0], RGBColor[0, 0, 1]}];

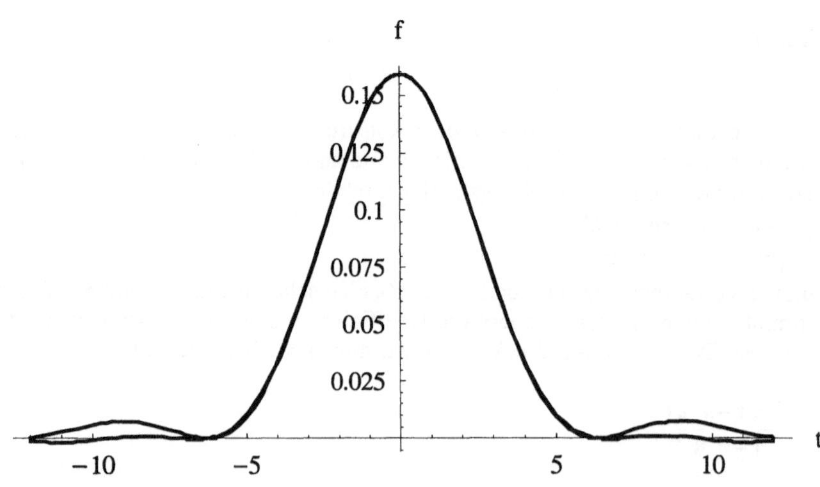

Trotz der Verwendung einer viel geringeren Anzahl von Funktionswerten ist im Bereich [-6,6] fast kein Unterschied zwischen beiden Kurven zu erkennen. Erst im größerem Abstand vom Nullpunkt machen sich Abweichungen in der Grafik bemerkbar.

6.4 Schnelle diskrete Wavelettransformation nach Mallat

Die schnelle diskrete Wavelettransformation nach Mallat ist für die Anwendung von großer Bedeutung, insbesondere bei der Kompression von Bilddaten. Dazu werden die Ausgangsdaten zunächst mit diesem Algorithmus transformiert. Je nachdem, wie stark die Kompressionsrate sein soll, werden dann die transformierten Werte Null gesetzt, deren Betrag kleiner oder gleich einem bestimmten vorgegebenen Wert sind. Die Werte werden abgespeichert. Nach der Rücktransformation ergibt sich ein Informationsverlust, den man jedoch relativ gering halten kann.

Wir verwenden der Einfachheit halber beim folgenden Algorithmus das Haar-Wavelet. Analog kann der Algorithmus allerdings auch mit einem anderen Wavelet durchgeführt werden, z.B. mit einem Daubechies-Wavelet, welches zu einer Familie von Wavelets gehört, die wir später behandeln. Für die Transformation benötigt man nur die Koeffizienten h_k und g_k.

Wir stellen den Algorithmus zur schnellen (diskreten) Wavelettransformation nach Mallat an einem Beispiel mit Mathematica vor. Zunächst werden die Daten definiert und grafisch dargestellt:

```
data = {Table[i / 50., {i, -50, 50}],
        Sort[{-0.9, -0.5, -0.1, 0.3, 0.5, 0.8}, Greater],
        Table[i / 50., {i, -50, 50}]} // Flatten;

G1 = ListPlot[data]
```

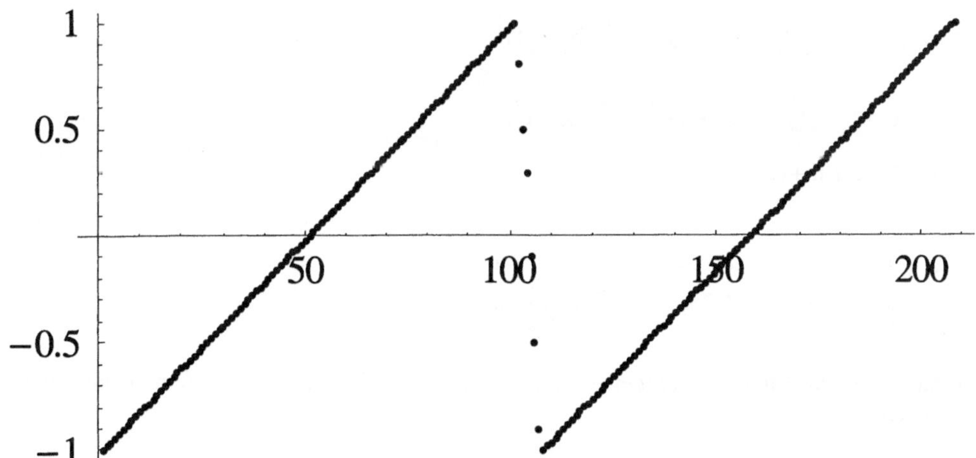

Es wird nun angenommen, dass die Daten $\left\{f_0^J, f_1^J, ..., f_k^J, ..., f_{n-1}^J\right\}$ die Koeffizienten darstellen, die wir im Kapitel 6.2 zur diskreten Waveletanalyse vorgestellt und in einem Beispiel berechnet haben.

Hier gilt: $f_k^J = <\phi_{J,k}, f> = 2^{J/2} \int\limits_{-\infty}^{\infty} \phi(2^J t - k) f(t) dt = 2^{J/2} \int\limits_{-\infty}^{\infty} \phi(2^J t) f(t + 2^{-J} k) dt$. Diese Skalarprodukte sind außerdem, bis auf einen Faktor, Näherungen für Funktionswerte der in der Praxis meist unbekannten Funktion f, denn: $f_k^J \approx 2^{-J/2} f(2^{-J} k)$.

Hier kommen somit die gleichen Überlegungen wie bei der diskreten Fourier-Analyse zum tragen, wo die Daten auch als Koeffizienten angesehen werden.

Diese Daten werden in zwei Komponenten $\{f_0^{J-1}, f_1^{J-1},...,f_{n/2-1}^{J-1}\}$ und $\{d_0^{J-1}, d_1^{J-1},...,d_{n/2-1}^{J-1}\}$ zerlegt, denen die Auflösung J-1 zugrunde liegt. Mit diesen beiden Listen lassen sich die Daten f_k^J wieder rekonstruieren. Für den Algorithmus der schnellen Wavelettransformation gehen wir davon aus, dass die Anzahl der Daten (n) mindestens m-mal durch 2 teilbar ist.

Nun kommen wir zum Algorithmus nach Mallat. Im Kapitel zur diskreten Wavelettransformation und Multiskalenanalyse haben wir die Koeffizienten h_k und g_k in der Dilatations- bzw. Waveletgleichung wie folgt bestimmt:

$$h_k = <\phi_{1\,k}, \phi> = \sqrt{2}\int_{-\infty}^{\infty} \phi(t)\phi(2t-k)\,dt.$$

$$g_k = <\phi_{1\,k}, \psi> = \sqrt{2}\int_{-\infty}^{\infty} \psi(t)\phi(2t-k)\,dt.$$

Durch eine Substitution kann man zeigen, dass gilt:

$$< \phi_{j,l},\ \phi_{j-1,k} > = h_{l-2k} \text{ und } < \phi_{j,l},\ \psi_{j-1,k} > = g_{l-2k}.$$

Somit gilt:

$$\phi_{j-1,k}(t) = \sum_l h_{l-2k}\phi_{j,l}(t) \text{ und } \psi_{j-1,k}(t) = \sum_l g_{l-2k}\phi_{j,l}(t).$$

Wendet man nun eine Eigenschaft des Skalarproduktes an, so erhält man den folgenden Algorithmus zur Rekursion:

$$f_k^{j-1} = < \phi_{j-1,k}, f > = \sum_l h_{l-2k}\langle\phi_{j,l},f\rangle = \sum_l h_{l-2k}f_l^{j},$$

$$d_k^{j-1} = < \psi_{j-1,k}, f > = \sum_l g_{l-2k}\langle\phi_{j,l},f\rangle = \sum_l g_{l-2k}f_l^{j},$$

mit j = J, J-1, ..., J-m+1.

Schema:

$$f_k^J \longrightarrow f_k^{J-1} \longrightarrow f_k^{J-2} \longrightarrow \ ...\ \longrightarrow f_k^{J-m}$$
$$\searrow d_k^{J-1} \searrow d_k^{J-2} \searrow \ ...\ \searrow d_k^{J-m}$$

Man erhält somit das folgende Mengensystem, oder in der Terminologie von Mathematica eine Liste von Listen:

$$\{\{d_0^{J-1},d_1^{J-1},...,d_{n/2-1}^{J-1}\}\{d_0^{J-2},d_1^{J-2},...,d_{n/2^2-1}^{J-2}\}...\{d_0^{J-m},d_1^{J-m},...,d_{n/2^m-1}^{J-m}\}\{f_0^{J-m},f_1^{J-m},...,f_{n/2^m-1}^{J-m}\}\}$$

Bei diesem Schema und beim unten stehenden Schema der Rücktransformation macht man sich eine Tatsache, die wir oben schon beschrieben haben, zunutze. Es gilt:

$$V_J = V_{J-1} \oplus W_{J-1} = V_{J-2} \oplus W_{J-1} \oplus W_{J-2} = ... = V_{J-m} \oplus W_{J-1} \oplus W_{J-2} \oplus ... \oplus W_{J-m} = V_{J-m} \oplus \bigoplus_{j=J-m}^{J-1} W_j$$

Mit Hilfe dieses Mengensystems ist die vollständige Rekonstruktion der Originaldaten, d.h. die Rücktransformation, möglich. Dabei wird diese Beziehung verwendet:

$$\phi_{j,k}(t) = \sum_{l} \underbrace{\langle \phi_{j-1,l}, \phi_{j,k} \rangle}_{h_{k-2l}} \phi_{j-1,l}(t) + \sum_{l} \underbrace{\langle \psi_{j-1,l}, \phi_{j,k} \rangle}_{g_{k-2l}} \psi_{j-1,l}(t).$$

Es ist

$$< \phi_{j,k}, f > = \sum_{l} h_{k-2l} \langle \phi_{j-1,l}, f \rangle + \sum_{l} g_{k-2l} \langle \psi_{j-1,l}, f \rangle.$$

womit sich die Rekursionsformel ergibt:

$$f_k^j = \sum_{l} h_{k-2l} f_l^{j-1} + \sum_{l} g_{k-2l} d_l^{j-1} \quad \text{für } j = J\text{-}m\text{+}1, J\text{-}m\text{+}2, \ldots, J$$

Es liegt somit das Schema zu Grunde:

$$f_k^{J-m} \longrightarrow f_k^{J-m\pm1} \longrightarrow \cdots \longrightarrow f_k^{J-1} \nearrow f_k^J$$
$$d_k^{J-m} \nearrow d_k^{J-m+1} \nearrow \cdots \nearrow d_k^{J-1} \nearrow$$

Man rekonstruiert also aus $\{d_0^{J\text{-}m}, d_1^{J\text{-}m}, \ldots, d_{n/2^m-1}^{J\text{-}m}\}$ und $\{f_0^{J\text{-}m}, f_1^{J\text{-}m}, \ldots, f_{n/2^m-1}^{J\text{-}m}\}\}$ die Menge $\{f_0^{J\text{-}m+1}, f_1^{J\text{-}m+1}, \ldots, f_{n/2^m-1-1}^{J\text{-}m+1}\}$ usw. Ziel ist es nun, die transformierten Daten zu reduzieren, wobei man wenig Information verlieren möchte, aber die Datenmenge möglichst stark komprimieren will. Bei der Datenkompression werden alle Koeffizienten aus dem obigen Mengensystem gleich Null gesetzt, deren Betrag kleiner als ein bestimmter vorgebbarer Wert ist. Bei der Rücktransformation erhält man eine Näherung für die Ausgangsdaten $\{f_0^J, f_1^J, \ldots, f_{n-1}^J\}$. Im nächsten Beispiel verwenden wir das Haar-Wavelet zur diskreten Transformation. Für die Daubechies-Wavelets kann analog die obere Formel verwendet werden.

Verwendet man das Haar-Wavelet, so gilt: $h_0 = h_1 = \dfrac{1}{\sqrt{2}}$ und $h_i = 0$ sonst sowie $g_0 = -g_1 = \dfrac{1}{\sqrt{2}}$ und $g_i = 0$, wie wir bereits gezeigt haben. Damit reduziert sich der obere Algorithmus, bei dem der Summationsindex über alle $l \in \mathbb{Z}$ lief, wie unten zu sehen ist, wobei nur zwei Summanden übrig bleiben. Bei allen in praktischen Fällen verwendeten Wavelets (z.B. Daubechies-Wavelets) sind auch nur endlich viele Summanden ungleich Null.

Es gilt für $j = J, J\text{-}1, \ldots, J\text{-}m\text{+}1$:

Für $i = 0,1$: $f_0^{j-1} = h_0 f_0^j + h_1 f_1^j$ und $d_0^{j-1} = g_0 f_0^j + g_1 f_1^j$.

Für $i = 2,3$: $f_1^{j-1} = h_0 f_2^j + h_1 f_3^j$ und $d_1^{j-1} = g_0 f_2^j + g_1 f_3^j$.

...

In Matrix-Vektor-Schreibweise für den Fall $j = J$ lautet die obere Gleichung:

$$\begin{pmatrix} f_0^{j-1} \\ f_1^{j-1} \\ \cdot \\ \cdot \\ \cdot \\ f_{n/2-1}^{j-1} \end{pmatrix} = \underbrace{\begin{pmatrix} f_0^j & f_1^j \\ f_2^j & f_3^j \\ \cdot & \cdot \\ \cdot & \cdot \\ f_{n-2}^j & f_{n-1}^j \end{pmatrix}}_{=F} \begin{pmatrix} h_0 \\ h_1 \end{pmatrix}$$

Bei der Rücktransformation geht man dann wie folgt vor (für j = J, J-1, ..., J-m):

Für i = 0: $f_0^j = h_0 f_0^{j-1} + g_0 d_0^{j-1}$.

Für i = 1: $f_1^j = h_1 f_0^{j-1} + g_1 d_0^{j-1}$.

usw.

Wir beginnen mit unserem Mathematica-Beispiel und definieren die Koeffizienten h_k und g_k in Mathematica:

$$h[k\_] := 0; h[0] := \frac{1}{\sqrt{2}}; h[1] := \frac{1}{\sqrt{2}}$$

$$g[k\_] := (-1)^k * h[1 - k]$$

$$\textbf{Length[data]} / 2^4$$

13

Man kann also die Daten 4-mal zerlegen, d.h. J = 5 und J-m=1.

fk[5] = data;

L = 2;(* Anzahl der Koeff. h_k ungleich 0 *)

Mit Hilfe der Partition-Anweisung werden die transformierten Daten der Auflösung j+1 in die Form der oberen Matrix F gebracht. Damit ergibt sich der oben beschriebene (d.h. der für das Haar-Wavelet reduzierte) Algorithmus:

fk[j_] := fk[j] = Partition[fk[j + 1], L, 2].{h[0], h[1]}

dk[j_] := dk[j] = Partition[fk[j + 1], L, 2].{g[0], g[1]}

Wir geben das oben beschriebene Mengensystem aus:

{fk[1], dk[1], dk[2], dk[3], dk[4]}

{{−3.4, −2.12, −0.84, 0.44, 1.72, 3., 0.025, −3., −1.72, −0.44, 0.84, 2.12, 3.4},
  {−0.32, −0.32, −0.32, −0.32, −0.32, −0.32, 3.175, −0.32, −0.32, −0.32, −0.32, −0.32, −0.32},
  {−0.113137, −0.113137, −0.113137, −0.113137, −0.113137, −0.113137, −0.113137, −0.113137, −0.113137,
    −0.113137, −0.113137, −0.113137, 0.424264, 0.459619, −0.113137, −0.113137, −0.113137, −0.113137,
    −0.113137, −0.113137, −0.113137, −0.113137, −0.113137, −0.113137, −0.113137, −0.113137},
  {−0.04, −0.04, −0.04, −0.04, −0.04, −0.04, −0.04, −0.04, −0.04, −0.04, −0.04, −0.04, −0.04,
    −0.04, −0.04, −0.04, −0.04, −0.04, −0.04, −0.04, −0.04, −0.04, −0.04, −0.04, −0.04, 0.5,
    0.65, −0.04, −0.04, −0.04, −0.04, −0.04, −0.04, −0.04, −0.04, −0.04, −0.04, −0.04, −0.04,
    −0.04, −0.04, −0.04, −0.04, −0.04, −0.04, −0.04, −0.04, −0.04, −0.04, −0.04, −0.04, −0.04},
  {−0.0141421, −0.0141421, −0.0141421, −0.0141421, −0.0141421, −0.0141421, −0.0141421, −0.0141421,
    −0.0141421, −0.0141421, −0.0141421, −0.0141421, −0.0141421, −0.0141421, −0.0141421, −0.0141421,
    −0.0141421, −0.0141421, −0.0141421, −0.0141421, −0.0141421, −0.0141421, −0.0141421, −0.0141421,
    −0.0141421, −0.0141421, −0.0141421, −0.0141421, −0.0141421, −0.0141421, −0.0141421, −0.0141421,
    −0.0141421, −0.0141421, −0.0141421, −0.0141421, −0.0141421, −0.0141421, −0.0141421, −0.0141421,
    −0.0141421, −0.0141421, −0.0141421, −0.0141421, −0.0141421, −0.0141421, −0.0141421, −0.0141421,
    −0.0141421, −0.0141421, 0.141421, 0.141421, 0.282843, 0.0707107, −0.0141421, −0.0141421,
    −0.0141421, −0.0141421, −0.0141421, −0.0141421, −0.0141421, −0.0141421, −0.0141421, −0.0141421,
    −0.0141421, −0.0141421, −0.0141421, −0.0141421, −0.0141421, −0.0141421, −0.0141421, −0.0141421,
    −0.0141421, −0.0141421, −0.0141421, −0.0141421, −0.0141421, −0.0141421, −0.0141421, −0.0141421,
    −0.0141421, −0.0141421, −0.0141421, −0.0141421, −0.0141421, −0.0141421, −0.0141421, −0.0141421,
    −0.0141421, −0.0141421, −0.0141421, −0.0141421, −0.0141421, −0.0141421, −0.0141421, −0.0141421,
    −0.0141421, −0.0141421, −0.0141421, −0.0141421, −0.0141421, −0.0141421, −0.0141421, −0.0141421}}

Um die rücktransformierten Daten mit den Ausgangsdaten zu vergleichen, transformieren wir testweise ohne Kompression zurück. Unten programmieren wir somit die für das Haar-Wavelet einfachere Rücktransformationsformel.

zfk[j_] := Transpose[{{fk[j − 1] ∗ h[0] + dk[j − 1] ∗ g[0], fk[j − 1] ∗ h[1] + dk[j − 1] ∗ g[1]}] // Flatten

Probe:

zfk[5] − data // Chop

{0, 0, 0, 0, 0, 0, 0, 0, 0, 0, 0, 0, 0, 0, 0, 0, 0, 0, 0, 0, 0, 0, 0, 0, 0, 0, 0, 0, 0, 0, 0, 0, 0, 0, 0, 0, 0, 0, 0, 0, 0, 0, 0, 0, 0, 0,
  0, 0, 0, 0, 0, 0, 0, 0, 0, 0, 0, 0, 0, 0, 0, 0, 0, 0, 0, 0, 0, 0, 0, 0, 0, 0, 0, 0, 0, 0, 0, 0, 0, 0, 0, 0, 0, 0, 0, 0, 0, 0, 0, 0, 0, 0,
  0, 0, 0, 0, 0, 0, 0, 0, 0, 0, 0, 0, 0, 0, 0, 0, 0, 0, 0, 0, 0, 0, 0, 0, 0, 0, 0, 0, 0, 0, 0, 0, 0, 0, 0, 0, 0, 0, 0, 0, 0, 0, 0, 0, 0, 0,
  0, 0, 0, 0, 0, 0, 0, 0, 0, 0, 0, 0, 0, 0, 0, 0, 0, 0, 0, 0, 0, 0, 0, 0, 0, 0, 0, 0, 0, 0, 0, 0, 0, 0, 0, 0, 0, 0, 0, 0, 0, 0, 0, 0, 0, 0,
  0, 0, 0, 0, 0, 0, 0, 0, 0, 0, 0, 0, 0, 0, 0, 0, 0, 0, 0, 0, 0, 0, 0, 0, 0, 0, 0, 0, 0, 0, 0, 0, 0, 0, 0, 0, 0, 0, 0, 0, 0, 0, 0, 0, 0}

Die Differenz ist Null. Wir haben somit keine Abweichungen zu den Originaldaten erhalten.

Nun sollen die Daten reduziert werden, indem nur die Koeffizienten aus dem Mengensystem beibehalten werden, die vom Betrag größer als 0.015 sind. Dieser Wert wurde von uns so gewählt, dass ca. 50% der Werte im Mengensystem gleich Null gesetzt werden. Es werden hier, wie unten zu sehen ist, nur 51,92% der Werte beibehalten. Danach wird rücktransformiert.

Length[Select[{fk[1], dk[1], dk[2], dk[3], dk[4]} // Flatten, Abs[#] > 0.015 &]] /
  Length[{fk[1], dk[1], dk[2], dk[3], dk[4]} // Flatten] // N

0.519231

{fkn[1], dkn[1], dkn[2], dkn[3], dkn[4]} = Chop[{fk[1], dk[1], dk[2], dk[3], dk[4]}, 0.015]

{{−3.4, −2.12, −0.84, 0.44, 1.72, 3., 0.025, −3., −1.72, −0.44, 0.84, 2.12, 3.4},
  {−0.32, −0.32, −0.32, −0.32, −0.32, −0.32, 3.175, −0.32, −0.32, −0.32, −0.32, −0.32, −0.32},
  {−0.113137, −0.113137, −0.113137, −0.113137, −0.113137, −0.113137, −0.113137, −0.113137, −0.113137,
    −0.113137, −0.113137, −0.113137, 0.424264, 0.459619, −0.113137, −0.113137, −0.113137, −0.113137,
    −0.113137, −0.113137, −0.113137, −0.113137, −0.113137, −0.113137, −0.113137, −0.113137},
  {−0.04, −0.04, −0.04, −0.04, −0.04, −0.04, −0.04, −0.04, −0.04, −0.04, −0.04, −0.04, −0.04,
    −0.04, −0.04, −0.04, −0.04, −0.04, −0.04, −0.04, −0.04, −0.04, −0.04, −0.04, −0.04, 0.5,
    0.65, −0.04, −0.04, −0.04, −0.04, −0.04, −0.04, −0.04, −0.04, −0.04, −0.04, −0.04, −0.04,
    −0.04, −0.04, −0.04, −0.04, −0.04, −0.04, −0.04, −0.04, −0.04, −0.04, −0.04, −0.04, −0.04},
  {0, 0, 0, 0, 0, 0, 0, 0, 0, 0, 0, 0, 0, 0, 0, 0, 0, 0, 0, 0, 0, 0, 0, 0, 0, 0, 0, 0, 0, 0, 0, 0, 0, 0, 0, 0, 0,
    0, 0, 0, 0, 0, 0, 0, 0, 0, 0.141421, 0.141421, 0.282843, 0.0707107, 0, 0, 0, 0, 0, 0, 0, 0, 0, 0,
    0, 0, 0, 0, 0, 0, 0, 0, 0, 0, 0, 0, 0, 0, 0, 0, 0, 0, 0, 0, 0, 0, 0, 0, 0, 0, 0, 0, 0, 0, 0, 0, 0, 0, 0, 0, 0}}

Rücktransformation nach Kompression:

fkn[j_] := fkn[j] =
 Transpose[{fkn[j − 1] ∗ h[0] + dkn[j − 1] ∗ g[0],
 fkn[j − 1] ∗ h[1] + dkn[j − 1] ∗ g[1]}] // Flatten

Wie zu sehen ist, gibt es bis zu j = J-1 = 4 keine Abweichungen.

fkn[4] − fk[4] // Chop

{0, 0, 0, 0, 0, 0, 0, 0, 0, 0, 0, 0, 0, 0, 0, 0, 0, 0, 0, 0, 0, 0, 0, 0, 0, 0, 0, 0, 0, 0, 0, 0, 0,
  0, 0, 0, 0, 0, 0, 0, 0, 0, 0, 0, 0, 0, 0, 0, 0, 0, 0, 0, 0, 0, 0, 0, 0, 0, 0, 0, 0, 0, 0, 0, 0, 0,
  0, 0, 0, 0, 0, 0, 0, 0, 0, 0, 0, 0, 0, 0, 0, 0, 0, 0, 0, 0, 0, 0, 0, 0, 0, 0, 0, 0, 0, 0, 0, 0, 0}

Erst beim Vergleich mit den Originaldaten (d.h. J = 5) gibt es einen Unterschied, der aber so minimal ist, dass er in der folgenden Grafik kaum sichtbar wird. Vergleichen sie hierzu diese Grafik mit der Grafik zur Fourier-Transformation weiter unten.

G2 = ListPlot[fkn[5], PlotStyle −> RGBColor[1, 0, 0], DisplayFunction −> Identity];

Show[G1, G2, DisplayFunction −> $DisplayFunction]

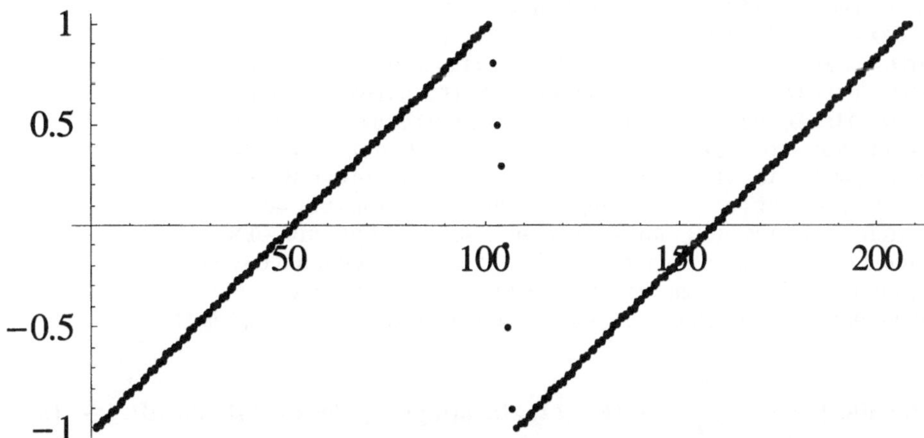

Hinweis: Unter Verwendung der sogenannten Daubechies-Wavelets (Ordnung >1, da das Daubechie-Wavelet der Ordnung 0 identisch mit dem Haar-Wavelet ist) erhält man eine noch bessere Anpassung nach der Datenreduktion.

Die diskrete Wavelettransformation kann auch direkt durch Verwendung der allgemeinen (d.h. nicht für das Haar-Wavelet vereinfachten) Formeln in Mathematica durchgeführt werden. Wir passen bei der allgemeinen Formel nur den Summationsindex an die Datenlänge an.

n = Length[data];

Table[f[l,5]=data[[l+1]],{l,0,n-1}];

$$\text{Table}\!\left[f[k, j] = \sum_{l=0}^{n*2^{-5+(j+1)}-1} h[l-2k]*f[l, j+1], \{j, 4, 1, -1\}, \{k, 0, n*2^{-5+j}-1\}\right];$$

$$\text{Table}\!\left[d[k, j] = \sum_{l=0}^{n*2^{-5+(j+1)}-1} g[l-2k]*f[l, j+1], \{j, 4, 1, -1\}, \{k, 0, n*2^{-5+j}-1\}\right];$$

Zum erneuten Vergleich, führen wir die obere Prozedur noch einmal durch. Wir reduzieren die transformierten Daten, die sich durch Transformation mit der nicht vereinfachten Formel ergeben. Nun setzen wir wieder die Werte für $f_k{}^j$ und $d_k{}^j$ (Mathematica: f[k,j] und d[k,j]) gleich Null, die betragsmäßig kleiner 0,015 sind, und speichern die Werte in den Feldern fneu und dneu.

$$\text{Flatten}\!\left[\left\{\text{Table}\!\left[fneu[k, j] = \text{Chop}[f[k, j], 0.015], \{j, 1, 1\}, \{k, 0, n*2^{-5+j}-1\}\right],\right.\right.$$

$$\left.\left.\text{Table}\!\left[dneu[k, j] = \text{Chop}[d[k, j], 0.015], \{j, 1, 4\}, \{k, 0, n*2^{-5+j}-1\}\right]\right\}, 1\right]$$

{{-3.4, -2.12, -0.84, 0.44, 1.72, 3., 0.025, -3., -1.72, -0.44, 0.84, 2.12, 3.4},
  {-0.32, -0.32, -0.32, -0.32, -0.32, -0.32, 3.175, -0.32, -0.32, -0.32, -0.32, -0.32, -0.32},
  {-0.113137, -0.113137, -0.113137, -0.113137, -0.113137, -0.113137, -0.113137, -0.113137, -0.113137,
    -0.113137, -0.113137, -0.113137, 0.424264, 0.459619, -0.113137, -0.113137, -0.113137, -0.113137,
    -0.113137, -0.113137, -0.113137, -0.113137, -0.113137, -0.113137, -0.113137, -0.113137},
  {-0.04, -0.04, -0.04, -0.04, -0.04, -0.04, -0.04, -0.04, -0.04, -0.04, -0.04, -0.04, -0.04,
    -0.04, -0.04, -0.04, -0.04, -0.04, -0.04, -0.04, -0.04, -0.04, -0.04, -0.04, -0.04, 0.5,
    0.65, -0.04, -0.04, -0.04, -0.04, -0.04, -0.04, -0.04, -0.04, -0.04, -0.04, -0.04, -0.04,
    -0.04, -0.04, -0.04, -0.04, -0.04, -0.04, -0.04, -0.04, -0.04, -0.04, -0.04, -0.04, -0.04},
  {0, 0, 0, 0, 0, 0, 0, 0, 0, 0, 0, 0, 0, 0, 0, 0, 0, 0, 0, 0, 0, 0, 0, 0, 0, 0, 0, 0, 0, 0, 0, 0, 0, 0, 0, 0, 0,
    0, 0, 0, 0, 0, 0, 0, 0, 0, 0, 0.141421, 0.141421, 0.282843, 0.0707107, 0, 0, 0, 0, 0, 0, 0, 0, 0, 0, 0,
    0, 0, 0, 0, 0, 0, 0, 0, 0, 0, 0, 0, 0, 0, 0, 0, 0, 0, 0, 0, 0, 0, 0, 0, 0, 0, 0, 0, 0, 0, 0, 0, 0, 0, 0}}

$$\mathbf{Table}\left[\mathbf{fneu[k,\,j]} = \sum_{l=0}^{n*2^{-5+j+1}-1} (\mathbf{h[k-2\,l]}*\mathbf{fneu[l,\,j-1]} + \mathbf{g[k-2\,l]}*\mathbf{dneu[l,\,j-1]}),\right.$$

$$\left.\{j,\,2,\,5\},\,\{k,\,0,\,n*2^{-5+j}-1\}\right];$$

Wir könnten die reduzierten Daten nun nochmals mit dem Befehl *Table[fneu[k, 5], {k, 0, n - 1}]* ausgeben lassen, verzichten aber darauf, da diese oben bereits zu sehen sind.

Nun möchten wir zum Vergleich die Daten mit der diskreten Fourier-Transformation, die wir im vorhergehenden Kapitel vorgestellt haben, transformieren, d.h., wir wollen die diskreten Fourier-Koeffizienten d_j berechnen. Dazu verwenden wir wieder die Mathematica-Funktion „Fourier".

fdata = Fourier[data] // Chop;

Nun wollen wir natürlich den Speicherbedarf reduzieren und setzen alle diskreten Fourier-Koeffizienten auf Null, deren Betrag kleiner als 0.1 ist.

fdatan = Chop[fdata, 0.1];

Length[Select[fdatan, Abs[#] === 0 &]] / Length[fdata // Flatten] // N

0.711538

Wir haben somit rund 71% der Werte auf 0 gesetzt. Wir transformieren die reduzierten Daten zurück und bestimmen die maximale Abweichung zu den Originaldaten. Danach stellen wir das Ergebnis der Rücktransformation grafisch dar.

data1 = InverseFourier[fdatan];

Max[Abs[Chop[data − data1]]]

0.846147

ListPlot[data1]

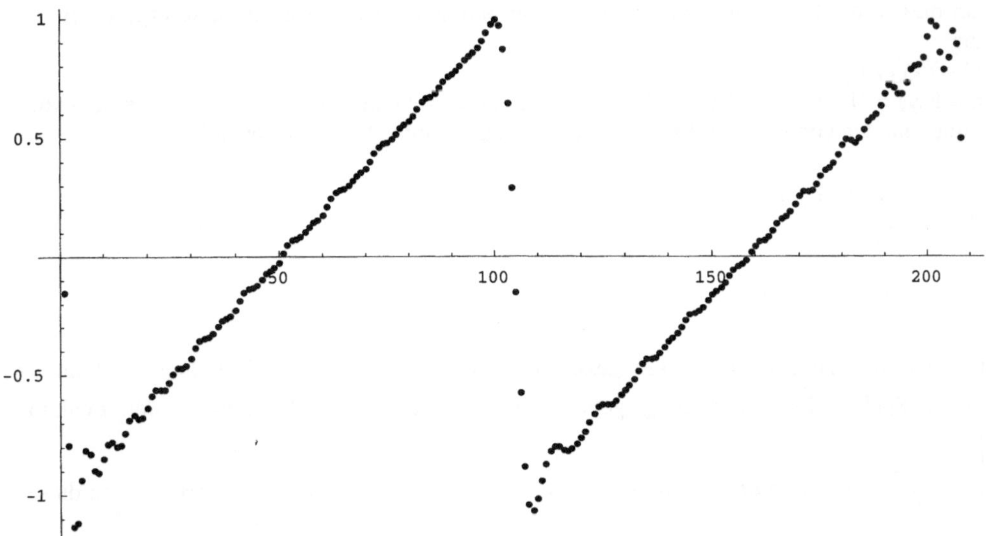

Wie Sie sehen, sind bei den Fourier-Transformierten Daten vor allem in der Nähe der Unstetigkeits-stellen deutliche Abweichungen von den Originaldaten zu erkennen.

6.5 Daubechies-Wavelets

In Abschnitt 6.1 hatten wir bemerkt, daß man durch Orthogonalisierung der sogenannten B-Splines ganze Familien orthogonaler Wavelets erhält. Diese orthogonalen B-Splines (bis auf β_0, d.h. dem Haar-Wavelet) haben den Nachteil, daß sie keinen kompakten Träger besitzen. Orthogonale Wave-lets mit kompaktem Träger wurden als erstes von Ingrid Daubechies entdeckt. Wir hatten bereits beschrieben, dass die Fourier-Transformierte $\hat{\phi}$ der Skalierungsfunktion ϕ wie folgt dargestellt wer-den kann: $\hat{\phi}(\omega) = H(\omega/2) * \hat{\phi}(\omega/2)$ (Dilatationsgleichung im Fourier-Raum). Entwickelt man $H(\omega)$ in eine Fourier-Reihe, so erhält man die Koeffizienten h_k aus den Koeffizienten dieser Entwicklung, da allgemein gilt $H(\omega) = \sum_k \frac{h_k}{\sqrt{2}} e^{-ik\omega}$. Die Koeffizienten c_k der Fourier-Reihe sind dabei $c_k = h_k / \sqrt{2}$. Daubechies wollte nun Wavelets konstruieren, die einen kompakten Träger besitzen. Aus dieser Forderung ergibt sich, das nur endlich viele Koeffizienten h_0, h_1, ..., h_g ungleich Null sind. $H(\omega) = \sum_{k=0}^{g} \frac{h_k}{\sqrt{2}} e^{-ik\omega}$ läßt sich somit als trigonometrisches Polynom darstellen mit $h_k \in \mathbb{R}$. Als nächstes forderte Daubechies, dass die Wavelets orthogonal sein sollten. Die Orthogonalitätsbedin-gung für h_k (damit die Funktionen $\phi(t-k)$ für $k \in \mathbb{Z}$ orthogonal sind) im Fourier-Raum lautet $|H(\omega)|^2 + |H(\omega+\pi)|^2 = 1$. Zusätzlich forderte sie, daß die ersten n Momente von ψ verschwinden (n = Ordnung des Daubechies-Wavelets). Aus diesen Bedingungen folgt, dass sich $|H(\omega)|^2$ als Poly-nom aus Sinus- und Kosinustermen zusammensetzen lässt. Es gilt dabei:

$$|H(\omega)|^2 = (\mathrm{Cos}^2(\omega/2))^n \; P(\mathrm{Sin}^2(\omega/2)).$$

Setzt man dies in die Orthogonalitätsbedingung ein und setzt man $y=\sin^2(\omega/2)$, so ergibt sich die Gleichung:

$$(1-y)^n P(y) + y^n P(1-y) = 1.$$

Und somit $P(y) = (1-y)^{-n}(1- y^n P(1-y))$. Das Polynom mit dem kleinsten Grad, welches dieser Bedingung genügt, hat den Grad n-1. Stellt man $(1-y)^{-n}$ als Taylorreihe dar, so ergibt sich:

$$P(y) = \sum_{k=0}^{n-1} \binom{n+k-1}{k} y^k .$$

Es gilt $P(y) \geq 0$ für $y \in [0,1]$.

Nun muss quasi aus $\left|H(\omega)\right|^2$ „die Wurzel gezogen werden", um $H(\omega)$ zu erhalten. Dies wird mit der sogenannten Spektral-Faktorzerlegung getan. Dazu werden die Nullstellen z_r der Funktion

$$z^{(n-1)} P\left(\frac{1-\dfrac{z+z^{-1}}{2}}{2}\right)$$

bestimmt (es wurde $\sin^2(\omega/2) = \dfrac{1-\dfrac{z+z^{-1}}{2}}{2}$ mit $z = e^{i\omega}$ gesetzt). Von diesen Nullstellen wird nun die Hälfte verwendet, um das Polynom H zu bestimmen. Hierzu nimmt man die Nullstellen, die innerhalb des Einheitskreises liegen. Dies ist genau die Hälfte der Nullstellen. Eine andere Auswahl der Nullstellen führt nicht zu reellen Koeffizienten h_k. Nun kann man H bestimmen (H wird bei Daubechies mit m_0 bezeichnet):

$$H(\omega) = m_0(\omega) = \text{const} \cdot (z+1)^n \prod_{r=1}^{n-1}(z - z_r).$$

Über die Koeffizienten dieses Polynoms können die Koeffizienten h_k bestimmt werden. Dies tun wir gleich im Beispiel. Es sei bemerkt, dass man für n = 1 die Koeffizienten zum Haar-Wavelet erhält.

Hat man die Koeffizienten h_k berechnet, so kann man über die Dilatationsgleichung die Funktionswerte $\phi(k)$ an den diskreten Stellen k berechnen. Die Gleichung, die sich für diese Funktionswerte ergibt, stellt ein Eigenwertproblem dar.

Über die Dilatationsgleichung können dann mittels einer Rekursion die Funktionswerte $\phi(k/2)$ und damit $\phi(k/4)$ usw. festgelegt werden. Damit ist es möglich, die Skalierungsfunktion ϕ beliebig genau zu approximieren und mit dieser dann über die Waveletgleichung auch das Wavelet ψ beliebig genau zu approximieren, da mit den Koeffizienten h_k die Koeffizienten g_k bestimmt werden können:
$g_k =(-1)^k h_{1-k}$.

Wir beginnen also unsere Berechnungen für das Daubechies-Wavelet der Ordnung n=2 mit Mathematica. Das Programm läuft für beliebige n analog durch; hier haben Sie die Möglichkeit zu experimentieren. Aus diesem Grund kann auch auf ein Tabellenwerk verzichtet werden, denn mit einem kleinen Programm können Sie sich alle benötigten Werte schnell berechnen lassen. Wir bestimmen die Nullstellen der oben beschriebenen Funktion, die innerhalb des Einheitskreises liegen, und speichern diese in der Liste LR1.

```
Remove["Global`*"]
```

$$n = 2; R = \text{NRoots}\left[z^{n-1} * \sum_{k=0}^{n-1} \text{Binomial}[n+k-1, k] * \left(\frac{1-\dfrac{z+1/z}{2}}{2}\right)^k == 0, z\right]$$

```
z == 0.267949 || z == 3.73205
```

RL = Table [R[[i]][[2]], {i, 1, Length [R]}]

```
{0.267949 , 3.73205 }
```

RL1 = Select [RL, Abs [#] < 1 &]

```
{0.267949 }
```

Es ergibt sich m_0 als Polynom, dessen Koeffizienten wir zur Bestimmung der Koeffizienten h_k verwenden.

m0 = (1 + z)^n Apply [Times , (z – RL1)] // Expand // Chop

```
-0.267949  + 0.464102  z + 1.73205  z² + z³
```

coef = CoefficientList [m0, z]

```
{-0.267949 , 0.464102 , 1.73205 , 1}
```

Die Koeffizienten h_k müssen der Bedingung $\Sigma_k\, h_k = \sqrt{2}$ genügen:

h = $\sqrt{2}$ Reverse [coef] / Apply [Plus, coef]

```
{0.482963 , 0.836516 , 0.224144 , -0.12941 }
```

Zur Überprüfung bilden wir die Summe ($=\sqrt{2}$):

Apply [Plus , %]

```
1.41421
```

Wir wollen nun herleiten, wie wir mit den Koeffizienten h_k Funktionswerte von ϕ an den diskreten Stellen k bestimmen können. Bei der Ordnung n=2 berechnen wir dann in unserem Beispiel die Funktionswerte $\phi(k)$ für $k = 0,...,3(=g)$. Da ϕ einen kompakten Träger besitzt, verschwindet $\phi(t)$ für t kleiner 0 oder t größer 3. Es gilt wegen der Dilatationsgleichung für die Skalierungsfunktion (es sind nur g+1 der h_k ungleich Null):

$$\phi(t) = \sum_{k=0}^{g} \sqrt{2}\, h_k \phi(2t-k) = \sum_{k=0}^{g} c_k \phi(2t-k) \, .$$

Somit gilt:

$$\phi(i) = \sqrt{2} \sum_{k=0}^{g} h_k \phi(2i-k) = \sum_{k=0}^{g} c_k \phi(2i-k) = \sum_m c_{2i-m} \phi(m) \, ,$$

womit man eine Gleichung für $\phi(0)$, $\phi(1),..., \phi(g)$ erhält. Die Gleichung in Matrix-Vektor-Form lautet:

$$C\vec{\phi} = \vec{\phi} \text{ mit } (c)_{im}=c_{2i-m} \text{ und } \vec{\phi} = (\phi(0), \phi(1), ...,\phi(g))'$$

Wir erhalten also ein Eigenwertproblem und die unbekannten Funktionswerte von ϕ ergeben sich aus dem Eigenvektor zum EW 1.

Wir führen nun unser Beispiel fort und bestimmen die Matrix C, die wir in Mathematica mit CM bezeichnen, da C reserviert ist. In unserem Beispiel zur Ordnung n = 2 genügt es, wenn die Indizes i und m in der unteren „Table"-Anweisung bis 4 laufen. Allgemein kann man als Obergrenze „Length[c]" angeben.

$$c = h * \sqrt{2}$$

```
{0.683013 , 1.18301 , 0.316987 , -0.183013 }
```

CM=Table[If[0<2i-m<=Length[c],c[[2i-m]],0],{i,1,4},{m,1,4}];
CM//MatrixForm

$$\begin{pmatrix} 0.683013 & 0 & 0 & 0 \\ 0.316987 & 1.18301 & 0.683013 & 0 \\ 0 & -0.183013 & 0.316987 & 1.18301 \\ 0 & 0 & 0 & -0.183013 \end{pmatrix}$$

Wir bestimmen den Eigenvektor zum Eigenwert 1, über den wir die Funktionswerte ϕ_k festlegen:

phik = −(Eigenvectors [CM] * Sqrt[2])[[1]]

```
{0., 1.36603 , -0.366025 , 0.}
```

Mit Hilfe der Wavelettransformation werden die $\phi(k/2)$ bestimmt. Danach können $\phi(k/4)$... bestimmt werden, womit man die unbekannte Funktion (deren Funktionswerte) immer genauer bestimmen kann.

Es folgt die Übergabe der Koeffizienten h_k aus der Mathematica-Liste h in die Mathematica-Funktion h1[k] . Danach übergeben wir die Funktionswerte $\phi(k)$, k=0,1,...,3:

h1[k_] := 0 /; k < 0 || k >= Length [h]
h1[k_] := h[[k + 1]]

phi1 [k_] := 0 /; k < 0 || k >= Length [h]
phi1 [k_] := phik [[k + 1]]

Wir wollen nun die Rekursion zur Bestimmung der Funktionswerte an den Stellen k/2, k/4, usw. vorbereiten. Aus diesem Grund definieren wir die Funktion $\phi[t,1]$, die die Funktionswerte von ϕ an den Stellen t=0,1,...,3 beinhaltet. Über die Rekursion kann dann die Funktion $\phi[t,2]$, welche die Funktionswerte an den Stellen t=0, 1/2, 1,...,3 enthält, bestimmt werden. Allgemein kann man mit $\phi[t,j]$ mit steigender Auflösung j die Funktion ϕ immer besser approximieren.

ϕ[t_, 1] := phi1 [t] /; IntegerQ [t]
ϕ[t_, 1] := phi1 [t] /; Not [IntegerQ [t]]

og=3;
$$\phi[t\_, j\_] := \phi[t, j] = \sqrt{2} \sum_{k=0}^{og} h1[k] * \phi[2t - k, j - 1]$$

Falls Sie das Beispiel für Daubechies-Wavelets höherer Ordung berechnen möchten, dann müssen Sie beachten, dass sich die Zahl der von Null verschiedenen Koeffizienten h_k erhöht, und entsprechend eine größere Obergrenze og für den Summationsindex angeben.

Zur grafischen Darstellung definieren wir eine Liste „Werte[j_]", die die Abszissen- und Funktionswerte der Skalierungsfunktion ϕ zur Auflösung j enthält.

Werte [j_] := Table [{t, ϕ[t, j]}, {t, 0, 3, $2^{-(j-1)}$}] // N // Chop

Wir lassen uns zunächst eine Liste von Abszissenwerten und Funktionswerten zur Auflösung j = 2 ausgeben und zeichnen danach die entsprechenden Punkte für j = 4. In der zweiten Grafik lassen wir diese Punkte verbinden, damit Sie den Graphen für die Näherung der Skalierungsfunktion der Ordnung n = 2 nach Daubechies ϕ(t) sehen können.

Werte [2]

{{0, 0}, {0.5, 0.933013 }, {1., 1.36603 }, {1.5, 0}, {2., −0.366025 }, {2.5, 0.0669873 }, {3., 0}}

ListPlot [Werte [4], PlotStyle −> {PointSize [0.014], RGBColor [0, 0, 1]}];

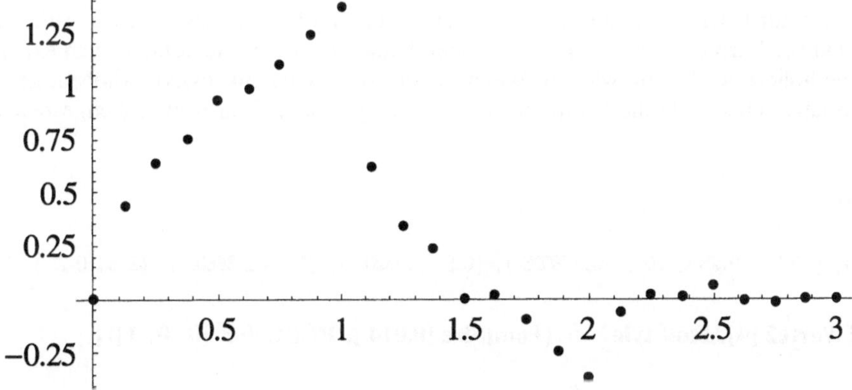

ListPlot [Werte [4], PlotStyle −> {PointSize [0.014], RGBColor [0, 0, 1]}, PlotJoined → True];

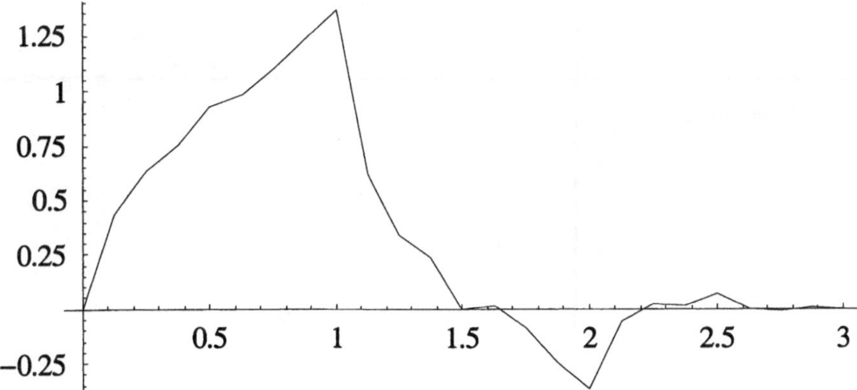

Die Berechnung von Funktionswerten der Waveletfunktion ψ verläuft analog über die Koeffizienten g_k, die wir im folgenden berechnen:

g[k_] := (−1)^k h1[1 − k]

Table[{k, g[k]},{k, -3, 2}]

{{-3, 0}, {-2, -0.12941}, {-1, -0.224144}, {0, 0.836516}, {1, -0.482963}, {2, 0}}

og1 = 1; ug1 = −2;

$$\psi[t\_, j\_] := \psi[t, j] = \sqrt{2} \sum_{k=ug1}^{og1} g[k] * \phi[2t-k, j-1]$$

Sollten Sie Daubechies-Wavelets höherer Ordnung approximieren wollen, so müssen Sie den Summationsbereich oben anpassen. Bei dem Daubechies-Wavelet der Ordnung n = 2 genügt es, den Summationsindex von ug1=-2 bis og1=1 laufen zu lassen.

Werte2 [j_] := Table [{t, ψ[t, j]}, {t, −1, 2, 2$^{-(j-1)}$}] // N

Wir lassen uns zunächst eine Liste von Abszissenwerten und Funktionswerten zur Auflösung j = 2 ausgeben und zeichnen danach die entsprechenden Punkte für j = 4. Sie können auch experimentieren und eine höhere Auflösung wählen. Wenn Sie die Auflösung sukzessive erhöhen, geht die Berechnung relativ schnell, da die Werte aus dem vorhergehenden Schritt zwischengespeichert werden.

Werte2 [2]

{{-1., 0.}, {-0.5, -0.25}, {0., -0.366025 }, {0.5, 1.73205 }, {1., -1.36603 }, {1.5, 0.25}, {2., 0.}}

ListPlot [Werte2 [4], PlotStyle −> {PointSize [0.014], RGBColor [0, 0, 1]}];

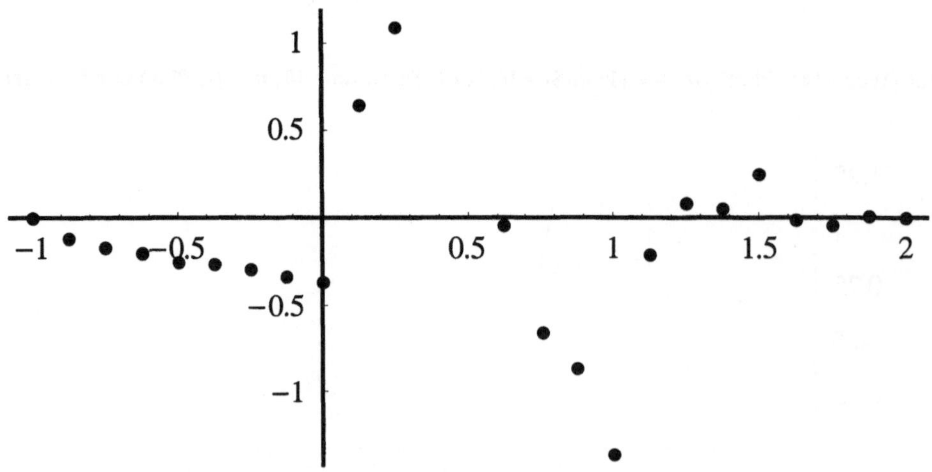

7 Numerische Integration und Differentiation

Bei der numerischen Integration geht es um die Berechnung einer Näherungslösung für das Integral $\int_a^b f(x)\,dx$, denn es gibt Funktionen, bei denen es unmöglich ist, eine Stammfunktion analytisch zu bestimmen. Zum Beispiel ist die Funktion $f(x) = e^{-x^2}$ nicht analytisch integrierbar, deshalb ist man hier auf ein numerisches Verfahren angewiesen.

Bei den von uns vorgestellten Verfahren wird das Integrationsintervall [a,b] in äquidistante Teilintervalle der Länge h zerlegt. Mit $x_0=a$ und $x_n=b$ ergeben sich die Teilpunkte $x_j = x_0 + j \cdot h$, mit $j = 0,...,n$. Es gibt nun zwei Möglichkeiten die Teilintervalle zu bestimmen. Entweder gibt man die Intervallbreite h vor und bestimmt die Anzahl n der Teilintervalle durch $n = \dfrac{b-a}{h}$, wobei Intervallbreite b-a ein ganzzahliges Vielfaches der Schrittweite h sein muss. Oder man gibt n vor und bestimmt h durch $h = \dfrac{b-a}{n}$. (Hinweis: Die Möglichkeit, durch die Vorgabe der Schrittweite $h \neq 0$; $|h| \leq |\,b-a|$, zu integrieren, wird auch im Kapitel über die Lösung von Differentialgleichungen demonstriert.)

7.1 Trapezregel

Bei der Trapezregel wird das in dem Bereich von $a=x_0$ bis $b=x_n$ zu berechnende Integral über f(x), welches anschaulich durch die Fläche zwischen dem Graphen von f und der x-Achse in diesem Bereich gegeben ist, über Trapeze angenähert. Dabei wird jeweils ein Trapez für ein Teilintervall $[x_j, x_{j+1}]$ verwendet. Die vier Eckpunkte eines solchen Trapezes haben die Koordinaten $(x_j, 0)$, $(x_{j+1}, 0)$, $(x_{j+1}, f(x_{j+1}))$, $(x_j, f(x_j))$. Betrachten Sie bitte dazu die folgende Skizze, bei der vier solche Trapeze zusammen mit dem Graphen der Funktion f(x) eingezeichnet sind:

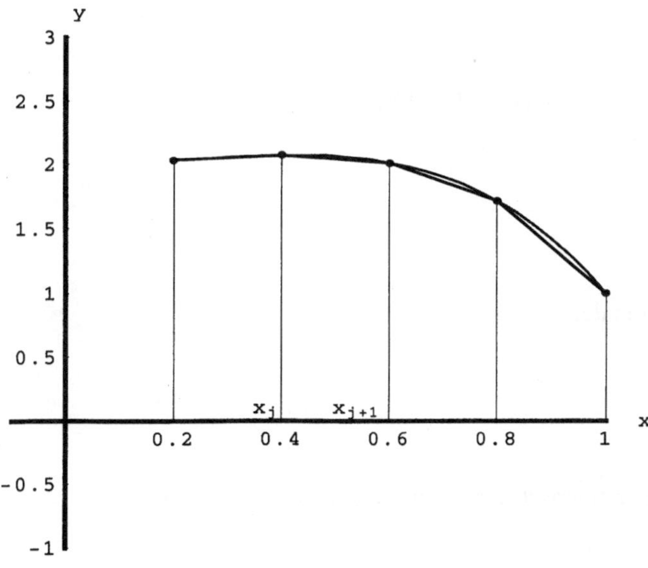

Die Fläche A_j eines einzelnen Trapezes ergibt sich nach der bekannten Formel (Hinweis:„Mittellinie mal Höhe")

$$A_j = h\frac{f(x_j) + f(x_{j+1})}{2}$$. Wir zählen dabei von $j = 0$ bis n-1.

Über die Summe aller Teilflächen A_j ergibt sich dann eine Näherung T(h) des Integrals:

$$T(h) = \sum_{j=0}^{n-1} A_j = h\sum_{j=0}^{n-1}\frac{f(x_j) + f(x_{j+1})}{2} = h\cdot(f(a)/2 + \sum_{j=1}^{n-1} f(x_j) + f(b)/2) .$$

<u>Beispiel:</u>
Wir integrieren die Funktion f(x)=x^3 im Bereich [a,b]=[0,4]. Dieses Beispiel ist auch analytisch ganz einfach lösbar, und wir können so unsere numerischen Berechnungen leicht mit der exakten Lösung vergleichen.

Wir programmieren nun in Mathematica. Zuerst geben wir den Integrationsbereich [a,b] und die zu integrierende Funktion vor:

Remove["Global`*"]

{a, b} = {0, 4};

f[x_] := x^3

Wir geben die Formel für das Integral nach der Trapezregel ein. Das numerische Ergebnis hängt von der Wahl der Schrittweite h ab.

h=1/10;

n := (b − a)/h;

n

40

$$T := h\left(1/2\,f[a] + \sum_{j=1}^{n-1} f[a + jh] + 1/2\,f[b]\right)$$
T

$$\frac{1601}{25}$$

Der numerische Wert lautet:

N[%]

64.04

Wir vergleichen unser numerisches Ergebnis mit der exakten Lösung:

$$\int_a^b f[x]\,dx$$

64

Der exakte Wert ist 64. Der mit relativ grober Schrittweite numerisch gefundene Wert lässt sich noch verbessern, wenn man mehr Trapeze zur Annäherung der Fläche unter der Kurve heranzieht, das heißt die Schrittweite h etwas reduziert, zum Beispiel auf 0.01 oder 0.001. Rechnet man beispielsweise mit einer Schrittweite von h=0.001, so ergibt sich:

h = 0.001;

T

64.

Experimentieren Sie bitte selbst mit der Schrittweite h bei anderen Funktionen, die Sie numerisch integrieren. Beobachten Sie dabei, ab welchem h sich eine bestimmte Anzahl von Nachkommastellen als genau erweist (verglichen mit der exakten Lösung) und wie sich eventuell die Rechenzeiten verändern.

7.2 Simpson-Regel

Vorteilhafter als die Trapezregel zur numerischen Integration ist die Simpson-Regel. Um eine gegebene Funktion f im Bereich [a,b] numerisch zu integrieren, wird die Funktion dort durch Parabelbögen ersetzt. Die nächste Grafik soll die Idee im Spezialfall eines einzigen Parabelbogens (hier gestrichelt dargestellt) veranschaulichen, der in drei Stützpunkten mit der Funktion f übereinstimmt. Die Abszisse des Anfangspunktes sei x=a, die des Endpunktes sei x=b und die Abszisse des dritten Punktes sei genau in der Mitte des Intervalls [a,b], also bei x=(a+b)/2.

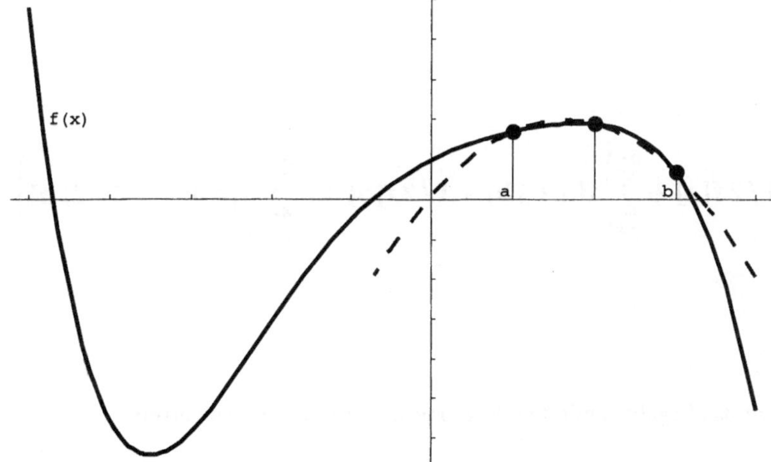

Nehmen wir den allgemeinen Ansatz $p(x) = Ax^2 + Bx + C$ für die Parabel, dann ist

$$\int_a^b f(x)\,dx \approx \int_a^b p(x)\,dx = \int_a^b (Ax^2 + Bx + C)\,dx\,.$$ Das Zeichen $\approx$ soll bedeuten, dass sich der gesuchte Wert des Integrals über f in den besagten Grenzen nicht allzu sehr vom Wert des Integrals über den Parabelbogen unterscheidet, diese Werte also „näherungsweise gleich" sind.

Führt man die Integration auf der rechten Seite in den Grenzen a und b aus und berücksichtigt man außerdem, dass der Parabelbogen durch die drei Punkte (a,f(a)), ((a+b)/2,f((a+b)/2)) und (b,f(b)) verlaufen soll, so erhalten wir für unseren Spezialfall die Formel (Keplersche Fassregel):

$$\int_a^b f(x)\,dx \approx \frac{b-a}{6}\left(f(a) + 4\cdot f(\frac{a+b}{2}) + f(b)\right)\,.$$

Bitte versuchen Sie diese sowohl mit Bleistift und Papier, als auch mit Mathematica selbst zu verifizieren!

Die Verallgemeinerung für eine n-fache Unterteilung des Integrationsintervalls [a,b], entsprechend wie bei der Trapezregel, ergibt mit h=(b-a)/n die Simpson-Formel:

$$\int_a^b f(x)\,dx \approx \frac{h}{3}\left(\frac{1}{2}\,f(a) + 2\cdot f(a+h/2) + f(a+h) + \dots + f(a+(n-1)h + 2\cdot f(a+(n-1/2)h) + \frac{1}{2}f(b)\right)$$

Beachten Sie bitte bei dieser Darstellung der Simpson-Formel, dass der Abstand benachbarter Stützstellen nur h/2 beträgt, da in jedem Teilbereich der Breite h zwei Teilstücke für die Konstruktion der Parabel benötigt werden. Wir gehen nun daran, diese Formel in Mathematica zu programmieren. Die Funktion f sei noch dieselbe wie im letzten Abschnitt, ebenso die Integrationsgrenzen a und b. Die Zahl der Teilintervalle sei n=10:

```
{a, b} = {0, 4};
```

```
n = 10;
```

```
h := (b − a) / n;
```

```
h // N
```

```
0.4
```

```
f[x_] := x^3
```

$$S := h/3\left(1/2\,f[a] + \sum_{j=1}^{n-1} f[a+j\,h] + 1/2\,f[b] + 2\sum_{j=0}^{n-1} f[a+(j+1/2)\,h]\right)$$

```
S // N
```

```
64.
```

Vergleichen wir das Ergebnis mit dem Ergebnis der „Integrate"-Anweisung:

```
Integrate[x^3, {x, a, b}]
```

```
64
```

7.3 Gaußsche Quadratur

Bei der Quadratur nach Gauß geht es darum, das Integral über eine Funktion im Bereich von [-1,1] durch eine Linearkombination von Funktionswerten anzunähern, d.h.

$$\int_{-1}^{1} f(x)dx = \sum_{i=0}^{n} c_i f(x_i) \cdot$$

Dabei sollen die Koeffizienten c_i und die Stützstellen x_i derart bestimmt werden, dass Polynome möglichst hohen Grades exakt integriert werden können. Wir wollen nun die Koeffizienten und Stützstellen für den Fall $n = 1$ bestimmen:

Mit $\int_{-1}^{1} f(x)dx = c_0 f(x_0) + c_1 f(x_1)$ ergibt sich für

$$\begin{aligned}
f(x) = 1: \quad & 2 = c_0 + c_1, \\
f(x) = x: \quad & 0 = c_0 x_0 + c_1 x_1, \\
f(x) = x^2: \quad & 2/3 = c_0 x_0^2 + c_1 x_1^2, \\
f(x) = x^3: \quad & 0 = c_0 x_0^3 + c_1 x_1^3.
\end{aligned}$$

Löst man diese vier Gleichungen für die vier Bestimmungsstücke auf, so erhält man $c_0 = c_1 = 1$ und $x_0 = -x_1 = -1/\sqrt{3}$. Wir könnten somit über Polynome bis zum Grade 3 exakt integrieren. Allgemein kann man mit der Gaußschen Quadraturformel Polynome bis zum Grade $2n+1$ exakt integrieren. Es lässt sich zeigen, dass sich die Stützstellen x_i über die Nullstellen des n-ten Legendre-Polynoms ($n+1$-ten Grades) ergeben und dass sich die Koeffizienten c_i über $c_i = \int_{-1}^{1} L_i(x)dx$ mit

$$L_i(x) = \prod_{\substack{k=0 \\ i \neq k}}^{n} \frac{x - x_k}{x_i - x_k}$$ (Lagrange-Polynom) berechnen lassen. Durch eine geeignete Substitution kann

dann natürlich auch über beliebige Bereiche integriert werden:

$$\int_{a}^{b} f(x)dx = \frac{b-a}{2} \int_{-1}^{1} f\left(\frac{b-a}{2}t + \frac{a+b}{2}\right)dt.$$

Kommen wir zu unserem Beispiel. Es soll das Integral $\int_{-2}^{2} e^{-x^2} dx$ näherungsweise bestimmt werden. Zunächst bestimmen wir die Stützstellen, die in der Liste „xw" gespeichert werden. Wir möchten $n+1=5$ Stützstellen verwenden:

n=4;

xw = x /. Solve[LegendreP[n+1, x] == 0, x] // N//Sort

```
{-0.90618, -0.538469, 0., 0.538469, 0.90618}
```

Nun definieren wir die Funktion g und die Grenzen a und b des Bereichs, über den integriert werden soll. Wir definieren dann die Funktion f, die sich ergibt, wenn man bei der Integration die oben beschriebene Substitution vornimmt, um die Intervallgrenzen des Integrationsbereichs auf -1 und 1 zu transformieren.

$$g[x\_] := e^{-x^2}$$

$$\{a, b\} = \{-2, 2\};$$

$$f[x\_] := \frac{b-a}{2} \, g\!\left[\frac{b-a}{2}\, x + \frac{a+b}{2}\right]$$

$$x[i\_] := xw[[i + 1]]$$

Wir bestimmen die Koeffizienten c_i:

$$c[i\_] := \int_{-1}^{1}\left(\prod_{k=0}^{n} \frac{If[i == k, 1, (x - x[k])]}{If[i == k, 1, (x[i] - x[k])]}\right) d\mathrm{x} \,//\, N$$

Die Näherung für das Integral lautet:

$$\sum_{i=0}^{n} c[i] * f[x[i]]$$

1.77357

Das von Mathematica numerisch evaluierte Integral kann ein Vergleichsresultat liefern:

$$\int_{a}^{b} g[x] \, d\mathrm{x} \,//\, N$$

1.76416

Die Koeffizienten und die Stützstellen können auch über das Mathematica-Paket „GaussianQuadrature" bestimmt werden:

```
<<NumericalMath`GaussianQuadrature`
```

```
GaussianQuadratureWeights[n+1, -1,1]
```

```
{{-0.90618, 0.236927}, {-0.538469, 0.478629},
 {0, 0.568889}, {0.538469, 0.478629}, {0.90618, 0.236927}}
```

<u>Aufgabe</u>: Bitte rechnen Sie das Beispiel mit feinerer Unterteilung des Intervalls nach, also mit größerem n.

7.4 Unter- und Obersummen

Nun möchten wir eine numerische Integration mittels Unter- bzw. Obersummen durchführen. Die Obersumme liegt dabei immer über und die Untersumme immer unter dem wahren Wert des Integrals $\int_a^b f(x)\,dx$. Existiert das Riemann-Integral, dann konvergieren Untersummen und Obersummen gegen den Wert des Integrals. Mit den Ober-/Untersummen wird die Fläche zwischen Kurve und x-Achse über Rechtecke angenähert. Man bestimmt dabei jeweils die Höhe des Rechtecks über den Funktionswert am linken oder rechten Rand des Rechtecks (siehe die folgenden Grafiken). Verwendet man den Funktionswert am linken Rand, so erhält man bei auf [a,b] monoton steigenden Funktionen die Untersumme bzw. bei monoton fallenden Funktionen die Obersumme. Analog ergibt sich bei der Verwendung der Funktionswerte am rechten Rand bei auf [a,b] monoton steigenden Funktionen die Obersumme bzw. bei monoton fallenden Funktionen die Untersumme. Bei nicht monotonen Funktionen gilt dies für jedes Teilintervall, auf der die Funktion monoton ist. Ist n die Anzahl der Rechtecke, die wir zur Näherung einsetzen, so ergibt sich für die Rechtecksbreite der Wert h = (b-a)/n. Wir definieren die Funktion $f(x) = x^2$ in Mathematica:

Remove["Global`*"]

f[x_]:=x^2

h[n_]:=(b-a)/n

x[i_,n_]:=a+i*(b-a)/n;

Was im folgenden als „Obersumme" in Mathematica definiert wird, ist bei unserer speziellen Funktion allerdings nur dann die Obersumme, falls a ≥ 0, da sie nur dort streng monoton steigt.

OberSumme[n_]:=h[n]*Sum[f[x[i,n]],{i,1,n}]

OberSumme[n]

Mathematica fasst die Summe zu folgender Formel zusammen:

$$\frac{(-a+b)\,(a^2 - 2\,a\,b + b^2 - 3\,a^2\,n + 3\,b^2\,n + 2\,a^2\,n^2 + 2\,a\,b\,n^2 + 2\,b^2\,n^2)}{6\,n^2}$$

Der Grenzwert für n gegen unendlich ergibt den wahren Wert des Integrals $\int_a^b x^2\,dx$:

Limit[OberSumme[n],n->Infinity]//Simplify

$$\frac{1}{3}\,(-a^3 + b^3)$$

Definition der Untersumme, falls a ≥ 0:

UnterSumme[n_]:=h[n]*Sum[f[x[i,n]],{i,0,n-1}]

Limit[UnterSumme[n],n->Infinity]//Simplify

$$\frac{1}{3}\,(-a^3 + b^3)$$

SetPrecision[{a,b},40];

Wir wählen nun konkrete Grenzen und die Anzahl der Rechtecke:

a=0.;b=4.;n1=8;

**Plot[f[t],{t,a,b},Prolog->{GrayLevel[0.3],Table[Rectangle[{xi,0},{xi+h[n1],f[xi+h[n1]]}],
                {xi,a,b-h[n1],h[n1]}]},PlotStyle->RGBColor[1,0,0]]**

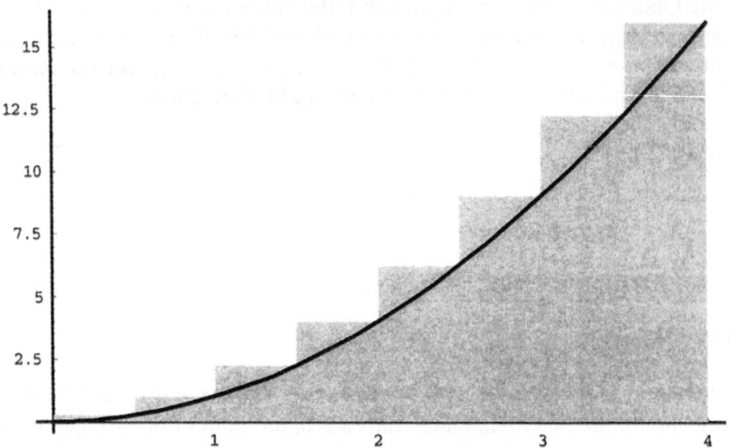

**Plot[f[t], {t, a, b}, Prolog → {Thickness[0.005], GrayLevel[0.7],
    Table[Rectangle[{xi, f[xi]}, {xi + h[n1], 0}], {xi, a, b − h[n1], h[n1]}]},
    PlotStyle → RGBColor[0, 0, 0], AxesStyle → {Thickness[0.005]}]**

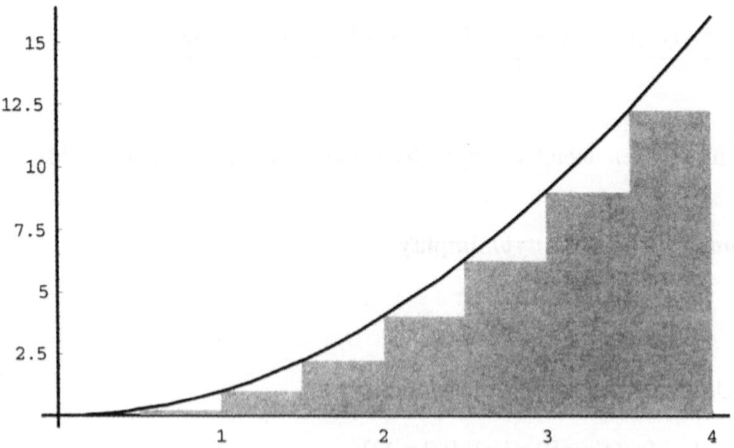

OberSumme[8]

25.5

UnterSumme[8]

17.5

OberSumme[1000]

21.3653

UnterSumme[1000]

21.3013

Als weiteres Beispiel wählen wir die Funktion $f(x)=e^{-x^2}$, deren Stammfunktion nicht geschlossen bestimmt werden kann:

f[x_]:=Exp[-x^2]

a=-2.;b=0;

OberSumme[1000]

0.883063

Wir vergleichen diesen Wert mit den Werten, die die Mathematica-Anweisung „NIntegrate" bzw. „Integrate" liefern:

NIntegrate[f[x],{x,a,b}]

0.882081

Integrate[f[x],{x,a,b}]

0.882081

Mathematica verwendet zur Bestimmung des Integrals mit der Funktion Integrate die Errorfunction. Dabei gilt:

$$Erf(z) = \frac{2}{\sqrt{\pi}} \int_0^z e^{-t^2} dt.$$

Integrate[f[x],x]

$\frac{1}{2} \sqrt{\pi} \; \texttt{Erf[x]}$

7.5 Bemerkung zum numerischen Differenzieren

Als modernes Computeralgebrasystem kann Mathematica auch mit Grenzwertberechnungen arbeiten, wie zum Beispiel in der Formel für die Ableitung einer Funktion.

$$f\,'(x_0) = \lim_{h \to 0} \frac{f(x_0 + h) - f(x_0)}{h}\,.$$

Geben Sie als Beispiel bitte eine Funktion f(x) ein, wie wir es hier für $f(x)=x^4$ getan haben:

Remove["Global`*"]

f[x_] := x ^ 4

Nun können Sie die Ableitung entweder in der Schreibweise f' [x] berechnen,

f'[x]

$4\,x^3$

oder Sie können die oben stehende Grenzwertformel in das System eingeben. Dies wiederum ist unter Benutzung der „Limit"-Anweisung möglich (als reine Textzeile) oder als Formel über die Eingabepaletten. Die Textform (Inputform) mit „Limit" können Sie auch nach der Eingabe von Mathematica selbst in die übliche mathematische Schreibweise (über die Menüpunkte „Cell", „ConvertTo" „TraditionalForm") umformen lassen.

Limit[(f[x + h] − f[x]) / h, h → 0]

$4\,x^3$

Will man jedoch <u>numerisch</u> differenzieren und nicht die Ableitung als Formel berechnen, zum Beispiel wenn von der Funktion f nur eine Wertetabelle vorliegt, so kann man diesen Grenzübergang nicht durchführen. Immer wird man mit einer zwar kleinen, aber doch endlichen Schrittweite h rechnen müssen. Es liegt daher nahe, für kleine Werte von h die Formel $f\,'(x_0) \approx \dfrac{f(x_0 + h) - f(x_0)}{h}$ als Näherungswert für die Ableitung zu wählen. Im Falle einer Wertetabelle könnte man die Funktion durch ein Interpolationspolynom ersetzen und dieses differenzieren. Es reicht uns jedoch für die numerischen Näherungslösungen von Ableitungen einfache Formeln anhand elementarer geometrischer Überlegungen zu finden.

In der folgenden Grafik ist das Schaubild einer Funktion f(x) zusammen mit ihrer Tangente in einem Punkt x_0 (hier $x_0=2$) zu sehen. Beide Kurven sind als durchgezogene Linien dargestellt. Bekanntlich ist die Tangentensteigung in x_0 gleich der Ableitung in diesem Punkt. In der Grafik ist bei einer Schrittweite h=1, die hier sehr groß gewählt wurde, damit der Effekt optisch darstellbar wird, eine recht grobe Näherung für die Tangente eingezeichnet, welche auf dem Differenzenquotienten beruht. Diese ist mit großen Abständen gestrichelt dargestellt und weicht doch deutlich von der richtigen Tangente ab. Betrachten wir nun dagegen die Steigung der Sekante durch die beiden Punkte $(x_0-h, f(x_0-h))$ und $(x_0+h, f(x_0+h))$. Diese Steigung ist eine bessere Näherung für die Tangentensteigung in x_0. Verschiebt man also die Gerade mit dieser Steigung in den Punkt $(x_0, f(x_0))$, so wird die Tangente dadurch recht gut angenähert (feiner gestrichelte Gerade).

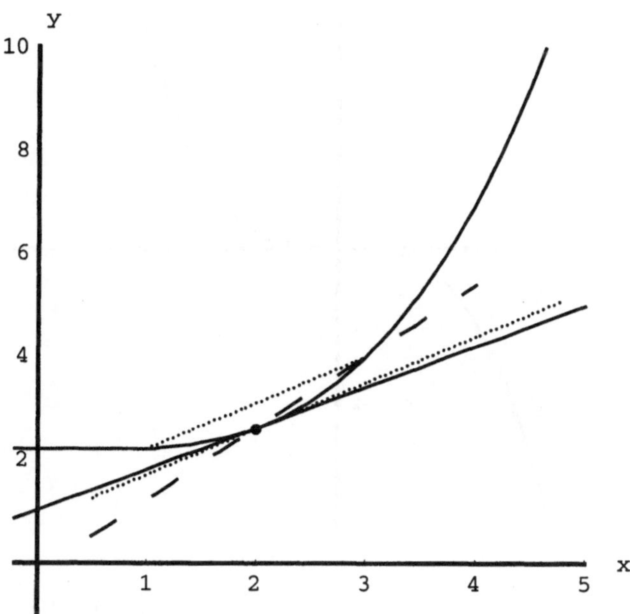

Wir zeigen zunächst anhand einer Grafik, wie sich beide Möglichkeiten der Definition der Ableitung unterscheiden:

$$ab[x\_] := \frac{f[x+h] - f[x]}{h}$$

Wir wählen, um den Effekt deutlicher zu machen, eine relativ große Schrittweite h=0.2. Sie können gerne hiermit experimentieren:

h=0.2;

Die zweite Variante der Ableitung:

$$ab2[x\_] := \frac{f[x+h] - f[x-h]}{2\,h}$$

Nun stellen wir die exakte Ableitung zusammen mit den beiden numerisch gefundenen Kurven dar. Die erste Form unserer numerischen Ableitung erscheint auf Ihrem Monitor in blauer Farbe und hat die erkennbar größere Abweichung von der exakten Lösung (rot).

Plot[{f'[x], ab[x], ab2[x]}, {x, −2, 2},
**   PlotStyle → {RGBColor[1, 0, 0], RGBColor[0, 0, 1], RGBColor[0, 0, 0]}];**

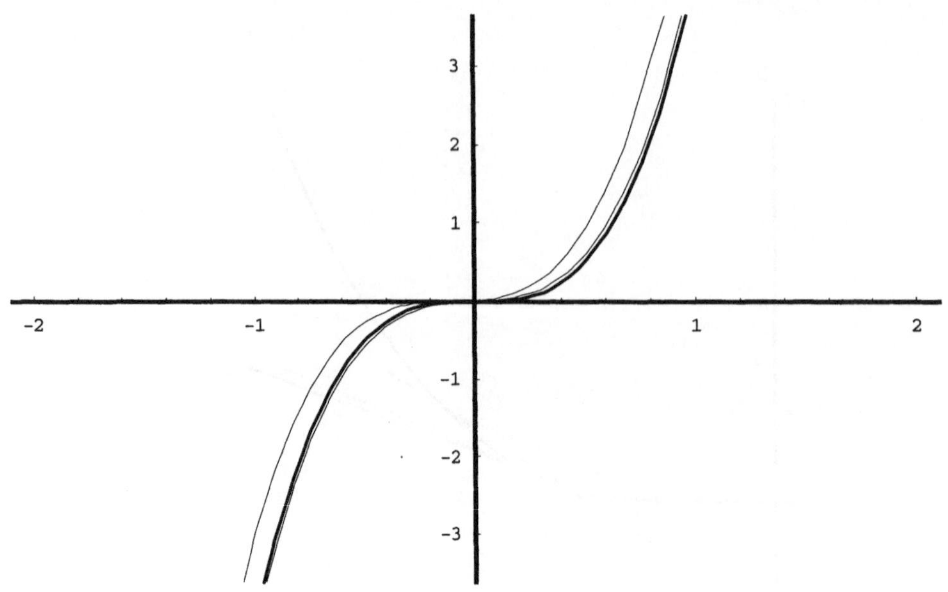

Für die zweite Ableitung wählt man im einfachsten Fall $f''(x)=\dfrac{f(x+2h)-2f(x+h)+f(x)}{h^2}$, denn es

ist $f''(x)\approx\dfrac{f'(x+h)-f'(x)}{h}=\dfrac{\dfrac{f(x+2h)-f(x+h)}{h}-\dfrac{f(x+h)+f(x)}{h}}{h}=\dfrac{f(x+2h)-2f(x+h)+f(x)}{h^2}$.

Für die dritte Ableitung $f^{(3)}(x)$ ergibt sich :

$$f^{(3)}(x)\approx\frac{f''(x+h)-f''(x)}{h}=\frac{f(x+3h)-3f(x+2h)+3f(x+h)-f(x)}{h^3}\ .$$

Bei der n-ten Ableitung steht im Nenner h^n, während im Zähler die bekannten Binomialkoeffizienten mit alternierendem Vorzeichen als Faktoren auftauchen. Der erste Summand ist dort $f(x+n*h)$ und hat stets positives Vorzeichen. Die Formeln enthalten jedoch Differenzen, die bei starker Reduzierung der Schrittweite h zu Auslöschungen führen können. Daher sind sie mit Vorsicht anzuwenden.

8 Eigenwertprobleme

Bei Eigenwertproblemen geht es um die Suche nach Zahlenwerten $\lambda \in \mathbb{R}$, so dass die Matrix-Vektorgleichung $A\,x = \lambda\,x$ eine nicht triviale Lösung besitzt (zu den Bezeichnungen siehe auch Kapitel 1). Dazu formt man zunächst die Gleichung äquivalent um zu $(A - \lambda E)x = \vec{0}$, wobei wir hier den Nullvektor zur Unterscheidung von der gewöhnlichen 0 mit Vektorpfeil geschrieben haben. Diese Gleichung hat nun genau dann nichttriviale Lösungen, falls $\mathrm{Det}(A - \lambda E) = 0$. Die Funktion $\psi(\lambda) = \det(A - \lambda \cdot E)$ wird das charakteristische Polynom der Matrix A genannt. Dessen Nullstellen λ_1, λ_2, ..., λ_n heißen Eigenwerte von A.

Bei den folgenden Verfahren gehen wir davon aus, dass die Matrix A eine symmetrische Matrix ist. Bei symmetrischen Matrizen sind alle Eigenwerte reell. Liegt eine doppelte oder allgemein k-fache Nullstelle λ_j vor, so sagt man, der Eigenwert λ_j hat die algebraische Vielfachheit k. Den zu einem Eigenwert λ_j gehörenden Eigenvektor (oder die Eigenvektoren) erhält man durch Lösen des linearen Gleichungssystem $(A - \lambda_j \cdot E)x = \vec{0}$. Dabei werden die Basisvektoren des Lösungsraumes dieses linearen Gleichungssystems Eigenvektoren von λ_j genannt. Die Anzahl der Basisvektoren bzw. die Dimension des Lösungsraumes ist die geometrische Vielfachheit des Eigenraumes zum Eigenwert λ_j.

Wir wollen zunächst die Eigenwerte der folgenden (symmetrischen) Matrix A mit Mathematica bestimmen:

Remove["Global`*"]

A = {{4, 2, −1}, {2, 10, 2}, {−1, 2, 4}};

A // MatrixForm

$$\begin{pmatrix} 4 & 2 & -1 \\ 2 & 10 & 2 \\ -1 & 2 & 4 \end{pmatrix}$$

Eigenvalues[A]

```
{2, 5, 11}
```

Wie Sie sehen, sind die Eigenwerte alle positiv, womit A positiv definit ist.

Wir bestimmen das charakteristische Polynom der Matrix A:

ψ[λ_] := Det[A − λ ∗ IdentityMatrix[3]]

ψ[λ]

```
110 − 87 λ + 18 λ² − λ³
```

Die Nullstellen dieses Polynoms ergeben die Eigenwerte:
Solve[ψ[λ] == 0, λ]

$\{\{\lambda \to 2\}, \{\lambda \to 5\}, \{\lambda \to 11\}\}$

Nun bestimmen wir mit einem Mathematica-Befehl die Eigenvektoren zu den Eigenwerten von A.

EV = Eigenvectors[A]

$\{\{2, -1, 2\}, \{-1, 0, 1\}, \{1, 4, 1\}\}$

Der erste Vektor dieser Liste, wir nennen ihn x1, ist der Eigenvektor zum Eigenwert $\lambda_1 = 2$.

x1 = EV[[1]];

Sie können dies nachprüfen, denn über den sogenannten Rayleigh-Quotienten R kann man zu einem Eigenvektor den zugehörigen Eigenwert bestimmen:

$$R[x\_] := \frac{x.A.x}{x.x}$$

R [x1]

2

8.1 Abspaltung des dominanten Eigenwerts (Vektoriteration nach von Mises)

Das folgende Verfahren zur Eigenwertbestimmung ist ein indirektes Verfahren. Man beginnt dabei mit einem Startvektor $z^{(0)} \in \mathbb{R}^n \setminus \{0\}$ und verwendet die folgende triviale Iterationsvorschrift:

$$z^{(k)} = Az^{(k-1)} \text{ für } k = 1,2,...$$

Es wird vorausgesetzt, dass A diagonalähnlich ist, d.h., es existiert eine Basis des $\mathbb{R}^n$ aus Eigenvektoren von A. Das Verfahren kann man auch nach gewissen Modifizierungen bei komplexen Eigenwerten anwenden, wir beziehen uns allerdings nur auf Matrizen mit reellen Eigenwerten. Es ist nun zwischen 3 verschiedenen Fällen zu unterscheiden.

Fall 1: Es existiert ein dominanter Eigenwert λ_1 (dies sei o.B.d.A. der erste Eigenwert), d.h. $|\lambda_1| > |\lambda_j|$ für j = 2,3,...,n. Hier erhält man Näherungen für λ_1 durch den Quotienten der Komponenten $z_i^{(k)}/z_i^{(k-1)}$, wobei i beliebig aus der Menge $\{1, 2, ..., n\}$ ist. Da die Komponenten der Vektoren $z^{(k)}$ mit steigendem k immer größer werden können, ist es unter Umständen erforderlich, die $z^{(k)}$ auch nach jedem Iterationsschritt zu normieren ($z^{(k)}/\|z^{(k)}\|$). Dies muss dann aber bei der Berechnung der Näherung für den Eigenwert beachtet werden.

Fall 2: $\lambda_1 = \lambda_2 = ... = \lambda_r$ und $|\lambda_1| > |\lambda_j|$ für j = r+1, r+2, ..., n.
Das Verfahren kann wie bei Fall 1 angewandt werden.
Fall 3: $\lambda_1 = -\lambda_2$ und $|\lambda_1| = |\lambda_2| > |\lambda_j|$ für j = 3, 4, ..., n.
Hier erhält man eine Näherung für λ_1^2 durch $z_i^{(k)}/z_i^{(k-2)}$.

Man kann mit diesem Verfahren auch den betragsmäßig kleinsten Eigenwert bei regulären Matrizen bestimmen, wenn man die Matrix zuvor invertiert und dann die Iteration durchführt.

Beispiel:

A={{4,2,-1},{2,10,2},{-1,2,4}};

A//MatrixForm

$$\begin{pmatrix} 4 & 2 & -1 \\ 2 & 10 & 2 \\ -1 & 2 & 4 \end{pmatrix}$$

Die Matrix A hat 3 verschiedene reelle Eigenwerte, wie unten zu sehen ist.

Eigenvalues[A]

{2,5,11}

Eigenvectors[A]

{{2,-1,2},{-1,0,1},{1,4,1}}

Über die Funktion f legen wir die Iterationsvorschrift fest.

f[z_]:= A.z

Wir legen den Startvektor fest und führen danach mit dem "NestList"-Befehl die Iteration durch. Die Liste L enthält die Vektoren aus den jeweiligen Iterationsschritten zusammen mit dem Startwert als erstem Wert. Wir verzichten in unserem Beispiel auf eine Normierung der Vektoren, was unter Umständen bei zu großen Werten noch erforderlich wäre.

z0={1,2,1};

L=NestList[f,z0,10]

```
{{1,2,1},{7,24,7},{69,268,69},{743,2956,743},{8141,32532,8141},
{89487,357884,89487},{984229,3936788,984229},{10826263,43304796,10
826263},{119088381,476353012,119088381},{1309971167,5239883644,130
9971167},{14409680789,57638721108,14409680789}}
```

Wir teilen die Komponenten des Vektors aus dem letzten Iterationsschritt durch die Komponenten aus dem vorletzten Iterationsschritt und erhalten eine Näherung für den dominanten Eigenwert:

L[[11]]/L[[10]]//N

{11.,11.,11.}

8.2 Jacobi-Verfahren zur Eigenwertbestimmung

Das Jacobi-Verfahren kann allgemein bei symmetrischen Matrizen A angewendet werden. Hinter
dem Jacobi-Verfahren steckt die Idee, dass man jede symmetrische Matrix A mit einer orthogonalen
Matrix T auf Diagonalgestalt transformieren kann: $T^{-1} A T = D$. Dabei enthält die Diagonalmatrix
D die Eigenwerte von A in der Diagonalen. Ist T orthogonal, so gilt $T^t A T = D$. Eine solche Ortho-
gonalmatrix beschreibt eine Drehung. Im Fall n=2, das heißt, daß T bzw. A (2×2)- Matrizen sind,
kann T wie folgt dargestellt werden:

$$T = \begin{pmatrix} \cos\varphi & -\sin\varphi \\ \sin\varphi & \cos\varphi \end{pmatrix}.$$

Nun ist nur der Winkel $\varphi \in [0,2\pi)$ unbekannt. Dieser muß derart bestimmt werden, dass gilt:

$$T^t A T = \begin{pmatrix} \cos\varphi & \sin\varphi \\ -\sin\varphi & \cos\varphi \end{pmatrix} \begin{pmatrix} a_{11} & a_{12} \\ a_{21} & a_{22} \end{pmatrix} \begin{pmatrix} \cos\varphi & -\sin\varphi \\ \sin\varphi & \cos\varphi \end{pmatrix} = \begin{pmatrix} \lambda_1 & 0 \\ 0 & \lambda_2 \end{pmatrix}.$$

Man erhält nun 4 Gleichungen für φ, wobei zwei dieser 4 Gleichungen noch die unbekannten Eigenwerte enthalten. Zur Bestimmung von φ genügt es aber, eine der zwei Gleichungen zu verwenden, die auf der rechten Seite eine Null haben. Daraus folgt:

$$\varphi = \begin{cases} 1/2 \arctan\left(\dfrac{2a_{12}}{a_{11} - a_{22}} \right) & \text{für } a_{11} \neq a_{22}, \\ \pm\pi/4 & \text{für } a_{11} = a_{22}. \end{cases}$$

Im Fall n>2 muss iterativ die Lösung bestimmt werden. Dazu verwendet man die Matrizen:

$$T_k = \begin{pmatrix} 1 & 0 & \ldots & 0 & 0 & \ldots & \ldots & 0 \\ 0 & 1 & & & & & \ldots & \\ \ldots & \ldots & & & & & \ldots & \\ 0 & & \cos\varphi_k & \ldots & -\sin\varphi_k & & 0 \\ 0 & & \ldots & 1 & \ldots & & 0 \\ \ldots & & \sin\varphi_k & \ldots & \cos\varphi_k & \ldots & \ldots \\ \ldots & & & & \ldots & 1 & 0 \\ 0 & \ldots & \ldots & 0 & 0 & \ldots & 0 & .. \end{pmatrix} \begin{matrix} \\ \\ \\ r-\text{te Zeile} \\ \\ s-\text{te Zeile} \\ \\ \end{matrix}$$

$$\text{r-te Spalte} \quad \text{s-te Spalte}$$

Man beginnt mit $A_0 = A$ und erhält $A_k = T_k^t A_{k-1} T_k$ mit k = 1,2,... Dabei ist es das Ziel, auf den Ne-
bendiagonalen von A_k Nullen zu erzeugen. Dazu bestimmt man r und s so, dass $|a_{rs}^{(k-1)}| \geq |a_{ij}^{(k-1)}|$ für
i < j. Eventuell gibt es mehrere Paare (r,s), die diese Bedingung erfüllen, dann kann ein beliebiges
gewählt werden.

$$\varphi_k = \begin{cases} 1/2 \arctan\left(\dfrac{2a_{rs}^{(k-1)}}{a_{rr}^{(k-1)} - a_{ss}^{(k-1)}}\right) & \text{für } a_{rr}^{(k-1)} \neq a_{ss}^{(k-1)}, \\ \pm\pi/4 & \text{für } a_{rr}^{(k-1)} = a_{ss}^{(k-1)}. \end{cases}$$

Es gilt $\displaystyle\lim_{k\to\infty}\prod_{j=1}^{k} T_j = T$ und $\displaystyle\lim_{k\to\infty} A_k = D$.

Somit erhält man die Eigenwerte und Eigenvektoren bzw. Näherungen dafür. Man bricht die Iteration ab, wenn die betragsmaximalen Elemente von A_k, die nicht auf der Hauptdiagonalen liegen, betragsmäßig kleiner als ein bestimmter Wert sind.

Beispiel:
Wir verwenden die Matrix A aus dem vorhergehenden Beispiel:

n = Length[A]

3

Zunächst führen wir einen Iterationschritt durch, indem wir die hierzu nötigen Befehlszeilen einzeln ausführen, um die Vorgehensweise in Mathematica zu verdeutlichen. Danach verwenden wir die Befehle in einem Modul, mit dem wir automatisch einen ganzen Iterationsschritt ausführen können. Die Einheitsmatrix nennen wir EM, da E für die Eulersche Zahl in Mathematica reserviert ist.

EM = IdentityMatrix[n];

EM // MatrixForm

$$\begin{pmatrix} 1 & 0 & 0 \\ 0 & 1 & 0 \\ 0 & 0 & 1 \end{pmatrix}$$

Nun wird eine Matrix H erzeugt, die nur die Nichtdiagonalelemente von A enthält. Hier suchen wir das betragsmäßig größte Element und nennen es in Mathematica „m":

E1 = Table[1, {n}, {n}];

E1 // MatrixForm

$$\begin{pmatrix} 1 & 1 & 1 \\ 1 & 1 & 1 \\ 1 & 1 & 1 \end{pmatrix}$$

H = Abs[A* (E1 − EM)];

H // MatrixForm

$$\begin{pmatrix} 0 & 2 & 1 \\ 2 & 0 & 2 \\ 1 & 2 & 0 \end{pmatrix}$$

m = Max[H]

2

Im nächsten Schritt wird die Position dieses Elements bestimmt. Danach bestimmen wir den Winkel φ und mit diesem die Matrix T_1:

Do[{If[Abs[A][[i, j]] == m, {r = i, s = j}, {}]}, {j, 1, n − 1}, {i, j + 1, n}]

{r, s}

{3, 2}

$$\varphi = 1/2\,\text{ArcTan}\Big[\,\frac{2\,A[[r,\,s]]}{A[[r,\,r]] - A[[s,\,s]]}\,\Big];$$

T = EM; T[[r, r]] = Cos[φ]; T[[s, s]] = Cos[φ]; T[[s, r]] = Sin[φ];
T[[r, s]] = − Sin[φ];

T // N // MatrixForm

$$\begin{pmatrix} 1. & 0. & 0. \\ 0. & 0.957092 & -0.289784 \\ 0. & 0.289784 & 0.957092 \end{pmatrix}$$

Nun berechnen wir die Matrix $A_1=T^tA_0T$ als Ergebnis des ersten Iterationsschritts:

Transpose[T].A.T // N // MatrixForm

$$\begin{pmatrix} 4. & 1.6244 & -1.53666 \\ 1.6244 & 10.6056 & 1.33227 \times 10^{-15} \\ -1.53666 & 3.33067 \times 10^{-16} & 3.39445 \end{pmatrix}$$

Unten sehen Sie den Modul, mit dem ein kompletter Iterationschritt durchgeführt werden kann.

J[A_] := Module[{r, s, φ, T},

    Do[If[Abs[A][[i, j]] == Max[Abs[A ∗ (E1 − EM)]], {r = i, s = j}, {}], {j, 1, n − 1}, {i, j + 1, n}];

    $\varphi = \text{If}\Big[A[[r, r]] == A[[s, s]], \pi /4, 1/2\,\text{ArcTan}\Big[\frac{2A[[r, s]]}{A[[r, r]] - A[[s, s]]}\Big]\Big];$

    T = EM; T[[r, r]] = Cos[φ]; T[[s, s]] = Cos[φ]; T[[s, r]] = Sin[φ]; T[[r, s]] = −Sin[φ];

    Transpose[T].A.T]

Wir führen nun mehrere Iterationsschritte durch und definieren $A_0 := A$:

Ai[0] = A // N; i = 0;
Ai[0] // MatrixForm

$$\begin{pmatrix} 4. & 2. & -1. \\ 2. & 10. & 2. \\ -1. & 2. & 4. \end{pmatrix}$$

Die Iteration wird so lange durchgeführt, bis alle Nichtdiagonalelemente betragsmäßig kleiner-gleich 10^{-5} sind:

While[And[Chop[Max[Abs[Ai[i] * (E1 – EM)]]] > 10^{-5}, i ≤ 10], {Ai[i + 1] = Chop[J[Ai[i]]], i = i + 1}]

Um zu prüfen, wie viele Iterationsschritte durchgeführt wurden, lassen wir uns i ausgeben:

i

2

Die Matrix A_k aus dem letzten Iterationsschritt lassen wir uns nun ausgeben. Auf der Hauptdiagonalen sehen Sie Näherungen für die Eigenwerte. Bei der verwendeten Genauigkeit werden in unserem Beispiel jedoch schon die gesuchten Eigenwerte angezeigt.

Ai[i] // MatrixForm

$$\begin{pmatrix} 5. & 5.94183 \times 10^{-7} & 0 \\ 5.94183 \times 10^{-7} & 11. & 0 \\ 0 & 0 & 2. \end{pmatrix}$$

Bemerkung: Eine weitere Variante ist das zyklische Jacobi-Verfahren. Bei dieser Variante werden nun nicht die betragsmäßig größten Nichtdiagonalelemente ausgewählt, sondern es wird jeweils in einem Zyklus jedes Nichtdiagonalelement ausgewählt (entweder aus den oberen oder aus der unteren Dreiecksmatrix, da die Matrix symmetrisch ist). Dieser Zyklus wird dann öfter wiederholt, bis die Nichtdiagonalelemente kleiner(-gleich) einer oberen Schranke sind.

8.3 Berechnung von Eigenwerten über die L-R- und Q-R-Zerlegung

Beim L-R-Verfahren werden Matrizen L und R bestimmt, für die gilt A = LR und

$$L = \begin{pmatrix} 1 & 0 & \dots & 0 \\ l_{21} & \dots & \dots & \dots \\ . & . & 1 & 0 \\ l_{n1} & . & l_{n,n-1} & 1 \end{pmatrix} \quad \text{und } R = \begin{pmatrix} 1 & r_{12} & \dots & r_{1n} \\ 0 & \dots & \dots & \dots \\ . & . & 1 & r_{n-1,n} \\ 0 & . & 0 & 1 \end{pmatrix}$$

Zur Berechnung der Matrizen L und R sind n^2 Unbekannte zu bestimmen über $a_{ij} = \sum_{s=1}^{\min\{i,j\}} l_{is} r_{sj}$. Hat

man die Matrizen L und R bestimmt, so kann man den ersten Iterationsschritt durchführen: $A_1 = RL$.
Es muß nun bei jedem Iterationsschritt die L-R-Zerlegung durchgeführt werden. Aus diesem Grund
bezeichen wir die Matrix A mit A_0 und L mit L_0 bzw R mit R_0.
Die Iteration wird dann fortgesetzt nach der Vorschrift $A_k = R_{k-1} L_{k-1}$, wobei L_{k-1} und R_{k-1} über $A_{k-1} = L_{k-1} R_{k-1}$ bestimmt werden (k = 1,2,...).

$$\text{Dabei gilt } \lim_{k \to \infty} L_k = E \text{ und } \lim_{k \to \infty} R_k = \lim_{k \to \infty} A_k = \begin{pmatrix} \lambda_1 & * & \dots & \dots & * \\ 0 & \lambda_2 & \dots & \dots & \dots \\ \dots & \dots & \dots & \dots & \dots \\ \dots & \dots & \dots & \dots & * \\ \dots & \dots & \dots & 0 & \lambda_n \end{pmatrix}.$$

Beim Q-R-Verfahren werden Matrizen Q und R bestimmt, für die gilt A = QR und Q ist orthogonal

$$\text{(unitär, d.h. } Q^t = Q^{-1} \text{) und } R = \begin{pmatrix} 1 & r_{12} & \dots & r_{1n} \\ 0 & \dots & \dots & \dots \\ . & . & 1 & r_{n-1,n} \\ 0 & . & 0 & 1 \end{pmatrix}$$

Die Q-R-Zerlegung existiert immer, ist aber nicht immer eindeutig. Die Iteration läuft hier analog
wie oben beschrieben: $A_k = R_{k-1} Q_{k-1}$, wobei Q_{k-1} und R_{k-1} über $A_{k-1} = Q_{k-1} R_{k-1}$ bestimmt werden (k = 1,2,...).

$$\text{Dabei gilt } \lim_{k \to \infty} Q_k = E \text{ und } \lim_{k \to \infty} R_k = \begin{pmatrix} \lambda_1 & * & \dots & \dots & * \\ 0 & \lambda_2 & \dots & \dots & \dots \\ \dots & \dots & \dots & \dots & \dots \\ \dots & \dots & \dots & \dots & * \\ \dots & \dots & \dots & 0 & \lambda_n \end{pmatrix}.$$

Im folgenden Beispiel verwenden wir die Q-R-Zerlegung für die Iteration:

A = {{4, 2, −1}, {2, 10, 2}, {−1, 2, 4}};

A // MatrixForm

$$\begin{pmatrix} 4 & 2 & -1 \\ 2 & 10 & 2 \\ -1 & 2 & 4 \end{pmatrix}$$

Wir führen zunächst einen Iterationschritt durch:

{Q, R} = QRDecomposition[A];

Map[MatrixForm, {Q, R}]

$$\left\{ \begin{pmatrix} \dfrac{4}{\sqrt{21}} & \dfrac{2}{\sqrt{21}} & -\dfrac{1}{\sqrt{21}} \\ -\dfrac{31}{\sqrt{8358}} & \dfrac{79}{\sqrt{8358}} & 17\sqrt{\dfrac{2}{4179}} \\ \dfrac{7}{\sqrt{398}} & -\dfrac{5}{\sqrt{398}} & 9\sqrt{\dfrac{2}{199}} \end{pmatrix}, \begin{pmatrix} \sqrt{21} & \dfrac{26}{\sqrt{21}} & -\dfrac{4}{\sqrt{21}} \\ 0 & 2\sqrt{\dfrac{398}{21}} & \dfrac{325}{\sqrt{8358}} \\ 0 & 0 & \dfrac{55}{\sqrt{398}} \end{pmatrix} \right\}$$

Die Matrix Q ist orthogonal:

Transpose[Q].Q

{{1, 0, 0}, {0, 1, 0}, {0, 0, 1}}

Transpose[Q].R //Simplify

{{4, 2, −1}, {2, 10, 2}, {−1, 2, 4}}

Ak[0] := A // N

QRDecomposition[Ak[0]][[2]].Transpose[QRDecomposition[Ak[0]][[1]]]

{{6.66667, 3.02424, −0.601605}, {3.02424, 8.8459, 1.0253}, {−0.601605, 1.0253, 2.48744}}

Wir definieren nun allgemein die Rekursionsformel und führen dann 15 Iterationen durch:

Ak[i_] := Ak[i] = QRDecomposition[Ak[i − 1]][[2]].Transpose[QRDecomposition[Ak[i − 1]][[1]]]

Chop[Ak[15]] // MatrixForm

$$\begin{pmatrix} 11. & 0.000131502 & 0 \\ 0.000131502 & 5. & 3.41663 \times 10^{-6} \\ 0 & 3.41663 \times 10^{-6} & 2. \end{pmatrix}$$

Unten sind die Eigenwerte von A zu sehen:

Eigenvalues[A]

{2, 5, 11}

Ah = A // N;

Nun führen wir beispielsweise 40 Schritte durch und lassen uns A_{40} ausgeben:

n = 40;

Table[{{Q, R} = QRDecomposition[Ah], Ah = R.Transpose[Q]}, {n}];

Ah // MatrixForm

$$\begin{pmatrix} 11. & 3.61334 \times 10^{-13} & 1.25198 \times 10^{-15} \\ 3.61714 \times 10^{-13} & 5. & 6.88996 \times 10^{-16} \\ -1.54604 \times 10^{-29} & 3.84678 \times 10^{-16} & 2. \end{pmatrix}$$

Wie Sie sehen, sind jetzt die Nichtdiagonalelemente sehr klein. Mit der „Chop"-Anweisung kann man sie eliminieren:

Ah // Chop // MatrixForm

$$\begin{pmatrix} 11. & 0 & 0 \\ 0 & 5. & 0 \\ 0 & 0 & 2. \end{pmatrix}$$

9 Differentialgleichungen

In diesem Kapitel beschäftigen wir uns mit der Numerik gewöhnlicher Differentialgleichungen (DGL), das heißt mit der rechnerischen Bestimmung von Näherungslösungen. Viele Differentialgleichungen können nicht analytisch (exakt) gelöst werden, und man ist oft auf numerische Lösungen angewiesen. Die wichtigsten Methoden zum Auffinden exakter Lösungen gewöhnlicher Differentialgleichungen mit Hilfe von Mathematica werden von uns ausführlich in unserem Buch „Mathematik mit Mathematica" (siehe Literaturverzeichnis) beschrieben. Dort finden diejenigen Leserinnen und Leser, die die grundlegenden Begriffe aus der Theorie der Differentialgleichungen noch nicht kennen, eine elementare Einführung. Wir beginnen hier mit den numerischen Aspekten einer Lösungsfindung.

9.1 Euler-Verfahren

Das erste numerische Verfahren zur Lösung von Differentialgleichungen der Form $y'(x)=f(x,y(x))$, welches wir selbst programmieren wollen, ist das sogenannte Eulersche Polygonzugverfahren. Dieses Verfahren ist heute nur noch aus Gründen der Anschaulichkeit und der historischen Entwicklung von Interesse. Es wird für die Praxis fast nicht mehr eingesetzt.

Hinweis: Das Euler-Verfahren, wie auch die anderen später erläuterten Verfahren zur numerischen Lösung von Differentialgleichungen, wird von uns zeilenweise erklärt. In der Lernphase empfiehlt es sich, diese Zeilen Schritt für Schritt durchzugehen und zu testen. Sie finden aber auch jeweils im Anschluß an die einzelnen Abschnitte ein komplettes „Listing" zu den wichtigsten Verfahren. Dieses dient der Übersicht und ist für ein späteres Nachschlagen der Programme recht nützlich.

Als Beispiel soll ein sogenanntes Anfangswertproblem (AWP) für die einfache Differentialgleichung $y'(x)=f(x,y(x))=y(x)$ numerisch gelöst werden. Wir können die numerische Lösung dann leicht mit der bekannten exakten Lösung vergleichen. Wir formulieren unsere Aufgabenstellung bezüglich dieses Beispiels: Gegeben sei die DGL $y'(x)= y(x)$ mit den Anfangsbedingungen $x_0=0$ und $y(x_0)=y_0=1$. Gesucht ist der Funktionswert von $y(x)$ an der Stelle $x=3$.

Unser Ziel ist es, sogar noch weitergehend, die durch den vorgegebenen Startpunkt (x_0,y_0) verlaufende „Lösungskurve" auf geeignete Weise numerisch zu bestimmen und darzustellen. Den Wert der numerischen Lösung $y(x)$ wollen wir an der Stelle $x=3$ berechnen und ausgeben. Über die Anforderung an die Genauigkeit der Lösung haben wir hier noch keine Angaben gemacht.

Hinweis: In der Literatur findet man häufig folgende Bezeichnungsweisen für die exakte bzw. für die numerische Lösung: $y(x)$ bzw. $\tilde{y}(x)$. Will man zwischen exakter und numerischer Lösung in „Stützstellen" x_i unterscheiden, so scheibt man häufig bei der exakten Lösung $y(x_i)$ und bei der numerischen Näherungslösung y_i.

Die exakte Lösungskurve, die zu den gewählten Startwerten gehört, sieht für unser Beispiel folgendermaßen aus:

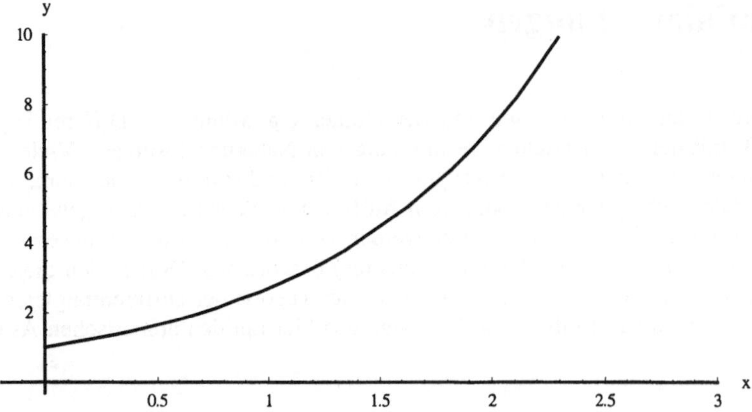

Die exakte Lösung kann man mit der Mathematica-Anweisung „DSolve" bestimmen. Wir zeigen dazu später noch Beispiele.

Bei der Berechnung der numerischen Lösung eines AWP für die Differentialgleichung y'=f(x,y) wird vom Startwert $P=(x_0,y_0)$ ausgegangen. Durch diesen Punkt soll, wegen der Vorgaben im AWP, die Lösungskurve verlaufen. Wir versuchen die Lösungskurve durch ein kurzes Tangentenstück in (x_0,y_0) anzunähern. Dabei gehen wir dann ein kleines Stück, mit einer noch festzulegenden Schrittweite h, auf der Tangente entlang, bis zur Stelle $x_1=x_0+h$. Der an dieser Stelle mit Hilfe der gegebenen Differentialgleichung berechnete Wert der numerischen Näherungslösung sei mit y_1 bezeichnet. Anhand der nächsten Grafik und der zugehörigen Berechnung sehen Sie, wie man y_1 bestimmen kann:

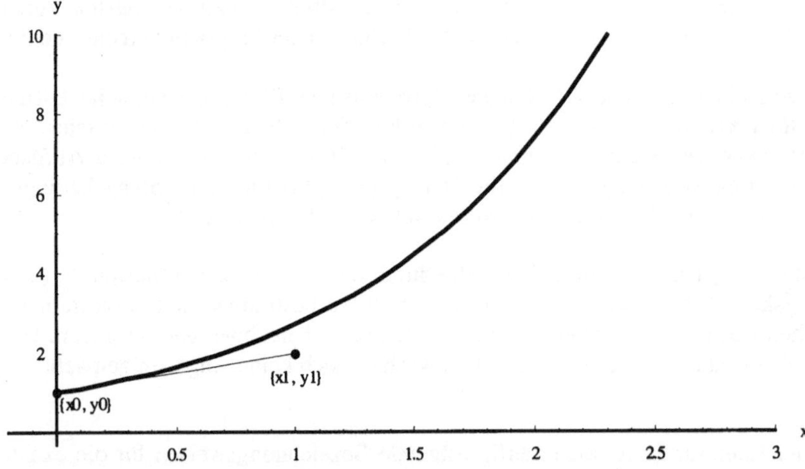

Man erhält y_1 für einen einzigen Schritt mit der Schrittweite h nach folgender Formel:

$y_1=y_0+h{\cdot}f(x_0,y_0)$. Dahinter steckt nur die geometrische Interpretation der Tangentengleichung in (x_0,y_0), die wegen der Punkt-Richtungsform einer Geraden folgende Form hat: $y-y_0=y'(x_0){\cdot}(x-x_0)$. Nun ist der Anstieg der Tangente an der Stelle x_0 wegen der DGL gleich $y'(x_0)=f(x_0,y_0)$. Mit $h=x_1-x_0$ erhalten wir die oben genannte Formel als Näherung y_1 für die (meist unbekannte) exakte Lösung $y(x_1)$ der DGL an der Stelle x_1.

Wir wiederholen das Verfahren in einem neuen Schritt der Schrittweite h, indem wir nun vom eben berechneten Punkt (x_1,y_1) ausgehen.

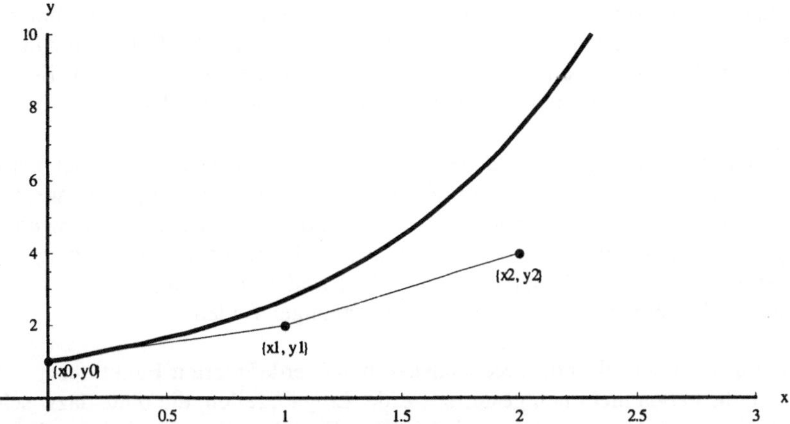

Wir erhalten bei wiederholtem Anwenden des Verfahrens einen Polygonzug, der - wie wir hoffen - für genügend kleine Werte von h nur ganz geringfügig von der exakten Lösungskurve abweicht. Oben wurde aus Gründen der Sichtbarkeit in der Grafik eine relativ große Schrittweite von h=1 gewählt, eine deutliche Abweichung von der exakten Lösung ist also kein Wunder. Für h=0.1 beispielsweise hätten wir folgende Punkte berechnet (die Tangentenstücke sind in der Grafik weggelassen):

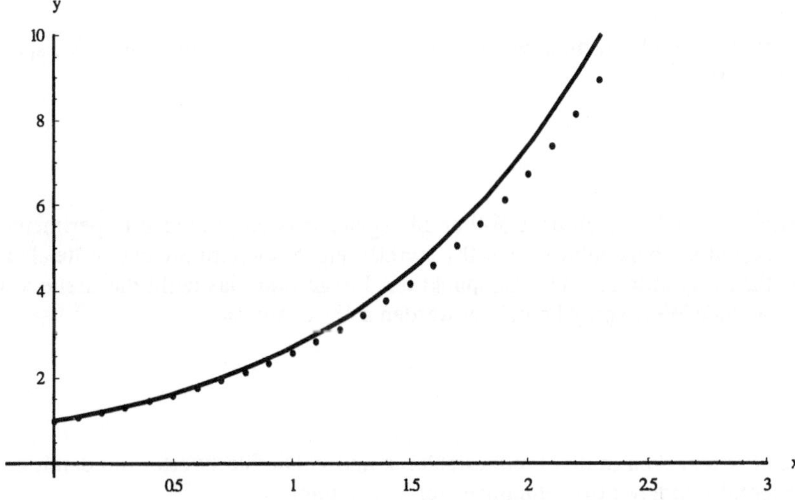

Wir sehen, die Annäherung wird besser. Dazu aber später mehr. Wir fassen den Algorithmus zusammen:

<u>AWP mit Euler:</u>
Startwerte x_0, y_0 für die DGL $y'=f(x,y)$ werden vorgegeben, ebenso die Schrittweite h und der Endpunkt der Integration x_{end}.
Schleife für i=0,1,... :
$$y_{i+1} = y_i + h \cdot f(x_i, y_i)$$
$$x_{i+1} = x_i + h$$
bis $x_{i+1} = x_{end}$.

Nun soll das numerische Anfangswertproblem mit Mathematica gelöst werden, und zwar sowohl mit dem Euler-Verfahren als auch mit der Mathematica-Anweisung „NDSolve", die ihrerseits „ausgefeilte" numerische Verfahren beinhaltet (Runge-Kutta und Adams bzw. Gear). Beide Lösungen wollen wir zusammen mit der exakten Lösung (gefunden mit „Dsolve") darstellen.

Wir programmieren zuerst eine ganz einfache Version des Euler-Verfahrens. Es sei hier bereits darauf hingewiesen, dass dabei noch keine speziellen Problemlösungen aufgezeigt werden, wie beispielsweise das exakte „Treffen" des Endpunkts der Integration bei beliebig vorgegebener Schrittweite h>0, der Wahl geeigneter Schrittweiten, das „Rückwärtsrechnen" in Richtung der negativen x-Achse usw. Hinweis: Wer dies benötigt, kann in dem weiter unten aufgeführten kompletten Listing einer etwas komfortableren Version geeignete Anregungen finden.

Zuerst werden zur Vorsicht alle noch vorhandenen benutzerdefinierten Funktionen und Variablen gelöscht, falls Mathematica nicht neu gestartet wurde. Eingabezeilen, die ohne dazwischenliegende Leerzeile im Buch stehen, können auch in eine einzige Eingabezelle von Mathematica geschrieben werden.

Remove["Global`*"]

Wir legen die zu lösende Differentialgleichung fest (hier y'=f(x,y)=y):

f[x_, y_] := y

Als Anfangswerte für x und y wählen wir zum Beispiel 0 und 1 (hiermit können Sie später ausführlich experimentieren):

x0 = 0;
y0 = 1;

Die Schrittweite sei h=0.25. Auch dazu sollten Sie später unbedingt eigene Experimente durchführen. (Hinweis: Testen Sie beispielsweise h=0.1, h=0.01, etc. Speichern Sie aber bitte als vorsichtiger Mensch zuvor Ihr Programm ab). Der Endpunkt der Integration, das heißt die Stelle x, an welcher der uns interessierende Wert von y berechnet werden soll, sei xend=3.

h = 0.25;
xend = 3;

Die Startwerte überträgt man in den Laufvariablen x und y. Die Startwerte sind damit gesichert und stehen gegebenenfalls anderen Berechnungen zur Verfügung.

x = x0;
y = y0;

Die Liste aller Werte, die berechnet werden, nennen wir L und initialisieren diese mit den Startwerten:

L = {{x0, y0}};

Nun folgt die eigentliche Schleife des Euler-Verfahrens. Von den zahlreichen Möglichkeiten für Schleifen soll hier die „While"-Schleife verwendet werden, die auch von anderen Progammiersprachen unterstützt wird. Diese führt hier, solange x<xend ist, folgende Operationen aus: die Berech-

nung von y nach der Formel von Euler, die Berechnung des nächsten x-Wertes und die Übergabe der berechneten Werte in die Liste L.

Hinweis: Wählt man hier Zählschleifen („For"-Schleifen) oder die „Table"-, „Do"- bzw. „Nest-List"-Anweisung, so muß von vornherein feststehen, wie oft die Schleife durchlaufen werden soll. Dies ist in vielen gängigen Büchern über Numerik so realisiert. Leider ist dieser Fall in der Praxis durchaus nicht immer so gegeben. Vielmehr stellt sich das Problem, dass man eigentlich mit einer bestimmten Schrittweite rechnen möchte, und zwar so lange, bis das Programm selbst erkennt, dass der Endpunkt der Integration erreicht ist. Gelegentlich ist eine Korrektur der Schrittweite im letzten Schritt nötig, falls der Endpunkt mit dieser Schrittweite nicht zu treffen ist. Vergleichen Sie dies mit den später durchgeführten Berechnungen der Bahn eines Raumfahrzeugs oder Kometen. Wir wählen also die While-Schleife. Dass auch diese wegen der rechnerinternen Darstellung von Zahlen nicht ohne Probleme ist, können Sie an folgendem Beispiel testen (aber bitte erst, wenn unser aktuelles DGL-Programm beendet ist):

x=0; h=0.25 ; (teste h=0.1 und h=0.25 *)   While [x<=3.5,{Print[x],x=x+h}]*

Dieses Problem bei Verwendung unterschiedlicher Schrittweiten tritt nicht nur in Mathematica auf, sondern auch in anderen Programmiersprachen. Überlegen Sie sich den Grund! Wie man diese Probleme löst, werden wir in den später folgenden Programmen sehen. Zunächst geht es uns aus Gründen der Übersichtlichkeit nur um ein möglichst einfaches Programm. Beachten Sie bitte: Da bei „While"-Schleifen das Abbruchkriterium schon zu Beginn der Schleife überprüft wird, ist hier x<xend als Kriterium erforderlich:

While[x < xend, {   y = y + h*f[x, y];   x = x + h;   AppendTo[L, {x, y}];   }   ]

Wenn Sie möchten, können Sie die Liste der berechneten Punkte ausgeben, falls diese nicht zu groß wird (das hängt von h ab):

L   (* Liste falls gewünscht ausgeben *)

```
{{0, 1}, {0.25 , 1.25 }, {0.5 , 1.5625 }, {0.75 , 1.95313 }, {1. , 2.44141 },
 {1.25 , 3.05176 }, {1.5 , 3.8147 }, {1.75 , 4.76837 }, {2. , 5.96046 },
 {2.25 , 7.45058 }, {2.5 , 9.31323 }, {2.75 , 11.6415 }, {3. , 14.5519 }}
```

Das erste Wertepaar {0,1} in der Liste ist unser Startwert, das letzte Wertepaar in dieser Liste ist die gesuchte Lösung {x,y}={3, 14.5519} an der Stelle x=xend=3. (Hinweis: Wegen der genannten Schleifenproblematik und der Schrittweitenwahl sollten Sie bei eigenen Berechnungen stets überprüfen, ob der Endpunkt erreicht wurde, da wir bisher noch keinerlei geeignete Kontrollmechanismen hierfür programmiert haben.)

Graf1 = ListPlot[L];   (* Grafik *)

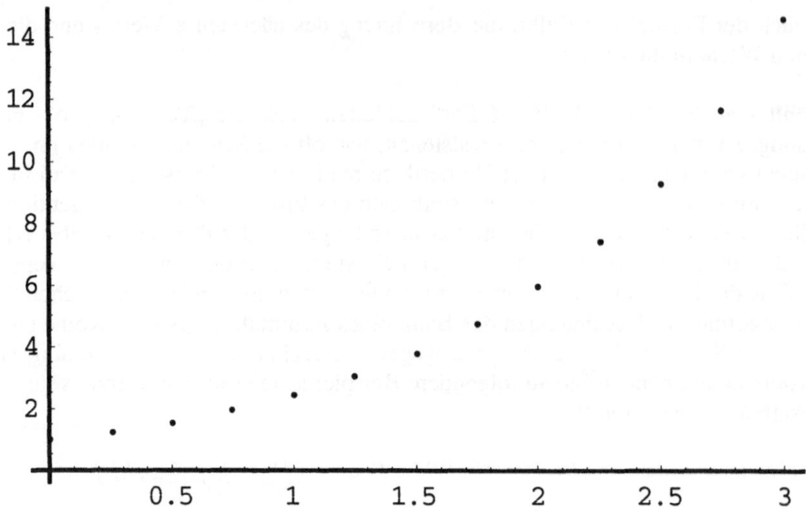

Für einen ersten Vergleich berechnen wir die exakte Lösung des AWP mit „DSolve" im selben Bereich zwischen x=0 und xend=3. Hier steht nach der Differentialgleichung die Anfangsbedingung in der geschweiften Klammer der „DSolve"-Anweisung:

Remove[x, y]

f[x_, y_] := y[x]

awp = DSolve[{y'[x] == f[x, y], y[0] == 1}, y[x], x] // Flatten

$\{y[x] \to e^x\}$

Man kann die Lösung aus der Klammer dieser sogenannten Regelliste „herausziehen" und an y[x] übergeben:

y[x_] = y[x] /. awp

e^x

Wir plotten die exakte Lösung mit einer gestrichelten Linie (auf dem Bildschirm in blauer Farbe).

Graf2 = Plot[y[x], {x, 0, xend}, PlotRange -> {{0,3},
**   {0, 15}}, PlotStyle -> {Dashing[{0.02, 0.02}],**
**   RGBColor[0, 0, 1], Thickness[0.005]}];**

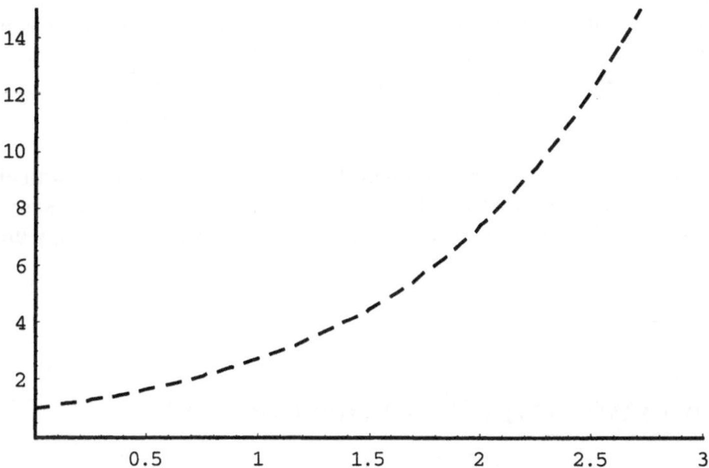

Dann werden beide Lösungskurven gemeinsam dargestellt:

Show[Graf1, Graf2, DisplayFunction -> $DisplayFunction];

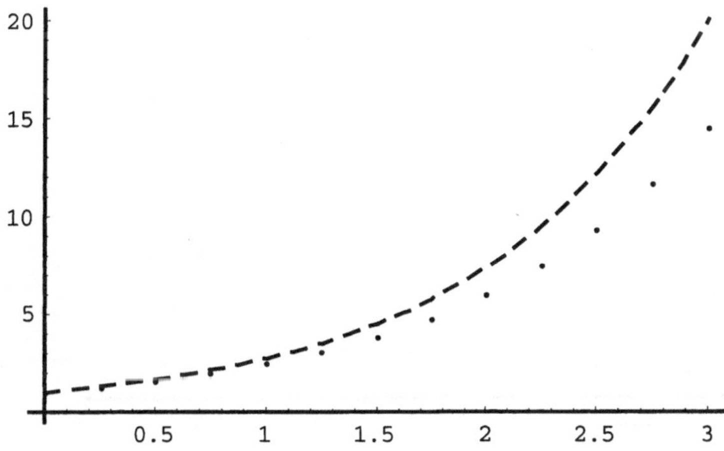

Wenn Sie bis hierher gelangt sind, können Sie nun versuchen, mit der Schrittweite h zu experimentieren. Da jedoch in der oben programmierten „While"-Schleife nach einem Programmdurchlauf die Variablen verändert wurden, sollten Sie nach Veränderung der Schrittweite h das komplette Programm neu ausführen. Dies können Sie in Mathematica einfach über die Menüpunkte „Kernel", „Evaluation" und dann „Evaluate Notebook". In Ihren Rechenergebnissen sollten Sie beobachten, wie viele Nachkommastellen sich in Abhängigkeit von der Schrittweite „stabilisieren", d.h. bei weiteren Rechnungen mit kleinerer Schrittweite nicht mehr verändert werden.

Als nächstes berechnen wir die <u>numerische</u> Lösung des AWP mit der Mathematica-Anweisung „NDSolve". Hier ist uns zunächst nicht bekannt, welches numerische Verfahren Mathematica verwendet und mit welcher Schrittweite hier gerechnet wird (auf die Steuerung des von Mathematica verwendeten Verfahrens kommen wir noch zu sprechen). Daher kann man nicht erwarten, dass wir hier mit unserem einfachen Euler-Verfahren in vergleichbaren Zeiten (das ist schrittweitenabhängig) auch nur annähernd diese Genauigkeit erreichen können, wie sie in einem guten Verfahren in einem ausgereiften Programmpaket erzielt wird. Trotzdem ist unser Verfahren nicht umsonst programmiert, denn mit ihm lassen sich viele Eigenschaften der sogenannten Einschrittverfahren demonstrieren. Einschrittverfahren sind solche Verfahren, die zur Berechnung eines neuen Integrationsschrittes nur die verfügbare Information des einen jeweils gerade berechneten Schrittes benutzen. Im Gegensatz dazu benutzen Mehrschrittverfahren auch die Informationen aus mehreren schon zuvor berechneten Schritten, um damit zu einem neuen Wert zu gelangen.

Die „NDSolve"-Anweisung von Mathematica liefert die Lösung zunächst in Form einer „InterpolatingFunction", die man auswerten („evaluieren") und dann grafisch darstellen kann. In der folgenden „Remove"-Anweisung löschen Sie bitte nicht alle Variablen, sondern nur x, y und f:

Remove[x, y, f]

f[x_, y_] := y[x]

numloes = NDSolve[{y'[x] == f[x, y], y[0] == 1}, y[x], {x, 0, xend}]

```
{{y[x] → InterpolatingFunction   [{{0., 3.}}, <>][x]}}
```

Graf3 = Plot[Evaluate[y[x] /. numloes], {x, 0, xend},
    PlotStyle -> RGBColor[1, 0, 0]];

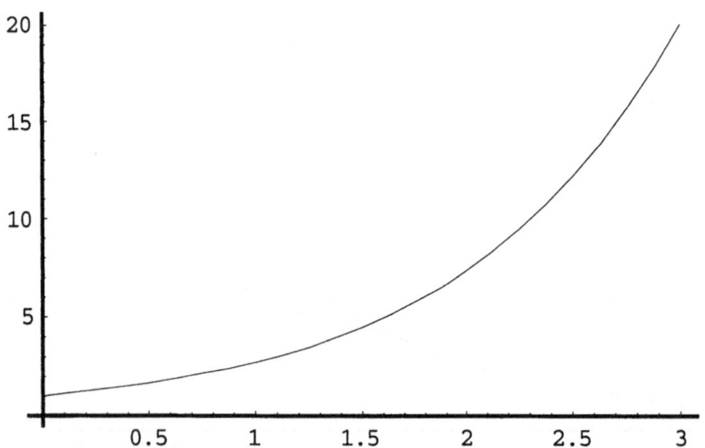

Das folgende Bild vereinigt die Darstellung der drei zuvor berechneten Kurven. Wie Sie sehen, weicht die von Mathematica mit „NDSolve" im gezeigten Bereich errechnete Lösung nicht erkennbar von der exakten Lösung ab, während für unser Verfahren bei h=0.1 eine deutliche Abweichung auftritt. Haben Sie ein kleineres h getestet ?

Show[Graf1, Graf2, Graf3];

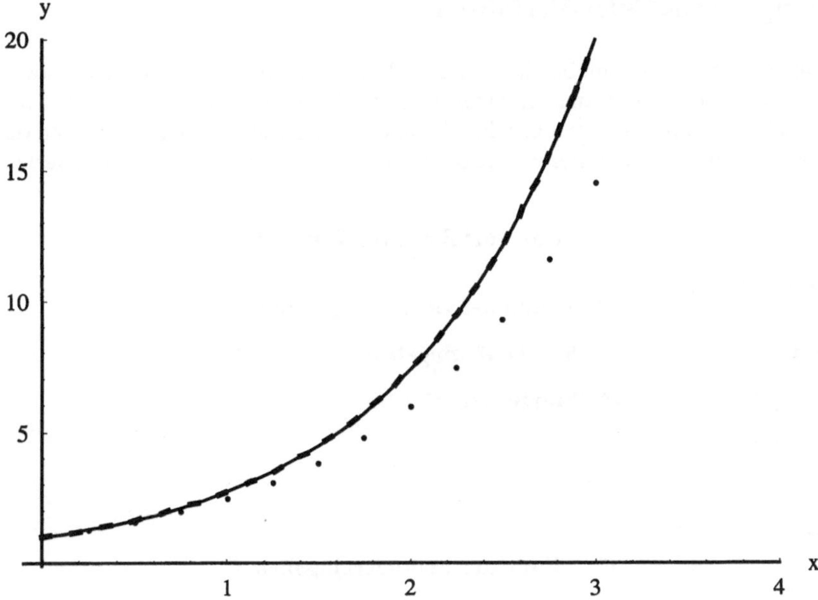

Die Abweichung von der exakten Lösungskurve, welche hier konvex ist, verläuft in diesem Fall stets „unterhalb" der exakten Lösung. Das ist auch zu erwarten, wenn man bedenkt, dass wir bei jedem Rechenschritt jeweils (näherungsweise) tangential zur Kurve vorgehen. Daher sind die von uns berechneten Näherungswerte in diesem Beispiel stets zu klein. Bei anderen Verfahren, die wir noch kennenlernen, werden deshalb Korrekturterme zur Berechnung der Tangentensteigung hinzugefügt.

Für die Leserinnen und Leser, die mit dem Euler-Verfahren experimentieren möchten, haben wir nun im folgenden Listing eine etwas verfeinerte Version zusammengestellt, von der wir im Anschluß noch die wichtigsten Ideen besprechen wollen. Hier zunächst das vollständige Programm (ohne einzelnen Output und mit Kommentaren):

9.1.1 Listing für das Euler-Verfahren

Hinweis: Bei dieser Programmübersicht empfiehlt es sich, diejenigen Befehlszeilen, die durch Leerzeilen getrennt sind, in eigene Eingabezellen von Mathematica zu schreiben. Danach können Sie das Programm komplett starten über die Menüpunkte „Kernel", „Evaluation" und dann „Evaluate Notebook". Für Ihre eigenen Berechnungen müssen Sie die DGL und die Startwerte anpassen.

```
                              (*    Das Verfahren von Euler   *)
Remove["Global`*"]
                              (*  Beginn der Benutzereingaben  *)
f[x_, y_] := y               (*  hier DGL eingeben            *)
x0 = 0;                       (*  Startwerte *)
y0 = 1;
h = 0.033;
xend = 3.171;
                              (*    Ende der Benutzereingaben  *)


x = x0;                      (* Startwerte für Endpunktsberechn. aufheben *)
y = y0;
L = {};                      (*  Liste zu berechnender Werte initial. *)
eps = 1*10^-10;              (* Genauigkeit bei Endpunktproblem   *)
counter = 0;                 (* Zaehler *)
                                              (* Schleifenanfang *)
While[Abs[xend - x] > eps && counter < 1000,
      {   counter = counter + 1;
          AppendTo[L, {x, y}];
          If[ Sign[h]*(x + h) > Sign[h]*xend , h = xend - x];
          y = y + h*f[x, y];
          x = x + h;
          Print[ "x=", x, " y=", y, " Counter=", counter, "
                 xend-x=", xend - x ];
      } ]
                                              (* Schleifenende *)


AppendTo[L, {x, y}];         (* letzten Wert noch abspeichern *)


x                            (* Endpunkt x, y ausgeben. *)

y

L                            (* Falls komplette Liste gewünscht, L ausgeben *)

Graf1 = ListPlot[L] ;        (* Grafik *)
```

Der Benutzer muss zunächst die Differentialgleichung vorgeben. Im obigen Listing wurde y' = f(x,y) = y eingesetzt. Testen Sie auch andere Differentialgleichungen 1. Ordnung, z.B y'=-x·y in einem geeigneten Bereich, einzugeben in diesem Fall in der Form f[x_,y_]:=-x*y.
Dann werden die Startwerte x_0 und y_0 eingegeben sowie die Schrittweite h und der gewünschte Endpunkt der Berechnung. Dabei haben wir in diesem Beispiel die Schrittweite h absichtlich mit dem etwas seltsam anmutenden Wert 0.033 belegt, um das Endpunktproblem zu testen. Die Liste L soll die berechneten Werte aufnehmen. Die Größe eps dient dazu festzulegen, wann man mit der Annäherung an den Endpunkt (x=xend) zufrieden ist. Wenn man mit der vorgegebenen Schrittweite rechnet, kann es nämlich vorkommen, dass man den Endpunkt nicht genau trifft. Man muß dann mit einer neuen kleineren Schrittweite im letzten Schritt rechnen. Dies ist jedoch nicht mehr erforderlich, wenn man nur „um Haaresbreite" (<eps) neben dem Endpunkt liegt. In diesem Fall kann man vom Standpunkt der Numerik den Endpunkt als erreicht betrachten.

In der „While"-Schleife gibt es zwei Abbruchkriterien: das Erreichen des Endpunkts oder das Überlaufen eines Zählers. Hier wird nach maximal 1000 Schritten die Schleife verlassen. Ein solcher Schleifenzähler empfiehlt sich zur Sicherheit immer, wenn man Endlosschleifen vermeiden will, oder die Berechnung während der Testphase des Programms zu viele Schleifendurchgänge produzieren könnte. Man erspart sich dadurch eventuell lange Wartezeiten oder den Programmabbruch. Das Kriterium für das Erreichen des Endpunkts berücksichtigt auch, dass man mit negativer Schrittweite rechnen kann, sofern dann auch xend< x_0 vorgegeben wird.

Die „If"-Abfrage überprüft das besagte Umsetzen der Schrittweite im letzten Integrationsschritt. h wird gegebenenfalls verkleinert, was für spätere Fehlerbetrachungen, im Gegensatz zu einer Vergrößerung von h, praktisch nicht ins Gewicht fällt.

Die „Print"-Anweisung ist nicht unbedingt erforderlich. Sie gestattet es aber, Zwischenresultate zu verfolgen.

Nach Ausgabe der Ergebnisse x,y und der Liste L kann die Grafik mit „ListPlot" erstellt werden. Wir haben der Grafik hier einen Namen vergeben, wodurch wir sie zusammen mit anderen Grafiken jederzeit bequem in einem einzigen Bild mit Hilfe der „Show"-Anweisung darstellen können.

Testen Sie bitte als Übung die folgenden Startwerte: x_0=5, y_0=10, h=-0.033, xend=3.171 („Rückwärtsrechnung" in Richtung der negativen x-Achse).

9.2 Runge-Kutta-Verfahren mit konstanter Schrittweite

Das Verfahren von Runge und Kutta ist ein in der Praxis häufig verwendetes Einschrittverfahren zur numerischen Lösung von Differentialgleichungen der Form y'=f(x,y). In seiner klassischen Form wird ein gewichtetes Mittel aus vier Geradensteigungen zur Berechnung eines neuen numerischen Wertes y_{k+1} ausgehend von y_k herangezogen. Diese Steigungen werden in x_k und x_k+h/2 sowie in x_{k+1}= x_k+h berechnet. Die Formeln lauten:

$$k_1 = h \cdot f(x_k, y_k),$$
$$k_2 = h \cdot f(x_k + 0.5 \cdot h,\ y_k + 0.5 \cdot k_1),$$
$$k_3 = h \cdot f(x_k + 0.5 \cdot h,\ y_k + 0.5 \cdot k_2),$$
$$k_4 = h \cdot f(x_k + h,\ y_k + k_3),$$
$$y_{k+1} = 1/6 \cdot (k_1 + 2\,k_2 + 2k_3 + k_4).$$

9.2.1 RK-Verfahren für eine einzelne DGL

Wir beginnen mit der Mathematica-Programmierung des klassischen Runge-Kutta-Verfahrens zur Lösung eines AWP für eine einzelne DGL. Die Erweiterung des Programms als Differentialgleichungslöser für Systeme wird weiter unten gezeigt. Wie gewohnt, löschen wir zuerst mit „Remove" alle eventuell noch im Speicher vorhandenen Variablen und Funktionen. Diese Anweisung ist bei einem Neustart von Mathematica nicht nötig.

Remove["Global`*"]

Wir wählen eine Differentialgleichung, zum Beispiel $y'=-x^3 y$, und geben die Anfangsbedingungen vor: $x_0=0$, $y_0=y(x_0)=1$. Wir wollen die Lösung im Endpunkt $x=xend=2$ berechnen, und zwar mit einer Schrittweite von $h=0.01$:

f[x_, y_] := -x^3* y

x0 = 0;
y0 = 1;

h = 0.01;
xend = 2;

Wir übergeben die Startwerte x_0 und y_0 an die Laufvariablen x und y, die in der Programmschleife ständig durch neu berechnete Werte aktualisiert werden:

x = x0;
y = y0;

In einer Liste L wollen wir die schrittweise berechneten Werte speichern. Zunächst wird diese ohne Werte initialisiert.

L = {};

Für die Vorgabe einer Genauigkeit beim Endpunktproblem wählen wir $eps=10^{-10}$. Ist man nämlich nur um höchstens $eps=10^{-10}$ vom gewünschten Endpunkt „xend" entfernt, dann soll diese Genauigkeit für unsere numerischen Anforderungen reichen:

eps = 1*10^-10;

Grundsätzlich wollen wir in Schleifen, die nicht schon von vornherein als Zählschleifen konzipiert sind, zur Sicherheit einen Zähler einbauen, der vor allem in der Testphase des Programms verhindern soll, dass das Programm eine Endlosschleife durchläuft. Wir initialisieren diesen Zähler mit Null:

counter = 0;

Nun programmieren wir die „While"-Schleife. Das erste Abbruchkriterium ist der Abstand vom aktuellen x zum Endpunkt xend der Integration. Wenn das Programm einwandfrei läuft, können Sie in dem zweiten Abbruchkriterium für den Zähler „counter" einen hohen ganzzahligen Wert, z.B. 10000, vorgeben. In der Testphase wählen Sie hier vielleicht einen Wert zwischen 3 und 30. Die „Append"-Anweisung hängt jeweils aktuelle Werte von x und y an die vorhandene Liste L an. Die

„While"-Schleife ist nach der folgenden Eingabe noch nicht abgeschlossen, also bitte nur mit der Enter-Taste (nicht Shift und Enter) in die neuen Zeilen springen und die Eingabe erweitern. Das abschließende Klammerpaar }] befindet sich nach der nächsten „Print"-Anweisung (siehe auch vollständiges Listing des Programms weiter unten):

```
While[Abs[xend - x] > eps && counter < 10000,
     {   counter = counter + 1;
         AppendTo[L, {x, y}];
```

Nun folgt das besagte Endpunktproblem, bei dem eventuell h im letzten Schritt verringert wird:

```
If[ Sign[h]*(x + h) > Sign[h]*xend , h = xend - x];
```

Wir führen die oben besprochene Berechnung der verschiedenen k_i, sowie die Berechnung des gewichteten Mittels durch. Danach wird x um h erhöht. Der dann erhaltene neue x-Wert gehört als Abszisse zu dem Punkt, der als Ordinate den soeben berechneten Wert y besitzt:

```
k1 = h f[x, y];

k2 = h f[x + h/2, y + k1/2];

k3 = h f[x + h/2, y + k2/2];

k4 = h f[x + h, y + k3];

y = y + 1/6(k1 + 2 k2 + 2 k3 + k4);

x = x + h;
```

Wer will kann auch zur Kontrolle der Schleife eine „Print"-Anweisung eingeben, die jeweils zusammen mit Texten die Werte x, y, counter und xend-x ausgibt. Die Ausgabe haben wir hier aus Platzgründen nur verkürzt wiedergegeben.

```
Print[ "x=", x, " y=", y, " Counter=", counter, "  xend-x=",
       xend - x ];
   } ]
```

Dies war der Abschluß der Schleife, die komplett in einer einzigen Eingabezelle von Mathematica stehen muß, und die Sie nun mit Shift und Enter als Eingabe an Mathematica abschicken. Das Rechenergebnis sehen Sie unten:

```
x=0.01   y=1.    Counter =1     xend -x=1.99
x=0.02   y=1.    Counter =2     xend -x=1.98

....
x=1.99   y=0.0198292   Counter =199    xend -x=0.01
x=2.   y=0.0183156   Counter =200    xend -x=0.
```

Wir speichern den letzten Wert von x und y nach Verlassen der Schleife noch in der Liste L ab. Diese Liste wäre nicht unbedingt erforderlich, wenn man mit der obigen „Print"-Anweisung in der Schleife zufrieden ist. Man kann die Liste aber sehr gut zum Weiterverarbeiten der Zahlenwerte verwenden, zum Beispiel zum Plotten.

AppendTo[L, {x, y}];

Wir geben, falls gewünscht, den Endpunkt aus. Wenn Sie die komplette Liste haben wollen, geben Sie L ohne Kommentarzeichen (* bzw. *) ein. Hinweis: Bedenken Sie aber, dass diese Liste bei vielen Rechenschritten sehr lang sein kann.

x

y

(* L *)

```
2.
0.0183156
```

Wir erstellen mit den Werten der Liste L eine Grafik, welche die Lösungskurve unseres Anfangswertproblems darstellt.

Graf1 = ListPlot[L] ;   (* Grafik *)

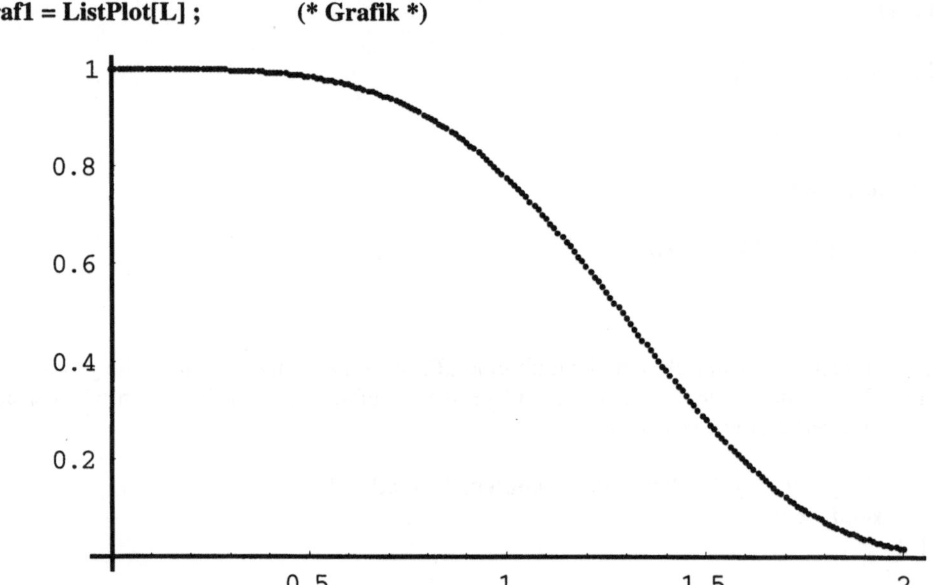

Sie können unseren numerisch berechneten Wert mit der exakten Lösung des AWP vergleichen. Sie erhalten die exakte Lösung mit „DSolve" (Näheres hierzu finden Sie auch in der Mathematica-Hilfe in der Menüleiste):

Remove["Global`*"]

AWP = DSolve[{y'[x] == a[x] y[x], y[0] == 1}, y[x], x] // Flatten;

y[x_] = y[x] /. AWP;

a[x_] = -x^3;

y[x]

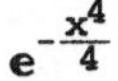

$$e^{-\frac{x^4}{4}}$$

Plot[y[x], {x, 0, 5}, PlotRange -> {{-0.1, 2}, {-0.1,1.1}}]

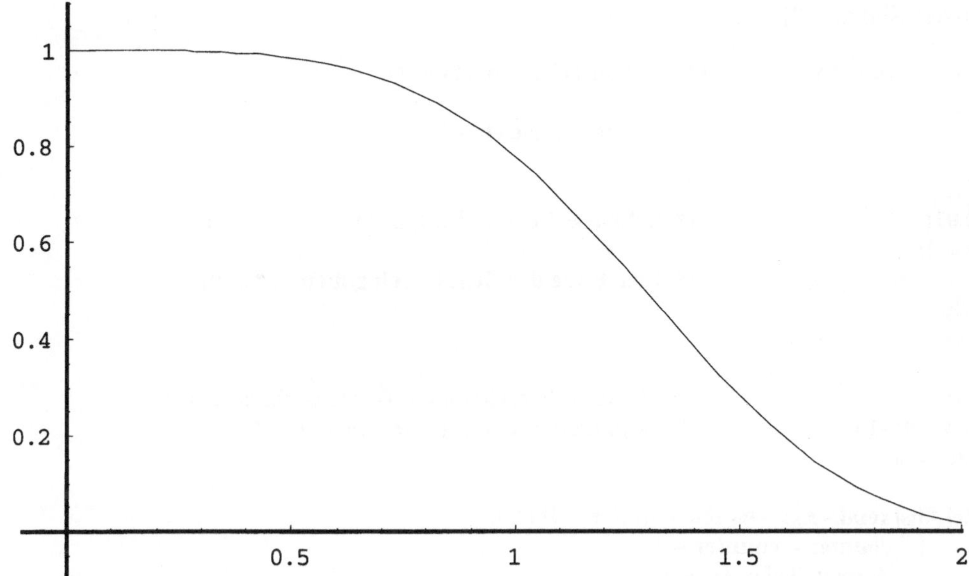

y[2] // N

0.0183156

<u>Aufgabe</u>:
Das folgende Beispiel, das Sie bitte mit RK und dann exakt mit „DSolve" lösen, ist ein Anfangswertproblem für eine lineare Differentialgleichung erster Ordnung, deren rechte Seite eine Funktion
von x darstellt (inhomogene Differentialgleichung):
$y'(x)+2y(x)=-x^2$; mit y(0)=1. Gesucht ist die Lösung y(x) an der Stelle x=5.

Es folgt nun noch einmal das komplette Listing der RK-Verfahrens, zusammen mit einigen Kommentaren:

9.2.2 Listing für das RK-Verfahren für einzelne DGL

```
                              (* Das Verfahren von Runge und Kutta für 1 DGL  *)

Remove["Global`*"]

f[x_, y_] := -x^3* y          (*      hier DGL eingeben  *)

                              (*       Startwerte eingeben: *)
x0 = 0;
y0 = 1;
h = 0.01;                     (* Schrittweite und  Endpunkt              *)
xend = 2;
                              (* hier Ende der Benutzereingaben          *)
x = x0;
y = y0;

L = {};                       (*  Liste zu berechnender Werte Initialisieren *)
eps = 1*10^-10;               (* Genauigkeit bei Endpunktproblem *)
counter = 0;

While[Abs[xend - x] > eps && counter < 10000,
        {   counter = counter + 1;
            AppendTo[L, {x, y}];
            If[ Sign[h]*(x + h) > Sign[h]*xend , h = xend - x];
            k1 = h f[x, y];
            k2 = h f[x + h/2, y + k1/2];
            k3 = h f[x + h/2, y + k2/2];
            k4 = h f[x + h, y + k3];
            y = y + 1/6(k1 + 2 k2 + 2 k3 + k4);
            x = x + h;
            Print[ "x=", x, " y=", y, " Counter=", counter, "
                    xend-x=", xend - x ];
        } ]


AppendTo[L, {x, y}];          (* letzten Wert noch abspeichern *)

x

y               (* gewünschten Endpunkt x, y ausgeben. *)

L               (*  nur, falls komplette Liste L gewünscht *)

Graf1 = ListPlot[L] ;         (* Grafik *)
```

9.2.3 RK-Verfahren konstanter Schrittweite für DGL-Systeme

Als nächstes Ziel soll unser bestehendes RK-Programm derart erweitert werden, dass man damit nicht nur eine einzige DGL lösen kann, sondern ganze Systeme von Differentialgleichungen.
Wir arbeiten in diesem Programm mit konstanter Schrittweite h, das heißt, die zu Beginn des Programmablaufs festgelegte Schrittweite h wird während des Programms (mit eventueller Ausnahme des letzten Schrittes für das exakte Erreichen des Endpunkts) stets konstant gehalten. Später werden wir dieses Programm auch mit variabler Schrittweite kennen lernen.
Zunächst soll gezeigt werden, wie eine einzelne Differentialgleichung von höherer als erster Ordnung in ein System von DGL erster Ordnung umgewandelt werden kann. Dadurch haben wir ein Mittel in der Hand, auch Differentialgleichungen höherer Ordnung auf Systeme erster Ordnung zu reduzieren und mit unserem RK-Verfahren numerisch zu behandeln.
Wir führen dies am besten an einem Beispiel durch. Der allgemeine Fall verläuft völlig analog. Die in unseren bisher geschriebenen Programmen auftretenden Variablen x und y, wobei y(x) die gesuchte Lösungsfunktion war, sind hier anders bezeichnet. Oft wird nämlich als unabhängige Variable statt x die Zeit t gewählt und als abhängige Variable statt y die Variable $x=x(t)$ bzw. der Vektor $x(t) =(x_1(t),x_2(t),....,x_n(t))$, falls man ein System von DGL vorliegen hat.

Gegeben sei das AWP für folgende DGL 3. Ordnung:
$$(t+1)^3 x'''(t) - (t+1)x'(t) - 3x(t)=6(t+1)^3$$
$$t_0=-0.5$$
$$x_0=x(t_0)=0.25$$
$$x'_0=x'(t_0)=-2$$
$$x''_0=x''(t_0)=5.$$
Gesucht ist die Lösung der DGL im Punkt $t=t_{end}=1.5$ mit einer Schrittweite von $h=0.05$.

Beachten Sie, dass hier in der DGL die dritte Ableitung auftritt und für das AWP neben $x_0=x(t_0)$ auch die Werte der Ableitungen x'_0 und x''_0 vorgegeben sein müssen. Zur Umwandlung dieser DGL in ein System erster Ordnung geht man so vor: Zuerst bezeichnen wir die Variable x mit x_1 (die Abhängigkeit von t schreiben wir aus Bequemlichkeitsgründen nicht hin). Ihre erste Ableitung x' bezeichnen wir mit x_2, ihre zweite Ableitung x'' mit x_3 , die dritte Ableitung x''' mit x_4. (Sie ahnen, wie das bei Gleichungen höherer Ordnung weiter geht.) Nun ist die Ableitung von $x=x_1$ ja gerade $x'=x_2$.
In der neuen Notation mit Indizes schreibt man also $x_1'=x_2$. Entsprechend ist $x_2'=x''=x_3$. Aus der Differentialgleichung erhält man durch Auflösen nach x''' die Gleichung $x'''=x'/(t+1)^2 +3x/(t+1)^3 + 6$. Daher ergibt sich $x_3'=x''=x'/(t+1)^2+3x/(t+1)^3+6 = x_2/(t + 1)^2 + 3x_1/(t + 1)^3 + 6$.
Wir erhalten insgesamt für unser Beispiel einer DGL dritter Ordnung folgendes System von drei DGL erster Ordnung:
$$x_1'=x_2$$
$$x_2'=x_3$$
$$x_3'=x_2/(t + 1)^2 +3x_1/(t + 1)^3 + 6$$
Allgemein wird aus einer DGL n-ter Ordnung ein System von n DGL erster Ordnung. Wir entwickeln nun unser RK-Verfahren zur Lösung eines solchen Systems. Zuerst löschen wir wieder alle eventuell noch im Speicher befindlichen benutzerdefinierten Variablen und Funktionen. Kommentare, die ein leichteres Verständnis für andere Benutzer ermöglichen, stehen in Mathematica zwischen (* und *):

Remove["Global`*"]

Nun geben wir das oben stehende DGL-System in Mathematica ein:

```
f1[t_, x1_, x2_, x3_] := x2
f2[t_, x1_, x2_, x3_] := x3
f3[t_, x1_, x2_, x3_] := (1/(t + 1)^2)*x2 + (3/(t + 1)^3)*x1 + 6
```

Je nach Anzahl der Gleichungen müssen wir f(t,x) vektoriell festlegen:

```
f[t_, x_] :=
    {f1[t, x[[1]], x[[2]], x[[3]]],
     f2[t, x[[1]], x[[2]], x[[3]]],
     f3[t, x[[1]], x[[2]], x[[3]]]}
```

Wir geben Startwerte für t und den Vektor x vor und legen den Endpunkt der Integration und die Schrittweite h fest:

```
t0 = -0.5; x0 = {0.25, -2, 5}; tend = 1.5; h = 0.05;
```

Die Liste L der Ausgabewerte wird mit dem Startwert initialisiert:

```
L = {{t0, x0}};   (* Ausgabeliste initialisieren *)
```

Das Endpunktproblem wurde bereits im Fall einer einzelnen DGL ausführlich besprochen. Wir wählen wiederum die Genauigkeit eps, mit der wir beim Erreichen des Endpunkts zufrieden sind:

```
eps = 10^-10;
```

Wir wollen aus Sicherheitsgründen die Schleife für die Iteration mit einem Schleifenzähler versehen, um eventuelle Endlosschleifen zu verhindern. Zunächst müssen wir den Schleifenzähler auf Null setzen:

```
counter = 0;
```

Die Laufvariablen für die Schleife werden mit den Startwerten belegt:

```
t = t0;             (* Laufvariablen belegen *)
x = x0;
```

Den eigentlichen Kern des Verfahrens, den „RK-Integrator", programmieren wir als Modul mit lokalen Variablen. Dadurch ist es möglich, das Programm übersichtlich zu gestalten, wenn das Verfahren später mit einer Schrittweitensteuerung erweitert wird. Man hat nämlich dann die Möglichkeit, einfach den kompletten Modul (ähnlich wie Funktions-Prozeduren, die Sie aus anderen Programmiersprachen kennen) durch Aufruf des Modulnamens mehrmals zu aktivieren, ohne jedesmal alle Programmzeilen hinschreiben zu müssen. Zudem kann man lokale Variable benutzen, ohne sich um globale Bezeichnungen kümmern zu müssen:

```
RK[t_, x_, h_] := Module[{k1, k2, k3, k4},
   k1 = h*f[t, x];
   k2 = h*f[t + h/2, x + k1/2];
   k3 = h*f[t + h/2, x + k2/2];
   k4 = h*f[t + h, x + k3];
   {t + h, x + 1/6(k1 + 2k2 + 2k3 + k4)}]
```

Es folgt die Hauptschleife für die Iteration. Die „Print"-Anweisung können Sie entfernen, wenn die Schleife sehr viele Durchgänge hat. Die Ausgabe wird zusätzlich in einer Liste L gespeichert, die später für die Grafik verwendet wird:

```
While[Abs[tend - t] > eps && counter < 1000,
      {  counter = counter + 1;
         If[ Sign[h]*(t + h) > Sign[h]*tend , h = tend - t];
         {t, x} = RK[t, x, h];
         AppendTo[L, {t, x}];
         Print[ "t=", t, " x=", x, " Counter=",
         counter,  " tend-t=",          tend - t ];
      } ]
```

```
t=-0.45   x={0.156326 , -1.74552 , 5.17142 }   Counter =1     tend -t=1.95
t=-0.4   x={0.0755768 , -1.48324 , 5.31852 }   Counter =2     tend -t=1.9

....

....
t=1.45   x={13.5169 , 21.401 , 22.1749 }   Counter =39     tend -t=0.05
t=1.5   x={14.6149 , 22.5252 , 22.7932 }   Counter =40     tend -t=0.
```

Die Tabelle L kann ausgegeben werden, falls Sie es wünschen. (Versuchen Sie es bitte auch mit der Anweisung L//MatrixForm.)

L // TableForm

```
          0.25
-0.5      -2
          5
          0.156326
-0.45     -1.74552
          5.17142

....

....
          13.5169
1.45      21.401
          22.1749
          14.6149
1.5       22.5252
          22.7932
```

Wie Sie erkennen, ist der Endpunkt $t_{end}=1.5$ der Integration erreicht. Die Werte von x, x' und x'' in diesem Punkt lauten 14.6149, 22.5252 und 22.7932. Dabei ist der Wert 14.6149 der Wert unserer gesuchten Lösung $x(t_{end})$ des AWP. Die beiden anderen sind die Werte der ersten und zweiten Ableitung der Lösung x(t) an der Stelle $t=t_{end}$.

Zum Erstellen der Grafik müssen wir zusammengehörende Punktepaare in Listen abspeichern. Wir wollen sowohl für x als auch für x' und x'' die Kurve in Abhängigkeit von t darstellen. Deshalb erstellen wir hier drei Listen aus der Liste L:

xl1 = Transpose[Transpose[L][[2]]][[1]];

xl2 = Transpose[Transpose[L][[2]]][[2]];

xl3 = Transpose[Transpose[L][[2]]][[3]];

Wir plotten alle einzelnen Kurven x(t), x'(t) und x''(t). Danach zeigen wir alles in einer Gesamtgrafik mit der Show-Anweisung. Zunächst den Graph der Lösung x(t):

g1 = ListPlot[{Transpose[L][[1]], xl1} // Transpose,
**   PlotStyle -> RGBColor[1, 0, 0]];**

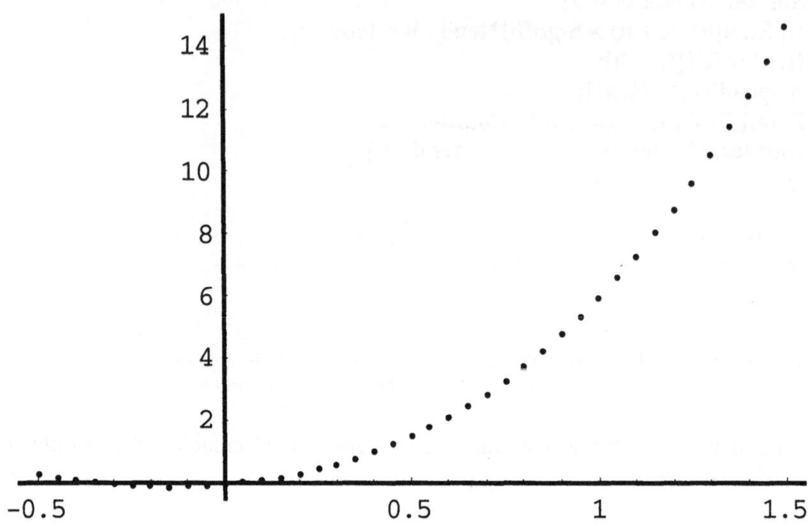

Dann zeichnen wir x'(t):

g2 = ListPlot[{Transpose[L][[1]], xl2} // Transpose,
**   PlotStyle -> RGBColor[0, 0, 1]];**

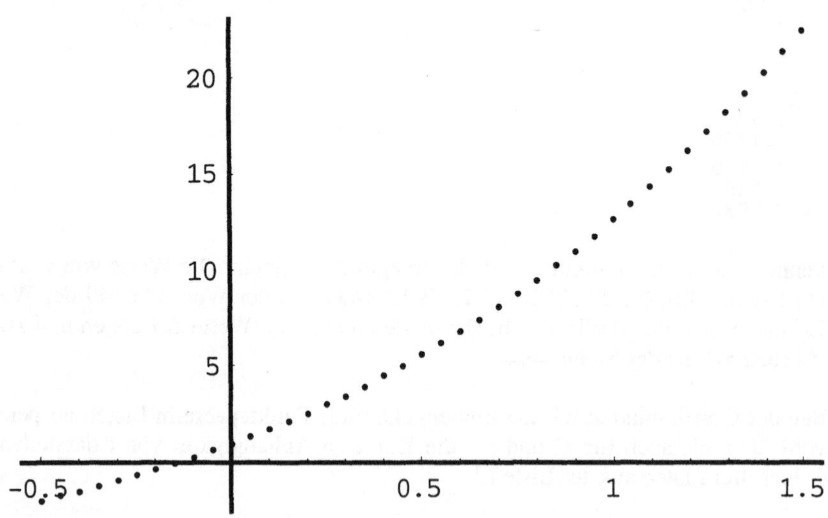

Nun folgt die Anweisung für x''(t):

g3 = ListPlot[{Transpose[L][[1]], xl3} // Transpose,
**   PlotStyle -> RGBColor[1, 0.5, 1]];**

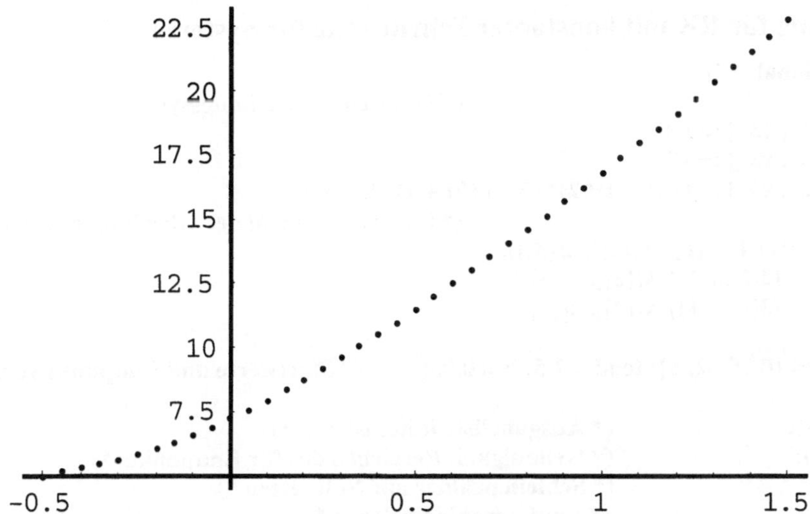

Wir stellen alle drei Lösungskurven in einer einzigen Grafik dar:

Show[g1, g2, g3];

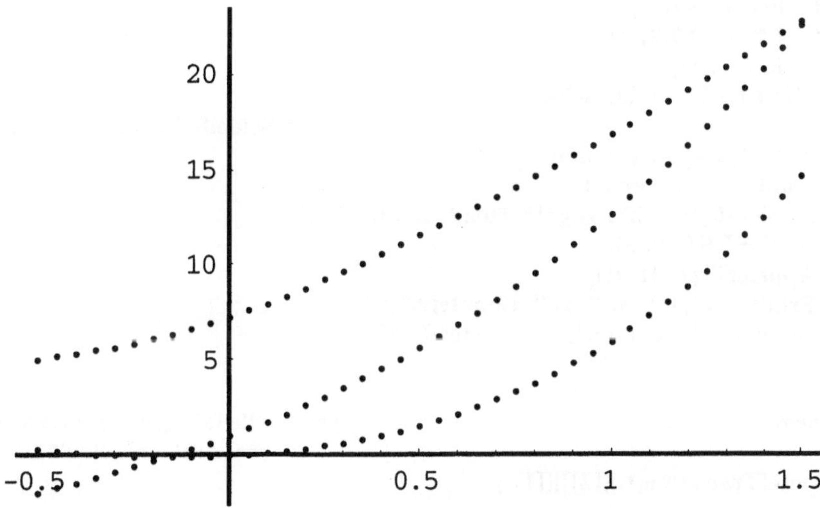

Schließlich fassen wir das Verfahren von Runge und Kutta mit konstanter Schrittweite für Systeme von Differentialgleichungen als vollständigen Mathematica-Code zusammen:

9.2.4 Listing für RK mit konstanter Schrittweite für Systeme

```mathematica
Remove["Global`*"]
                                    (* Differentialgleichungssystem eingeben *)
f1[t_, x1_, x2_, x3_] := x2
f2[t_, x1_, x2_, x3_] := x3
f3[t_, x1_, x2_, x3_] := (1/(t + 1)^2)*x2 + (3/(t + 1)^3)*x1 + 6
                                    (* f je nach Anzahl der Gleichungen festlegen *)
f[t_, x_] :=    {f1[t, x[[1]], x[[2]], x[[3]]],
                 f2[t, x[[1]], x[[2]], x[[3]]],
                 f3[t, x[[1]], x[[2]], x[[3]]]   }


t0 = -0.5; x0 = {0.25, -2, 5}; tend = 1.5; h = 0.05;        (* Startwerte und Endpunkt vorgeben *)


L = {{t0, x0}};              (* Ausgabeliste initialisieren *)
eps = 10^-10;                (* Genauigkeit Erreichen des für Endpunkts *)
counter = 0;                 (* Schleifenzähler auf Null setzen *)
t = t0;                      (* Laufvariablen belegen *)
x = x0;
                     (* RK - Integrator als Modul mit lokalen Variablen programmieren *)
RK[t_, x_, h_] := Module[{k1, k2, k3, k4},
   k1 = h*f[t, x];
   k2 = h*f[t + h/2, x + k1/2];
   k3 = h*f[t + h/2, x + k2/2];
   k4 = h*f[t + h, x + k3];
   {t + h, x + 1/6(k1 + 2k2 + 2k3 + k4)}]
                                             (* Schleife für die Iteration *)
While[Abs[tend - t] > eps && counter < 1000,
      {   counter = counter + 1;
          If[ Sign[h]*(t + h) > Sign[h]*tend , h = tend - t];
          {t, x} = RK[t, x, h];
          AppendTo[L, {t, x}];
          Print[ "t=", t, " x=", x, " Counter=",
          counter, " tend-t=",          tend - t ];
      } ]


L // TableForm                               (* Tabelle falls gewünscht ausgeben *)
                                             (* Grafik erstellen *)

xl1 = Transpose[Transpose[L][[2]]][[1]];

xl2 = Transpose[Transpose[L][[2]]][[2]];

xl3 = Transpose[Transpose[L][[2]]][[3]];

g1 = ListPlot[{Transpose[L][[1]], xl1} // Transpose, PlotStyle -> RGBColor[1, 0, 0]];

g2 = ListPlot[{Transpose[L][[1]], xl2} // Transpose, PlotStyle -> RGBColor[0, 0, 1]];

g3 = ListPlot[{Transpose[L][[1]], xl3} // Transpose,  PlotStyle -> RGBColor[1, 0.5, 1]];

Show[g1, g2, g3];
```

9.2.5 Zweikörperproblem

Dieser Abschnitt beinhaltet eine vollständig durchgerechnete Anwendung des Runge-Kutta- Verfahrens mit konstanter Schrittweite. Sie können große Teile des bisher erstellten Programms kopieren und brauchen nicht alles neu einzugeben. Die Mühe, die Sie für das Erarbeiten eines kurzen theoretischen Teils aufbringen müssen, lohnt sich, denn Sie erhalten in diesem Abschnitt einen Eindruck davon, wie man von einem gestellten Problem über theoretische Überlegungen bis hin zur fertigen Programmlösung gelangt.

Wir betrachten zwei Massen(-punkte) M und m, welche sich nur unter dem Einfluß ihrer gegenseitigen Gravitation umeinander im Raum bewegen. Die Ortsvektoren von M und m bezüglich eines raumfesten Koordinatensystems (Inertialsystem) seien $\vec{r}_1$ bzw. $\vec{r}_2$. Welche Bahnen beschreiben M und m (Kepler-Problem)? Da man hierbei zwei Massenpunkte betrachtet, die sich um ihren gemeinsamen Schwerpunkt bewegen, spricht man vom sogenannten Zweikörperproblem. Wir wollen nun annehmen, dass einer der beiden Körper, z.B. M, sehr viel massereicher ist und dass wir die Bewegung des kleineren Körpers (m) um den massereichen Körper beschreiben wollen. Man spricht in diesem Zusammenhang auch vom Einkörperproblem. Der Vektor $\vec{r} = \vec{r}_2 - \vec{r}_1$ beschreibe die Lage von m bezüglich M (siehe Bild).

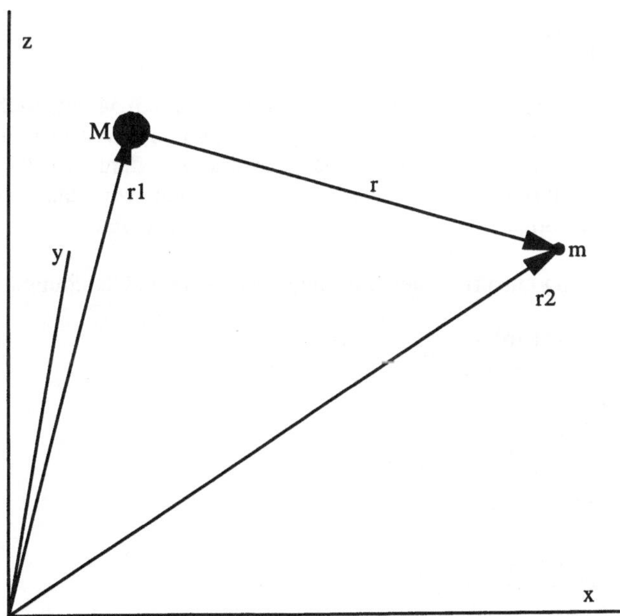

Wir benutzen die folgenden Bezeichnungen:

$$\vec{r} = (x,y,z); \quad \vec{r}_1 = (x_1,y_1,z_1); \quad \vec{r}_2 = (x_2,y_2,z_2);$$

$$r = |\vec{r}| = \sqrt{(x_2 - x_1)^2 + (y_2 - y_1)^2 + (z_2 - z_1)^2},$$

$\dot{\vec{r}}, \ddot{\vec{r}}$, Geschwindigkeit und Beschleunigung von m relativ zu M,

$\vec{F}$ Kraft allgemein; $\vec{F}_{1,2}$ Kraft, die Körper 1 (M) auf Körper 2 (m) ausübt.

Bekannt sind die Newtonschen Gesetze der Mechanik:
1) Kraft = Masse * Beschleunigung.
2) actio = reactio.
3) Das Gravitationsgesetz: Die Kraft zwischen zwei Körpern ist proportional zu ihren Massen und umgekehrt proportional zum Quadrat ihres Abstands.

M übt auf m nach dem Gravitationsgesetz die Kraft aus:

$$\vec{F}_{1,2} = -k^2 \frac{M \cdot m}{r^2} \cdot \frac{\vec{r}}{r}.$$

Hierbei ist k^2 die Gravitationskonstante und $\dfrac{\vec{r}}{r}$ der Einheitvektor von M in Richtung von m. Wegen „Kraft=Masse*Beschleunigung" folgt für die Beschleunigung des kleineren Körpers:

$$\ddot{\vec{r}}_2 = -k^2 \frac{M}{r^3} \cdot \vec{r}.$$

Entsprechend übt m wegen „actio=reactio" auf M die Kaft $\vec{F}_{2,1} = -\vec{F}_{1,2}$ aus. Unter Beachtung von $\vec{F}_{2,1} = M \cdot \ddot{\vec{r}}_1$ folgt

$$\ddot{\vec{r}}_1 = k^2 \frac{m}{r^3} \cdot \vec{r}.$$

Für die relative Bewegung von m um M gilt daher:

$$\ddot{\vec{r}} = \ddot{\vec{r}}_2 - \ddot{\vec{r}}_1 = -k^2 \frac{(M+m)}{r^3} \cdot \vec{r}.$$

Diese vektorielle Gleichung für die relative Bewegung von m um M entspricht 3 skalaren Differentialgleichungen zweiter Ordnung für die Komponenten x, y und z. Wir werden diese nun in ein System von 6 Differentialgleichungen erster Ordnung umwandeln, damit wir dieses Problem mit unserem Runge-Kutta-Verfahren lösen können. Später werden wir dann auch die „NDSolve"-Anweisung von Mathematica einsetzen, um deren Vorteile zu zeigen.

Die vektorielle Gleichung entspricht den drei folgenden skalaren Gleichungen:

$$\ddot{x}(t) = -k^2 \frac{(M+m)}{\sqrt{x^2+y^2+z^2}^3} \cdot x(t)$$

$$\ddot{y}(t) = -k^2 \frac{(M+m)}{\sqrt{x^2+y^2+z^2}^3} \cdot y(t)$$

$$\ddot{z}(t) = -k^2 \frac{(M+m)}{\sqrt{x^2+y^2+z^2}^3} \cdot z(t)$$

Um diese mit unserem RK-Verfahren behandeln zu können, wandeln wir sie folgendermaßen in ein System 1. Ordnung um. Wir wählen für den Ansatz die Bezeichnungen:

$$\begin{array}{lll} x_1 = x & x_3 = y & x_5 = z \\ x_2 = \dot{x} & x_4 = \dot{y} & x_6 = \dot{z} \end{array}$$

Mit diesen Bezeichnungen gilt nun beispielsweise $\dot{x}_1 = \dot{x} = x_2$ und daher

$$\dot{x}_2 = (\dot{x}) = \ddot{x}(t) = -k^2\frac{(M+m)}{\sqrt{x^2+y^2+z^2}^{\,3}}\cdot x(t) = -k^2\frac{(M+m)}{\sqrt{x_1^{\,2}+x_3^{\,2}+x_5^{\,2}}^{\,3}}\cdot x_1(t)\,.$$

Insgesamt erhält man folgendes System von 6 DGL 1. Ordnung (die bekannte Abhängigkeit von t schreiben wir nicht extra hin):

$$\dot{x}_1 = x_2$$

$$\dot{x}_2 = -k^2\frac{(M+m)}{\sqrt{x_1^{\,2}+x_3^{\,2}+x_5^{\,2}}^{\,3}}\cdot x_1$$

$$\dot{x}_3 = x_4$$

$$\dot{x}_4 = -k^2\frac{(M+m)}{\sqrt{x_1^{\,2}+x_3^{\,2}+x_5^{\,2}}^{\,3}}\cdot x_3$$

$$\dot{x}_5 = x_6$$

$$\dot{x}_6 = -k^2\frac{(M+m)}{\sqrt{x_1^{\,2}+x_3^{\,2}+x_5^{\,2}}^{\,3}}\cdot x_5$$

Wir programmieren nun alles in Mathematica (Sie können das bereits vorhandene Listing des vorherigen Abschnitts als Grundlage benutzen):

Remove["Global`*"]

r[t_]:={x[t],y[t],z[t]}

Mit Hilfe des Skalarprodukts definieren wir den Betrag :

rbetrag=Sqrt[r[t].r[t]]

$$\sqrt{x[t]^2 + y[t]^2 + z[t]^2}$$

Die Masse des größeren Körpers („Sonnenmasse") sei 1, die des kleineren Körpers vergleichsweise gering. Wir können sie im ersten Beispiel sogar 0 setzen, und betrachten gewissermaßen den kleineren Körper als einen „Testkörper" zur Auslotung des Gravitationsfeldes. Die Masse des sehr großen Körpers beeinflußt also die Bahn des sehr kleinen Körpers, aber nicht umgekehrt:

m0=1;
m1=0;

Wir brauchen für die Rechnung sowohl die Komponenten x, y und z, als auch die Differentialgleichungen für die Komponenten, und zwar in der richtigen Reihenfolge. Deshalb übergeben wir diese zunächst in die Listen w1 und w2:

w1[t_]:=r[t]
w2[t_]:=-1/rbetrag^3*r[t]

Aus beiden Listen bilden wir eine einzige Liste w und benennen die Komponenten so um, wie sie für unser RK-Programm eingeführt wurden.

**w:=Append[w1[t]/.{x[t]->x2,y[t]->x4,z[t]->x6},w2[t]/.{x[t]->x1,y[t]->x3,
          z[t]->x5}]//Flatten//Evaluate**

So sieht bisher unser Sytem aus, wobei die Reihenfolge der Komponenten noch nicht wie gewünscht ist:

w

$$\left\{ x2,\ x4,\ x6,\ -\frac{x1}{(x1^2+x3^2+x5^2)^{3/2}}, \right.$$

$$\left. -\frac{x3}{(x1^2+x3^2+x5^2)^{3/2}},\ -\frac{x5}{(x1^2+x3^2+x5^2)^{3/2}} \right\}$$

Wir übergeben dies nun an die Funktion f des RK-Programms in der richtigen Reihenfolge:

f[t_,{x1_,x2_,x3_,x4_,x5_,x6_}]:={w[[1]],w[[3+1]],w[[2]],w[[3+2]],w[[3]],w[[3+3]]}//Evaluate

f[t,{x1,x2,x3,x4,x5,x6}]

$$\left\{ x2,\ -\frac{x1}{(x1^2+x3^2+x5^2)^{3/2}},\ x4, \right.$$

$$\left. -\frac{x3}{(x1^2+x3^2+x5^2)^{3/2}},\ x6,\ -\frac{x5}{(x1^2+x3^2+x5^2)^{3/2}} \right\}$$

Hier beginnt unser bereits bekanntes RK-Programm für Systeme von DGL 1. Ordnung mit konstanter Schrittweite:

```
                    (* Startwerte und Endpunkt vorgeben *)
t0 = 0; x0 = {1, 0, 0, 1, 0, 0}; tend = 7; h = 0.1;

L = {{t0, x0}};   (* Ausgabeliste initialisieren *)

eps = 10^-10;     (* Genauigkeit Erreichen des für Endpunkts *)

counter = 0;      (* Schleifenzähler auf Null setzen *)

t = t0;           (* Laufvariablen belegen *)
x = x0;

 (* RK - Integrator als Modul mit lokalen Variablen programmieren *)

RK[t_, x_, h_] := Module[{k1, k2, k3, k4},
   k1 = h*f[t, x];
   k2 = h*f[t + h/2, x + k1/2];
   k3 = h*f[t + h/2, x + k2/2];
   k4 = h*f[t + h, x + k3];
   {t + h, x + 1/6(k1 + 2k2 + 2k3 + k4)}]


   (* Hautpschleife für die Iteration *)
```

While[Abs[tend - t] > eps && counter < 1000,
{   counter = counter + 1;

If[Sign[h]*(t + h) > Sign[h]*tend , h = tend - t];
{t, x} = RK[t, x, h];
AppendTo[L, {t, x}];
Print["t=", t, " x=", x, " Counter=",
counter, " tend-t=",   tend - t];
}]

```
t=0.1  x={0.995004, -0.0998335, 0.0998333, 0.995004, 0, 0}
   Counter=1    tend-t=6.9
.......
.......
t=7.  x={0.753885, -0.657006, 0.657003, 0.753887, 0, 0}
   Counter=70    tend-t=8.88178×10⁻¹⁵
```

(* Tabelle falls gewünscht ausgeben *)

(* L // TableForm *)   (* eventuell auch L // MatrixForm *)

(* Grafik erstellen *)

Die Werte für die Komponenten x(t), y(t), z(t) werden in den Listen xl1,xl2,xl3 abgespeichert:

xl1 = Transpose[Transpose[L][[2]]][[1]];

xl2 = Transpose[Transpose[L][[2]]][[3]];

xl3 = Transpose[Transpose[L][[2]]][[5]];

Die Parameterdarstellung von x(t) sieht wie folgt aus:

g1 = ListPlot[{Transpose[L][[1]], xl1} // Transpose,
PlotStyle -> RGBColor[1, 0, 0]];

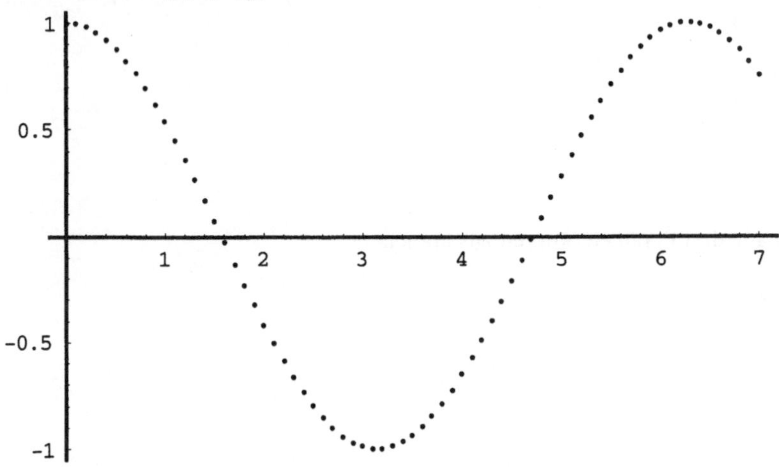

Entsprechend zeichnen wir y(t):

g2 = ListPlot[{Transpose[L][[1]], xl2} // Transpose,
**   PlotStyle -> RGBColor[0, 0, 1]];**

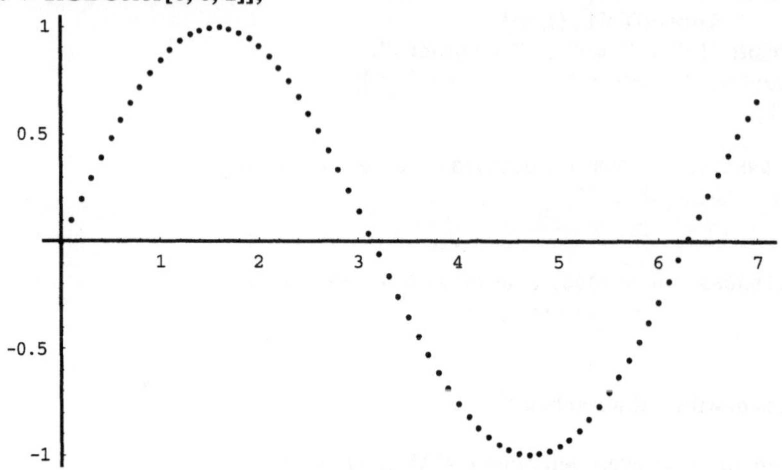

Da wir bei den Startwerten sowohl für den Ort, als auch für die Geschwindigkeit in z-Richtung jeweils eine Null vorgegeben haben, bleibt die z-Komponente konstant über die Zeit:

g3 = ListPlot[{Transpose[L][[1]], xl3} // Transpose,
**   PlotStyle -> RGBColor[1, 0.5, 1]];**

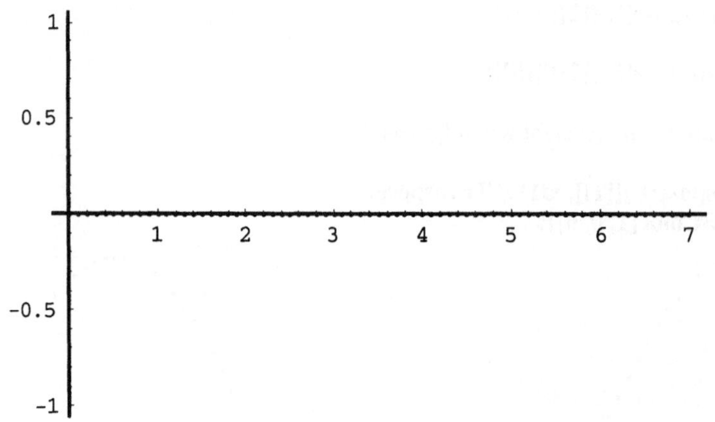

Wir zeichnen alle drei Parameterkurven zusammen:

Show[g1, g2, g3];

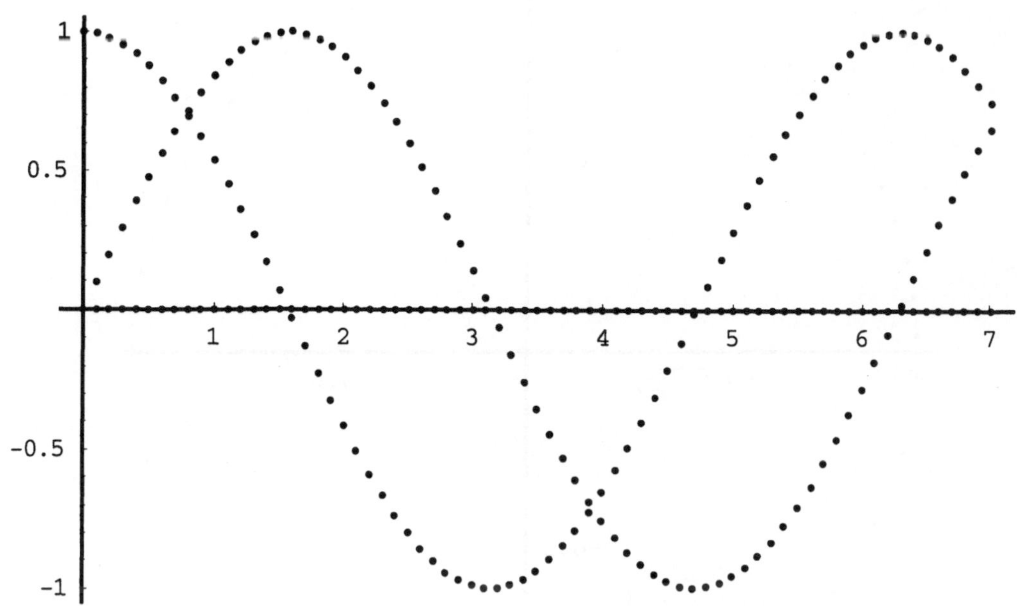

Nun wollen wir y(t) in Abhängigkeit von x(t) darstellen, das heißt, wir zeichnen die Projektion der Bahnkurve ((x(t),y(t),z(t)) in die xy-Ebene:

**g4 = ListPlot[{xl1, xl2} // Transpose,
    PlotStyle -> RGBColor[1, 0.5, 1], AspectRatio -> 1];**

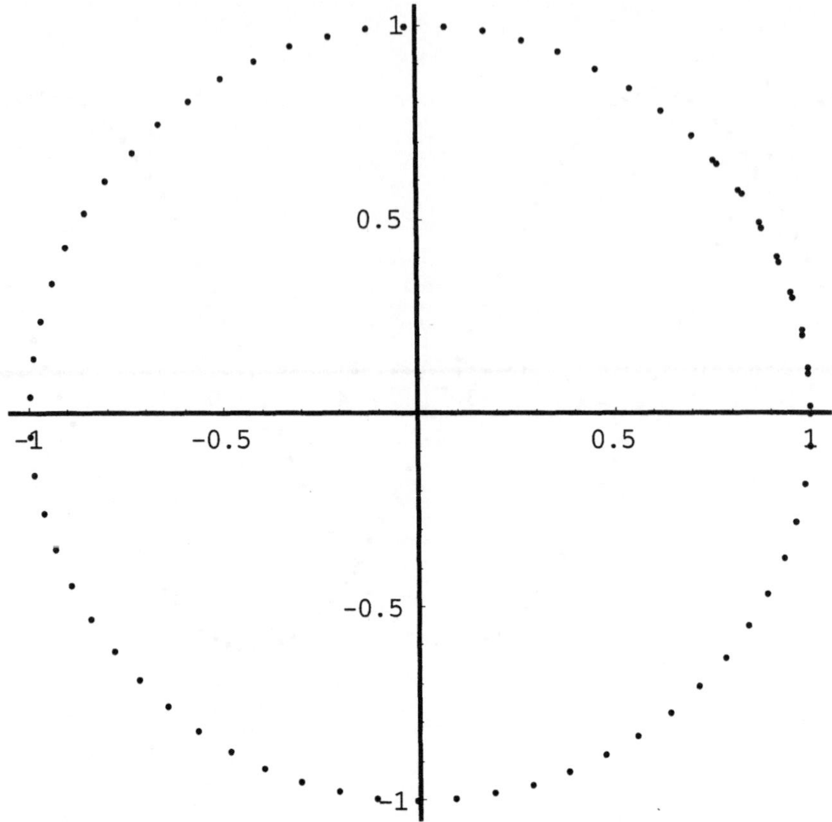

Überlegen Sie bitte, warum in dieser Grafik im ersten Quadranten einige der Punkte sehr nahe bei-
einander liegen. Zum Schluß wollen wir die tatsächliche Bahn im Raum darstellen.

L=Transpose[{xl1,xl2,xl3}];

Needs[" Graphics ` Graphics3D ` "]

ScatterPlot3D[L, AxesLabel –> {"x", "y", "z"}, AxesStyle → {Thickness[0.005]}];

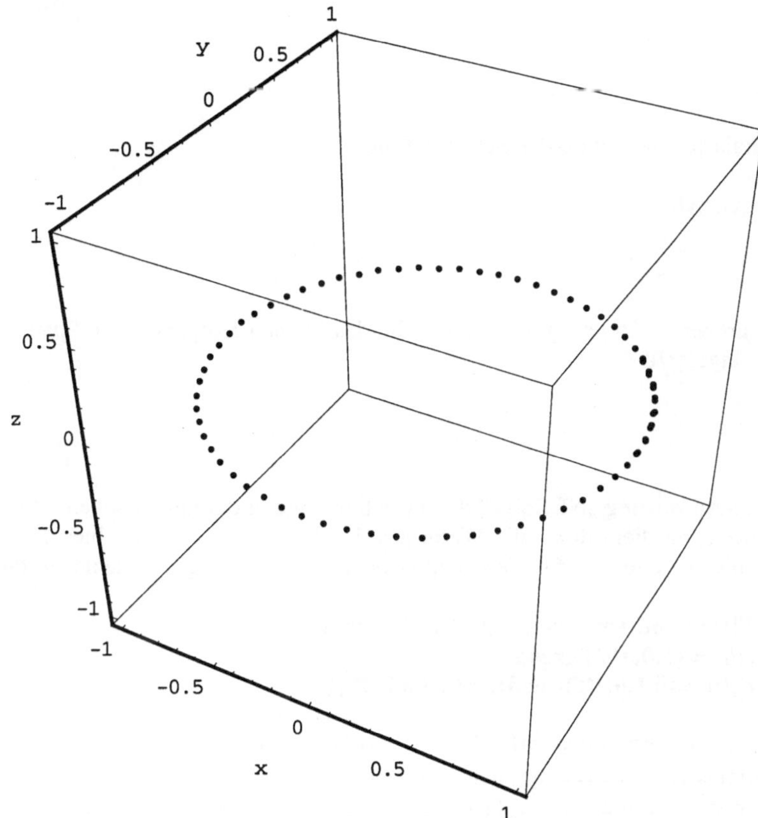

Nun wollen wir zeigen, wie man die gesamte Aufgabe relativ schnell mit Hilfe der Mathematica-Anweisung „NDSolve" durchrechnen kann:

Remove["Global`*"]

Wir bilden den „Ortsvektor":

r[t_]:={x[t],y[t],z[t]}

Zur Überprüfung lassen wir uns diesen Vektor als Spalte ausgeben:

r[t]//MatrixForm

$$\begin{pmatrix} x[t] \\ y[t] \\ z[t] \end{pmatrix}$$

Ebenso den Beschleunigungsvektor:

r''[t]//MatrixForm

$$\begin{pmatrix} x''[t] \\ y''[t] \\ z''[t] \end{pmatrix}$$

Mit Hilfe des Skalarprodukts wird der Betrag definiert:

rbetrag=Sqrt[r[t].r[t]]

$$\sqrt{x[t]^2 + y[t]^2 + z[t]^2}$$

Die Masse des größeren Körpers sei wieder 1, die des kleinen Körpers sei 0. Später werden auch andere Massen eingesetzt.

m0=1;
m1=0;

Die Mathematica-Anweisung „NDSolve" dient der Berechnung der numerischen Lösung von DGL. Die Thread-Anweisung dient dazu, die Werte aus den Listen auf die einzelnen Komponenten zu übertragen und alle Gleichungen für die Komponenten in einer einzigen Liste anzuordnen:

L=NDSolve[{r''[t]==-(m0+m1)/rbetrag^3*r[t]//Thread,
**   r[0]=={1,0,0}//Thread,**
**   r'[0]=={0,1,0}//Thread}, r[t],{t,0,2*Pi}]**

```
{{x[t] → InterpolatingFunction[{{0., 6.28319}}, <>][t],
   y[t] → InterpolatingFunction[{{0., 6.28319}}, <>][t],
   z[t] → InterpolatingFunction[{{0., 6.28319}}, <>][t]}}
```

FL=Flatten[L]

```
{x[t] → InterpolatingFunction[{{0., 6.28319}}, <>][t],
 y[t] → InterpolatingFunction[{{0., 6.28319}}, <>][t],
 z[t] → InterpolatingFunction[{{0., 6.28319}}, <>][t]}
```

Wir plotten nun die Bahn von m um M im Raum:

ParametricPlot3D[Evaluate[r[t] /. FL], {t, 0, 2 Pi}, PlotPoints -> 100,
**   AxesLabel -> {"x", "y", "z"}, AxesStyle → {Thickness[0.005]}];**

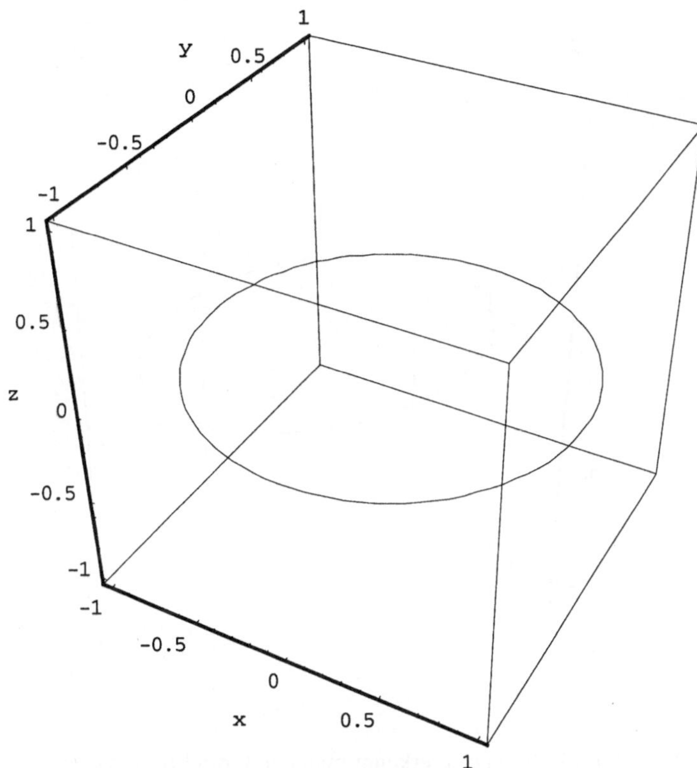

Die folgenden Zeilen spielen dieses Beispiel noch einmal mit anderen Massen durch:

m0=1;
m1=2;

L=NDSolve[{r''[t]==-(m0+m1)/rbetrag^3*r[t]//Thread,
**   r[0]=={1,0,0}//Thread,r'[0]=={0,1,0}//Thread},r[t],{t,0,2*Pi}];**

FL=Flatten[L];

In der folgenden Anweisung werden 100 Plotpunkte als Stützstellen für das Zeichnen der Bahnkurve angegeben:

ParametricPlot3D[Evaluate[r[t]/.FL],{t,0,2Pi},PlotPoints->100];

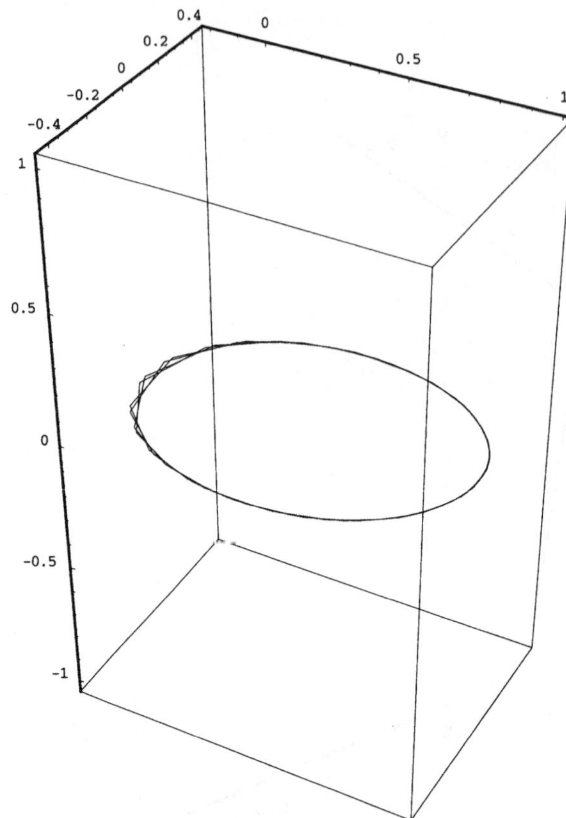

Wählt man wenige (z.B. 50) PlotPoints, so erkennt man den Grund für die etwas merkwürdige Gestalt der Bahn: Diese wird infolge des neuen Massenverhältnisses und daher geänderter Umlaufszeit mehrfach durchlaufen. Die Kurve wird wegen der geringen Zahl der Stützpunkte nicht glatt dargestellt. Dies läßt sich beheben, wenn man den Endpunkt der Berechnung reduziert und die Zahl der „PlotPoints" erhöht:

```
L=NDSolve[{r''[t]==-(m0+m1)/rbetrag^3*r[t]//Thread,
        r[0]=={1,0,0}//Thread,r'[0]=={0,1,0}//Thread},r[t],{t,0,2}]
```

```
FL=Flatten[L]
```

```
ParametricPlot3D[Evaluate[r[t] /. FL], {t, 0, 2}, PlotPoints -> 100, AxesLabel -> {"x", "y", "z"},
    AxesStyle -> {Thickness[0.005]}];
```

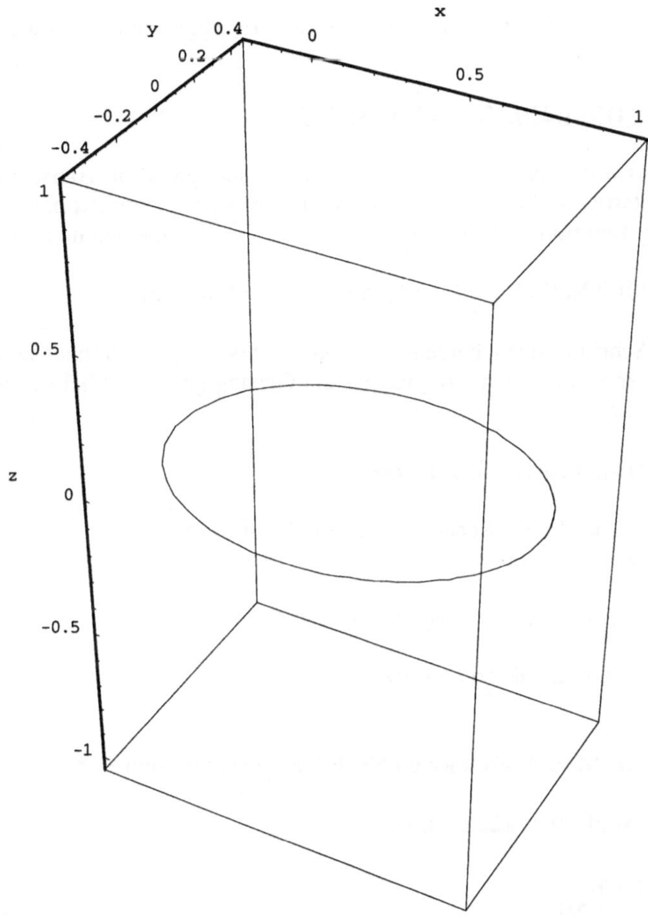

9.3 RK-Verfahren: Schrittweitensteuerung

Nicht alle numerischen Differentialgleichungsprobleme können mit Verfahren, die mit konstanter Schrittweite voranschreiten, zufriedenstellend bearbeitet werden. Das RK-Verfahren mit variabler Schrittweite für Systeme soll nun programmiert und bei der ersten Anwendung auf ein einfaches, aber für Testzwecke gut geeignetes DGL-System näher erläutert werden. Sie müssen nicht alles neu eintippen, denn viele Eingaben können aus den zuvor schon erstellten Programmen einfach kopiert werden.

Remove["Global`*"]

Wir geben ein DGL-System vor. Dieses hat die Eigenschaft, dass die beiden Komponenten der Lösung Schwingungen darstellen. Eine der beiden schwingt dabei immer „rascher", wie wir gleich sehen werden.

f1[t_, x1_, x2_] := Cos[t];
f2[t_, x1_, x2_] := -1/t^2*Cos[1/t];

Wie bisher legen wir auch hier die Funktion f als vektorwertige Funktion mit zwei Komponenten fest:

f[t_, x_] := { f1[t, x[[1]], x[[2]]], f2[t, x[[1]], x[[2]]] }

Dann geben wir Startwerte vor. Da man die Lösungen leicht auch mit Bleistift und Papier erhält, haben wir hier die Startwerte für x1 und x2 aus Gründen der Genauigkeit und der Bequemlichkeit mit Hilfe der Lösungsfunktion vorgegeben, was natürlich im allgemeinen nicht so ist.

t0 = -10; x0 = {Sin[t0] // N, Sin[-1/t0] // N}; tend = -0.05; h = 0.05;

Die nun folgenden Schritte unterscheiden sich von der bisherigen Vorgehensweise bei konstanter Schrittweite nur in der zusätzlichen Vorgabe für die Genauigkeit (tol) bei der Schrittweitensteuerung. Dazu gleich mehr:

L = {{t0, x0}};   (* Ausgabeliste initialisieren *)

eps = 10^-10;   (* Genauigkeit Erreichen des für Endpunkts *)
tol = 10^-7;   (* Rechengenauigkeit bei Schrittw. Steuerung *)

counter = 0;   (* Schleifenzähler auf Null setzen *)

t = t0;   (* Laufvariablen belegen *)
x = x0;

 (* RK - Integrator als Modul mit lokalen Variablen programmieren *)

RK[t_, x_, h_] := Module[{k1, k2, k3, k4},
  k1 = h*f[t, x];
  k2 = h*f[t + h/2, x + k1/2];
  k3 = h*f[t + h/2, x + k2/2];
  k4 = h*f[t + h, x + k3];
  {t + h, x + 1/6(k1 + 2k2 + 2k3 + k4)}]

Die bekannte „While"-Schleife enthält jetzt allerdings mehr Anweisungen als zuvor. Zum einen wird der eigentliche RK-Integrator dreimal aufgerufen, zum andern wird entschieden, ob die Schrittweite beizubehalten, zu verkleinern oder zu vergrößern ist. Dies müssen Sie sich folgendermaßen vorstellen:
Es wird zunächst ausgehend von (t_0, x_0) mit der Schrittweite h mit Hilfe des RK-Verfahrens ein Näherungswert $\hat{x}$ für den Wert $x(t_0+h)$ berechnet. Dieser wird verglichen mit einem zweiten Näherungswert $\bar{x}$ den man dadurch erhält, dass man noch einmal von (t_0, x_0) ausgeht, dann aber zwei Schritte mit jeweils h/2 rechnet (siehe nächstes Bild). Ist der Unterschied dieser Werte nur gering, kann man versuchen, die Schrittweite zu vergrößern, in der Hoffnung, dann immer noch genau genug zu rechnen. Ist diese Differenz jedoch zu groß, so muß man den letzten Integrationsschritt (drei Integratoraufrufe) von (t_0, x_0) aus nochmals mit kleinerer (halbierter oder ähnlich reduzierter) Schrittweite rechnen. Liegt die Differenz innerhalb eines Toleranzbereichs für den lokalen Fehler, so bleibt man bei dieser momentanen Schrittweite h.

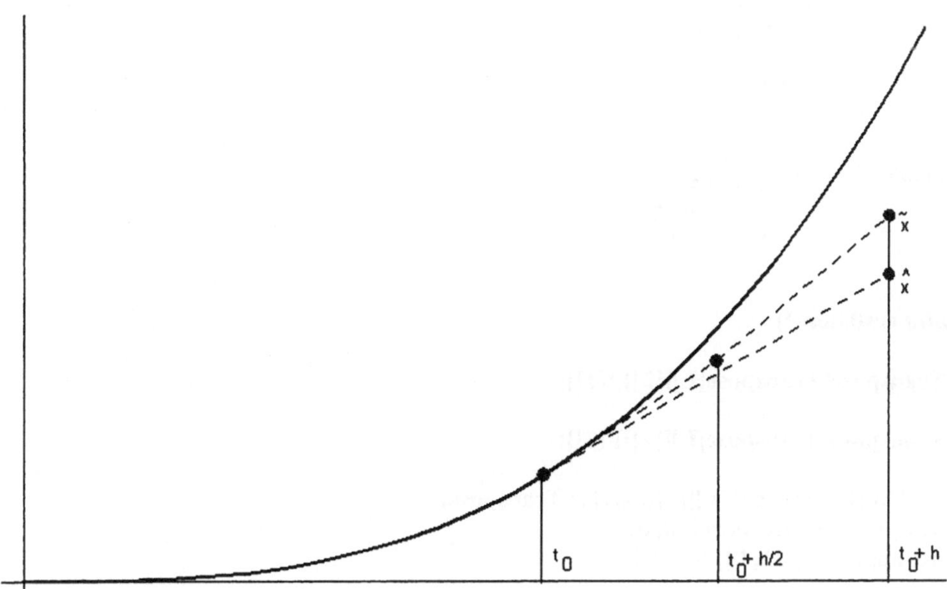

Bei der praktischen Realisierung dieser Schrittweitensteuerung gehen wir nach dem Verfahren vor, wie es Bulirsch und Stör in ihrem Buch aufzeigen (s. Literaturverzeichnis). Ein Struktogramm hierzu finden Sie am Ende dieses Abschnitts. Geben Sie also nun die folgende Schleife ein, die der Schrittweitensteuerung dient.

While[Abs[tend - t] > eps && counter < 2000,
{   counter = counter + 1;
If[Sign[h]*(t + h) > Sign[h]*tend , h = tend - t];
{t1, xtest1} = RK[t, x, h];
{t2, xtest2} = RK[t, x, h/2];
{t3, xtest3} = RK[t2, xtest2, h/2];
Norm = Max[Abs[xtest3 - xtest1]]/tol;
h1 = h/((16/15*Norm)^(1/5));
If [h/h1 >= 3, {h = 2*h1;}, { t = t + h; x = xtest3, h = 2*h1}];
AppendTo[L, {t, x}];
Print["t=", t, " x=", x, " Counter=", counter, " tend-t=", tend - t , " h=", h];}]

```
t=-9.95   x={0.501405 , 0.0993334 }   Counter =1 tend-t=9.9   h=0.404372
t=-9.54563  x= 0.120556, 0.0950983   Counter=2 tend-t=9.49563  h=0.395977 ....

....
t=-0.05   x={-0.0499802 , -0.713276 }   Counter =84 tend-t=0.   h=0.000955719
```

L // TableForm   (* eventuell auch L // MatrixForm *)

```
-10            0.544021
               0.0998334
-9.95          0.501405
               0.0993334
-9.54563       0.120556
               0.0950983
         ...
         ...
-0.0505593     -0.0505388
               -0.601471
-0.05          -0.0499802
               -0.713276
```

(* Grafik erstellen *)

xl1 = Transpose[Transpose[L][[2]]][[1]];

xl2 = Transpose[Transpose[L][[2]]][[2]];

g1 = ListPlot[{Transpose[L][[1]], xl1} // Transpose,
    PlotStyle -> RGBColor[1, 0, 0],
    PlotRange -> {{-11, 0}, {-2, 2}}];

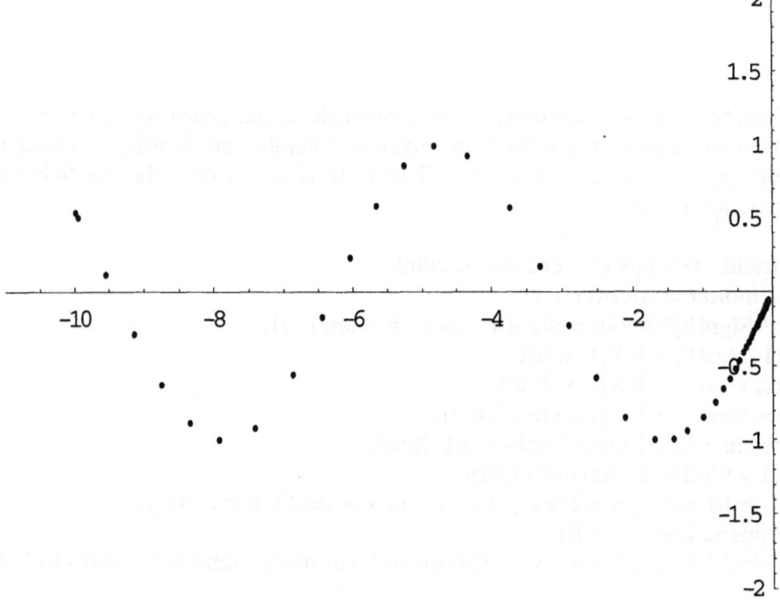

Needs["Graphics`MultipleListPlot`"]

g2 = MultipleListPlot[{Transpose[L][[1]], xl2} // Transpose,
    PlotStyle -> RGBColor[0, 0, 1], PlotJoined -> True,
    PlotRange -> {{-11, 0}, {-2, 2}}];

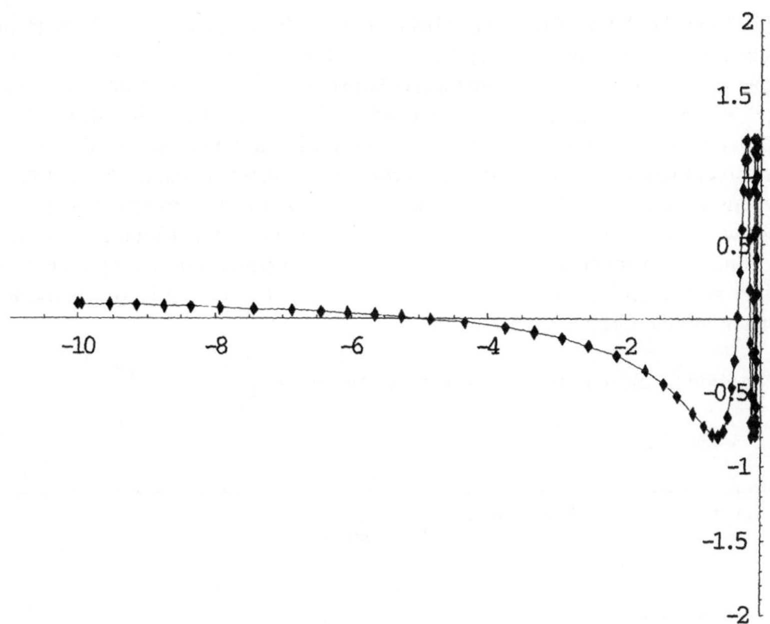

Show[g1, g2];

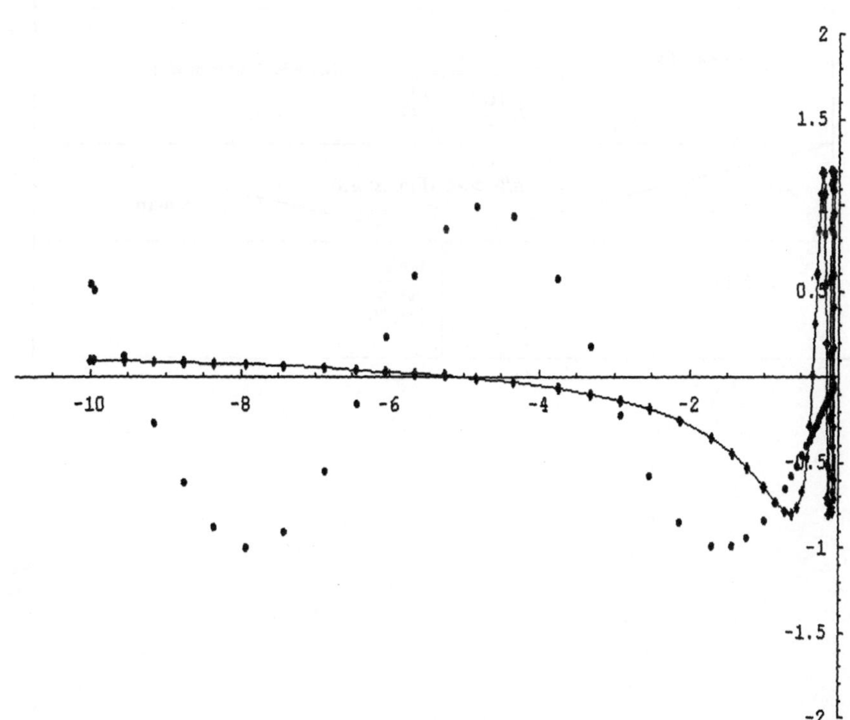

Betrachten Sie bitte das letzte Bild. Die Abstände der Abszissen der einzelnen Punkte stellen die benutzten Schrittweiten dar. Nach einer kurzen Startphase, wo die Schrittweise rasch vergrößert wird, kann das Programm mit einer annähernd konstanten Schrittweite arbeiten, da beide Kurven nur wenig gekrümmt sind. Das Bild zeigt deutlich, wie die Wahl der Schrittweite durch diejenige Komponente der beiden Gleichungen bestimmt wird, die stärkeren Schwankungen unterliegt, obwohl bei der gleichmäßigeren Komponente (zumindest in ihrem annähernd linearen Teil) durchaus mit einer wesentlich größeren Schrittweite ohne merklichen Genauigkeitsverlust gerechnet werden könnte. Daher wird im rechten Teil der Grafik die Schrittweite immer kleiner, wie man an den dichter liegenen Punkten erkennen kann. Die immer rascher oszillierende Komponente zwingt das Programm zu einer ständigen Verkleinerung der Schrittweite. Schließlich ist durch die Rechengenauigkeit dem Verfahren eine Grenze gesetzt.

Es folgt das besagte Struktogramm der Schrittweitensteuerung:

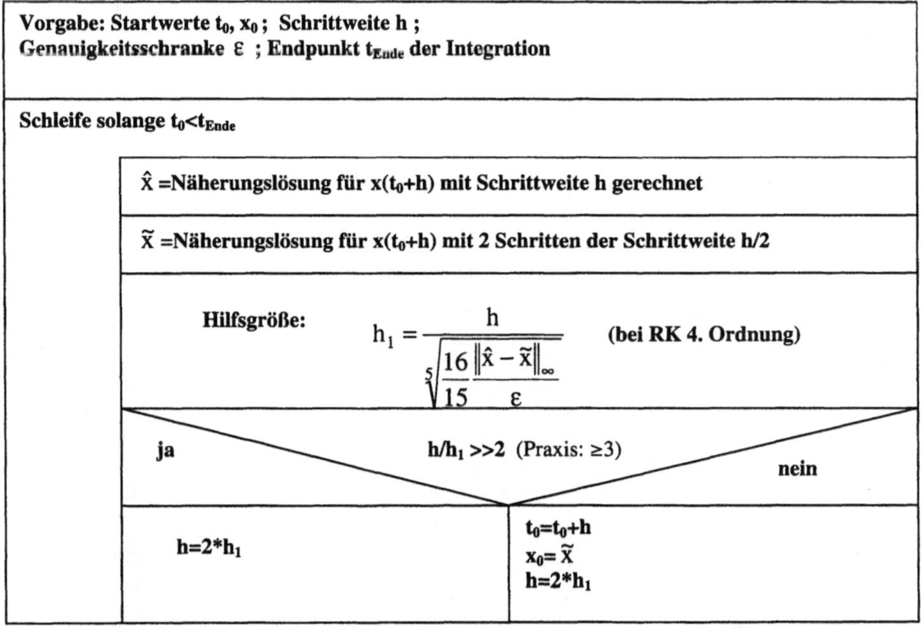

9.3.1   Listing für RK mit Schrittweitensteuerung

```mathematica
                         (* RK - Verfahren mit variabler Schrittweite für Systeme  *)
Remove["Global`*"]

f1[t_, x1_, x2_] := Cos[t];
f2[t_, x1_, x2_] := -1/t^2*Cos[1/t];
                                   (*  f  je nach Anzahl der Gleichungen festlegen *)
f[t_, x_] := {f1[t, x[[1]], x[[2]]],
          f2[t, x[[1]], x[[2]]]    }
                                   (* Startwerte und Endpunkt vorgeben *)
t0 = -10; x0 = {Sin[t0] // N, Sin[-1/t0] // N}; tend = -0.05; h = 0.05;

L = {{t0, x0}};     (* Ausgabeliste initialisieren *)

eps = 10^-10;       (* Genauigkeit Erreichen des für Endpunkts *)
tol = 10^-7;        (* Rechengenauigkeit bei Schrittw. Steuerung *)
counter = 0;        (* Schleifenzähler auf Null setzen *)
t = t0;             (* Laufvariablen belegen *)
x = x0;
                         (* RK - Integrator als Modul mit lokalen Variablen  programmieren *)
RK[t_, x_, h_] := Module[{k1, k2, k3, k4},
   k1 = h*f[t, x];
   k2 = h*f[t + h/2, x + k1/2];
   k3 = h*f[t + h/2, x + k2/2];
   k4 = h*f[t + h, x + k3];
   {t + h, x + 1/6(k1 + 2k2 + 2k3 + k4)}]

While[Abs[tend - t] > eps && counter < 10000,
      {   counter = counter + 1;
          If[ Sign[h]*(t + h) > Sign[h]*tend , h = tend - t];
          {t1, xtest1} = RK[t, x, h];
          {t2, xtest2} = RK[t, x, h/2];
          {t3, xtest3} = RK[t2, xtest2, h/2];
          Norm = Max[Abs[xtest3 - xtest1]]/tol;
          h1 = h/((16/15*Norm)^(1/5));
          If [h/h1 >= 3, {h = 2*h1;}, { t = t + h; x = xtest3, h = 2*h1}];
          AppendTo[L, {t, x}];
          Print[ "t=", t, "  x=", x, "  Counter=",
                counter, " tend-t=", tend - t , "  h=", h ];
      }]
                                   (* Tabelle falls gewünscht ausgeben *)
L // TableForm                     (* eventuell auch L // MatrixForm *)

xl1 = Transpose[Transpose[L][[2]]][[1]];
xl2 = Transpose[Transpose[L][[2]]][[2]];

g1 = ListPlot[{Transpose[L][[1]], xl1} // Transpose,
          PlotStyle -> RGBColor[1, 0, 0], PlotRange -> {{-11, 0}, {-2, 2}}];


Needs["Graphics`MultipleListPlot`"]

g2 = MultipleListPlot[{Transpose[L][[1]], xl2} // Transpose,
    PlotStyle -> RGBColor[0, 0, 1], PlotJoined -> True,
    PlotRange -> {{-11, 0}, {-2, 2}}];

Show[g1, g2];
```

9.3.2 n-Körper-Problem

Das Beispiel in diesem Abschnitt ist schon eine fortgeschrittene und durchaus praxisbezogene Anwendung unseres RK-Programms. Es muß nicht beim ersten Durcharbeiten des Buches nachvollzogen werden. Dieses Beispiel ist die Erweiterung des bereits behandelten Zweikörperproblems. Es ist außerdem eine Demonstration der Möglichkeiten der Mathematica-Anweisung „NDSolve". Wir empfehlen dieses Beispiel zudem als Übung für das Programmieren eines DGL-Systems in Mathematica. Wir betrachten das sogenannte n-Körper-Problem. Hierzu wird unser im letzten Abschnitt programmiertes Beispiel des schrittweitengesteuerten Runge-Kutta-Integrators eingesetzt und die von uns gefundene Lösung mit der von Mathematica über „NDSolve" gefundenen Lösung verglichen. Dieses Beispiel ist etwas aufwendiger in der Schreibarbeit, da die Differentialgleichungen neu eingegeben werden müssen. Der Rumpf des Programms lässt sich aber aus dem vorherigen Abschnitt übernehmen.

Das n-Körper-Problem kann folgendermaßen formuliert werden: Gegeben seien n punktförmige Massen (n=3,4,5..; für n=2 haben wir das bereits besprochene Zweikörperproblem), die sich nur unter dem Einfluß ihrer gegenseitigen Gravitation bewegen. Gegeben sei außerdem der Zustand des Systems, das heißt die Orts- und Geschwindigkeitsvektoren der Körper in einem geeigneten Koordinatensystem, zu einem Zeitpunkt $t=t_0$. Gesucht ist der Zustand des Systems zu einem von t_0 verschiedenen Zeitpunkt t_1.

Das n-Körper-Problem ist nur für n=2 und eingeschränkt bei n=3 - dem „problème restreint" - analytisch lösbar. In voller Allgemeinheit ist es bereits für n=3, erst recht für höhere n, nicht mehr analytisch lösbar. Wir müssen daher numerisch vorgehen.
Analog dem Beispiel des Planetensystems wird man im Fall einer einzelnen dominanten Masse (Sonne) diesen Körper als Nullpunkt des Koordinatensystems wählen. Wir interessieren uns dann nur für die relative Bewegung der übrigen Körper um diese „Zentralmasse".
Die Differentialgleichungen des n-Körperproblems in einem Koordinatensystem, welches im Körper M_1 (das entspricht einem heliozentrischen System) ruht, lauten

$$\ddot{\vec{r}}_i = k^2 \left\{ -\frac{(M_1 + M_i)}{r^3_{i1}} \cdot \vec{r}_i + \sum_{\substack{j=2 \\ i \neq j}}^{n} M_j \left(\frac{\vec{r}_j - \vec{r}_i}{r_{ij}^{\,3}} - \frac{\vec{r}_j}{r_{j1}^{\,3}} \right) \right\} \; ; \; i=2,3,...,n; \; M_1 = \text{Zentralmasse (Sonnenmasse).}$$

Hierin werden mit M_i (i=2,3,..,n) die Massen der Körper bezeichnet, die sich relativ zur Zentralmasse M_1 bewegen. Ihre Ortsvektoren sind $\vec{r}_i$, ihre Beschleunigungsvektoren sind $\ddot{\vec{r}}_i$, und die Entfernung des i-ten Körpers vom j-ten Körper ist $r_{ij} = \sqrt{(x_i - x_j)^2 + (y_i - y_j)^2 + (z_i - z_j)^2}$. Die Gravitationskonstante lautet $k^2 = 2.959 \cdot 10^{-4}$.

Wir wollen folgendes Beispiel rechnen: Im System Sonne–Jupiter bewege sich ein Komet. Die restlichen Planeten seien so weit von diesem entfernt, dass wir deren Einflüsse vernachlässigen können. Die Sonnenmasse M_1 sei 1, was bedeutet, dass sich alle Massenangaben in Einheiten der Sonnenmasse vorgeben lassen. Die Jupitermasse beträgt ca. ein Tausendstel der Sonnenmasse, genauer $9.54 \cdot 10^{-4}$. Die Kometenmasse ist so klein gegenüber Sonne und Jupiter, dass der Komet diese beiden Massen nicht beeinflusst; er wird jedoch selbst beeinflusst. Wir setzen für seine Masse $M_3 = 0$, was gegenüber den beiden riesigen Massen von Sonne und Jupiter durchaus realistisch ist.
Position und Geschwindigkeit des Kometen wurden zu einem Zeitpunkt festgestellt, als er in Sonnennähe gut sichtbar war. Zu diesem Zeitpunkt wurden auch Position und Geschwindigkeit des Jupiter bestimmt. Hinweis: Jupiter ist etwa 5.2 Astronomische Einheiten von der Sonne enfernt (eine

Astronomische Einheit ist die mittlere Entfernung Erde-Sonne). Seine Umlaufszeit beträgt 11.86 Jahre, das sind ca. 4330 Tage. Seine Geschwindigkeit in Astronomischen Einheiten pro Tag beträgt daher $2\pi \cdot 5.2/4330 = 0.0075$. Wir wählen unser Koordinatensystem, das in der Sonne seinen Ursprung besitzt, in der Weise, dass die x-Achse zu Beginn unserer Rechung in Richtung Jupiter zeigt, die y-Achse durch dessen Bahnebene festgelegt ist und senkrecht zur x-Achse liegt. Die z-Achse ergänzt diese Achsen zu einem orthogonalen Rechtssystem. Jupiter hat also zu Beginn die Koordinaten (5.2, 0, 0) und die Geschwindigkeiten (0, 0.0075, 0) bezüglich x-, y- und z-Richtung. Es ergaben sich folgende Startwerte für die Berechnung in der Reihenfolge $x, \dot{x}, y, \dot{y}, z, \dot{z}$ zunächst für Jupiter, dann für den Kometen (durch Beobachtung seiner Bahn) :

$$\{5.2, 0, 0 , 0.0075, 0, 0\} \; ; \; \{ -0.5, 0.0243, -0.4, -0.017671, 0, 0\}.$$

Die Zeitmessung erfolgt ab dem Zeitpunkt $t_0 = 0$ (das könnte in Realität ein bestimmtes Julianisches Datum sein). Mit einer anfänglichen Schrittweite von h=10 Tagen, die im Lauf der Berechnung natürlich variabel ist, wollen wir die Bahn des Kometen für beispielsweise 3000 Tage verfolgen. Wir wollen feststellen, wie Jupiter die Kometenbahn bei einer vermuteten Annäherung beeinflusst.

Nun müssen wir die Differentialgleichungen in Mathematica programmieren und die Startwerte für die Berechnung eingeben, der Rest des Programms wurde bereits im vorherigen Abschnitt erstellt. Das System von jeweils 3 Differentialgleichungen zweiter Ordnung für die Bewegung von M_i, i=2,3, das man aus obiger Formel für das n-Körper-Problem im Fall n=3 erhält, wird umgewandelt (wie schon besprochen) in ein System von 6 DGL erster Ordnung für jeden Körper M_2 und M_3. Wir legen fest, dass der in Mathematica mit „x" bezeichnete Vektor 6 Komponenten hat. Die Bedeutung dieser Komponenten ist wie oben bereits gesagt: $x, \dot{x}, y, \dot{y}, z, \dot{z}$. Wie schon früher benutzen wir folgende Überlegung zur Umwandlung des vorliegenden DGL-Systems in ein System erster Ordnung: Wir setzen an $x_1 = x, x_2 = \dot{x}, x_3 = y, x_4 = \dot{y}, x_5 = z, x_6 = \dot{z}$. Dies gilt zunächst sowohl für den Jupiter, als auch für den Kometen. Zwischen diesen wird durch einen zweiten Index (i=2 oder 3) in den folgenden Funktionen f unterschieden. Damit programmieren wir die DGL:

```
Remove["Global`*"]

x={x1,x2,x3,x4,x5,x6};

f1[t_,x_,i_]:=x[[2]][i]

f2[t_,x_,i_]:=-kq* ((M[1]+M[i])/rhoch3[i,1]*x[[1]][i]+
            Sum[If[j==i,0,M[j]*((x[[1]][i]- x[[1]][j])/rhoch3[i,j]+
            x[[1]][j]/rhoch3[j,1])],{j,2,n}])

f3[t_,x_,i_]:=x[[4]][i]

f4[t_,x_,i_]:=-kq((M[1]+M[i])/rhoch3[i,1]*x[[3]][i]+
            Sum[If[j==i,0,M[j]*((x[[3]][i]-x[[3]][j])/rhoch3[i,j]+
            x[[3]][j]/rhoch3[j,1])],{j,2,n}])

f5[t_,x_,i_]:=x[[6]][i]

f6[t_,x_,i_]:=-kq((M[1]+M[i])/rhoch3[i,1]*x[[5]][i]+
            Sum[If[j==i,0,M[j]*((x[[5]][i]-x[[5]][j])/rhoch3[i,j]+
            x[[5]][j]/rhoch3[j,1])],{j,2,n}])

rhoch3[i_,j_]:=((x[[1]][i]-x[[1]][j])^2+(x[[3]][i]-x[[3]][j])^2+(x[[5]][i]-x[[5]][j])^2)^(3/2)

n:=3;  (* Anzahl Körper incl. Sonne *)
```

Wir überprüfen zum Beispiel f2:

f2[t,{x1,x2,x3,x4,x5,x6},2]

$$-kq\left(\frac{(M[1]+M[2])\,x1[2]}{((-x1[1]+x1[2])^2+(-x3[1]+x3[2])^2+(-x5[1]+x5[2])^2)^{3/2}}+\right.$$
$$M[3]\left(\frac{x1[2]-x1[3]}{((x1[2]-x1[3])^2+(x3[2]-x3[3])^2+(x5[2]-x5[3])^2)^{3/2}}+\right.$$
$$\left.\left.\frac{x1[3]}{((-x1[1]+x1[3])^2+(-x3[1]+x3[3])^2+(-x5[1]+x5[3])^2)^{3/2}}\right)\right)$$

Nun legen wir die Massen und die Gravitationskonstante fest:

M[1]=1;
M[2]=9.54*10^(-4);
M[3]=0;
kq= 2.959*10^(-4);

Das komplette System erhält die Bezeichnung g(t,x):

g[t_,x_]:={f1[t,x,2], f2[t,x,2], f3[t,x,2], f4[t,x,2], f5[t,x,2], f6[t,x,2],
**   f1[t,x,3], f2[t,x,3], f3[t,x,3], f4[t,x,3], f5[t,x,3], f6[t,x,3]}**

x1[1]=x2[1]=x3[1]=x4[1]=x5[1]=x6[1]=0;

f[t_,{x12_,x22_,x32_,x42_,x52_,x62_,x13_,x23_,x33_,x43_,x53_,x63_}]=
(g[t,{x1,x2,x3,x4,x5,x6}]/.{x1[2]->x12,x1[3]->x13,x2[2]->x22,x2[3]->x23,
**   x3[2]->x32,x3[3]->x33,x4[2]->x42,x4[3]->x43,x5[2]->x52,x5[3]->x53,**
**   x6[2]->x62,x6[3]->x63})//Evaluate**

$$\left\{x22,\,-\frac{0.000296182\,x12}{(x12^2+x32^2+x52^2)^{3/2}},\,x42,\,-\frac{0.000296182\,x32}{(x12^2+x32^2+x52^2)^{3/2}},\,x62,\right.$$
$$-\frac{0.000296182\,x52}{(x12^2+x32^2+x52^2)^{3/2}},\,x23,\,-0.0002959\left(\frac{x13}{(x13^2+x33^2+x53^2)^{3/2}}+0.000954\right.$$
$$\left.\left(\frac{x12}{(x12^2+x32^2+x52^2)^{3/2}}+\frac{-x12+x13}{((-x12+x13)^2+(-x32+x33)^2+(-x52+x53)^2)^{3/2}}\right)\right),$$
$$x43,\,-0.0002959\left(\frac{x33}{(x13^2+x33^2+x53^2)^{3/2}}+0.000954\right.$$
$$\left.\left(\frac{x32}{(x12^2+x32^2+x52^2)^{3/2}}+\frac{-x32+x33}{((-x12+x13)^2+(-x32+x33)^2+(-x52+x53)^2)^{3/2}}\right)\right),$$
$$x63,\,-0.0002959\left(\frac{x53}{(x13^2+x33^2+x53^2)^{3/2}}+0.000954\right.$$
$$\left.\left.\left(\frac{x52}{(x12^2+x32^2+x52^2)^{3/2}}+\frac{-x52+x53}{((-x12+x13)^2+(-x32+x33)^2+(-x52+x53)^2)^{3/2}}\right)\right)\right\}$$

Der Vektor der Startwerte wird mit x0 bezeichnet:

x0={5.2,0,0,0.0075,0,0,-0.5,0.0243,-0.4,-0.017671,0,0}

```
{5.2 , 0, 0, 0.0075 , 0, 0, -0.5 , 0.0243 , -0.4 , -0.017671 , 0, 0}
```

t0 = 0; tend = 3000; h = 10;   (* **Startwerte und Endpunkt vorgeben** *)

Die nun folgenden Programmzeilen sind wie die im vorherigen Abschnitt bereits benutzten Programmteile und bedürfen keiner weiteren Erklärung, außer den ohnehin vorhanden Kommentarzeilen:

L = {{t0, x0}}   (* **Ausgabeliste initialisieren** *)

```
{{0, {5.2 , 0, 0, 0.0075 , 0, 0, -0.5 , 0.0243 , -0.4 , -0.017671 , 0, 0}}}
```

eps = 10^-10;   (* **Genauigkeit Erreichen des für Endpunkts** *)
tol = 10^-7;   (* **Rechengenauigkeit bei Schrittw. Steuerung** *)

counter = 0;   (* **Schleifenzähler auf Null setzen** *)

t = t0;   (* **Laufvariablen belegen** *)
x = x0;

 (* **RK - Integrator als Modul mit lokalen Variablen programmieren** *)

RK[t_, x_, h_] := Module[{k1, k2, k3, k4},
  k1 = h*f[t, x];
  k2 = h*f[t + h/2, x + k1/2];
  k3 = h*f[t + h/2, x + k2/2];
  k4 = h*f[t + h, x + k3];
  {t + h, x + 1/6(k1 + 2k2 + 2k3 + k4)}]

  (* **Hautpschleife für die Iteration** *)

While[Abs[tend - t] > eps && counter < 2000,
        {   counter = counter + 1;
            If[Sign[h]*(t + h) > Sign[h]*tend , h = tend - t];
            {t1, xtest1} = RK[t, x, h];
            {t2, xtest2} = RK[t, x, h/2];
            {t3, xtest3} = RK[t2, xtest2, h/2];
            Norm = Max[Abs[xtest3 - xtest1]]/tol;
            h1 = h/((16/15*Norm)^(1/5));
            If [h/h1 >= 3, {h = 2*h1;}, { t = t + h; x = xtest3, h = 2*h1}];
            AppendTo[L, {t, x}];
            (* **Ausgabe der Zwischenschritte falls gewünscht** *)
            (* **Print["t=", t, " x=", x, " Counter=",**
                counter, " tend-t=", tend - t , " h=", h]; *)
        }]

(* **Tabelle falls gewünscht ausgeben** *)

(* L // TableForm *)

(* Grafik erstellen *)
xl1 = Transpose[Transpose[L][[2]]][[1]];

xl3 = Transpose[Transpose[L][[2]]][[3]];

xl5 = Transpose[Transpose[L][[2]]][[5]];

Zu Jupiter gehören alle Werte $xl1,..,xl6$, wobei $xl1$, $xl3$, $xl5$ die Koordinaten und $xl2$, $xl4$, $xl6$ die entsprechenden Geschwindigkeiten darstellen. Zum Kometen gehören alle Endziffern 7, ..., 12.
Die nun folgenden Grafiken beschreiben den zeitlichen Verlauf der Lösungskurven der einzelnen Systemkomponenten für den Jupiter, nämlich x(t), y(t), z(t). Letztere der drei ist zeitlich konstant, da die Bewegung in der Ebene z=0 stattfinden soll. Die tatsächlichen Bahnkurven des Planeten und des Kometen werden erst weiter unten gezeichnet:

g1 = ListPlot[{Transpose[L][[1]], xl1} // Transpose,
**   PlotStyle -> RGBColor[1, 0, 0]];**

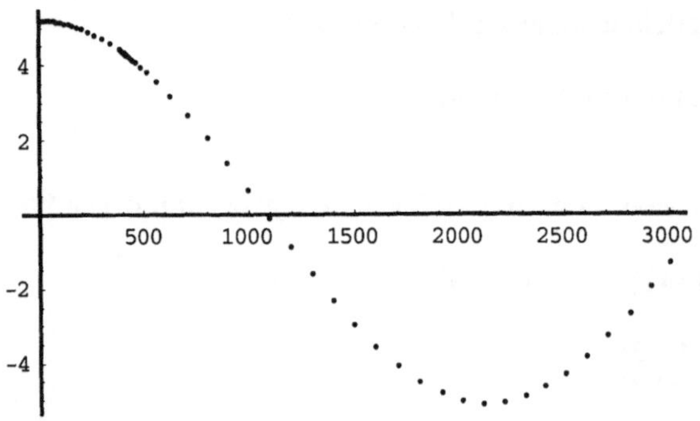

g2 = ListPlot[{Transpose[L][[1]], xl3} // Transpose,
**   PlotStyle -> RGBColor[0, 0, 1]];**

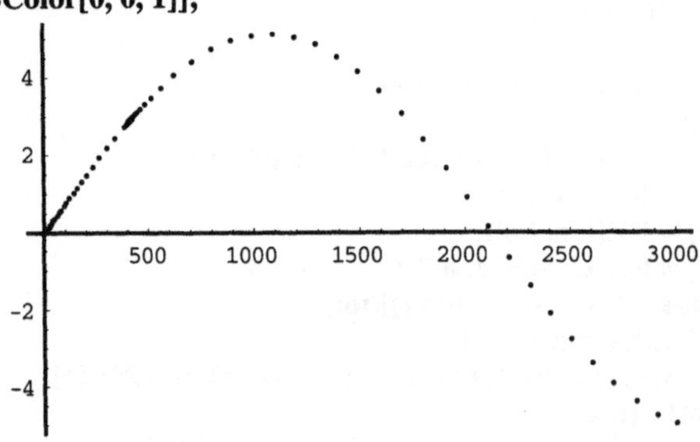

g3 = ListPlot[{Transpose[L][[1]], xl5} // Transpose,
**   PlotStyle -> RGBColor[1, 0.5, 1]];**

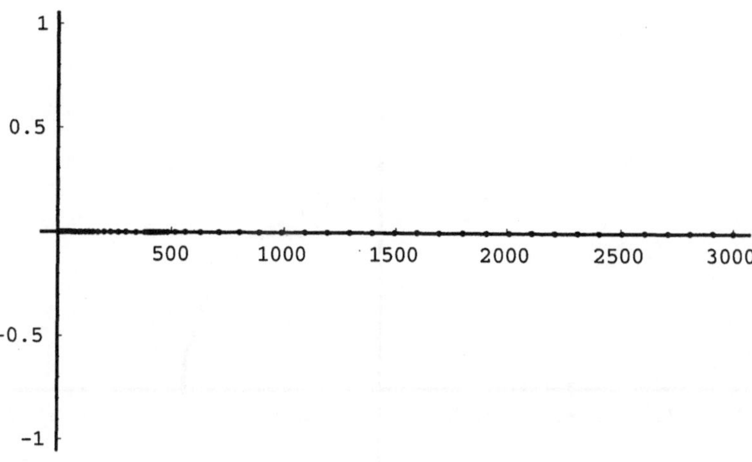

Show[g1, g2, g3];

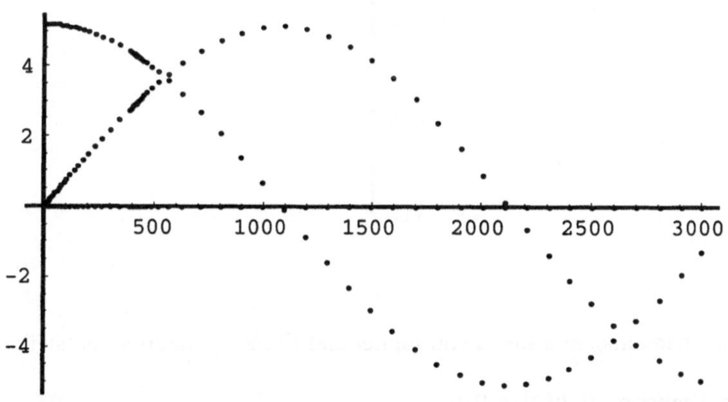

Nun wird y(t) gegen x(t) für den Körper 2 (Jupiter) aufgetragen. Man erhält dessen Bahnkurve. Wie zu erwarten, ist diese kreisförmig (allerdings ist kein kompletter Umlauf berechnet):

g3 = ListPlot[{xl1, xl3} // Transpose, PlotStyle -> RGBColor[1, 0.5, 1],
   PlotRange -> {{-10, 10}, {-10, 10}}, AspectRatio -> 1];

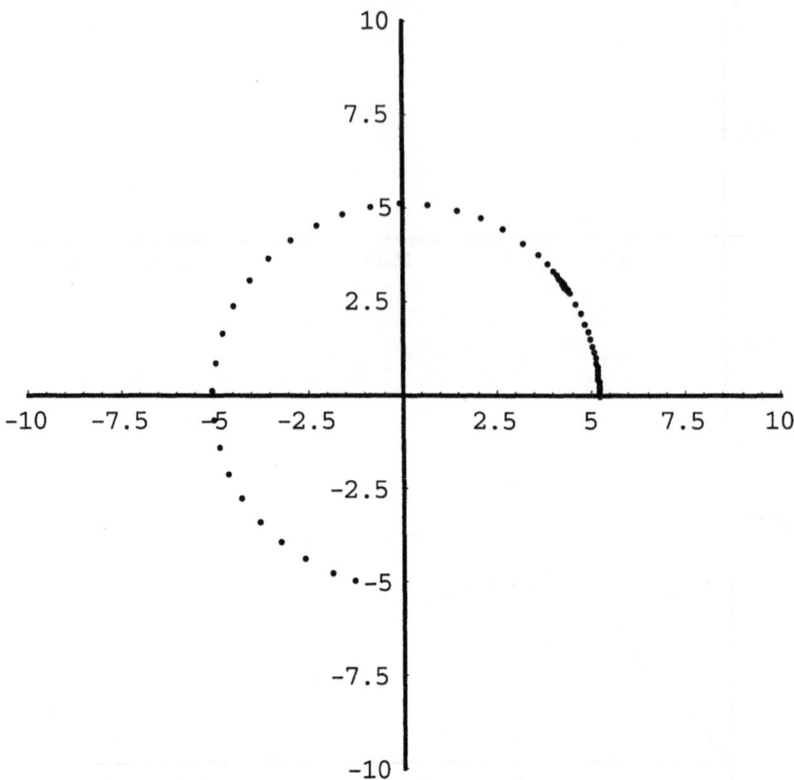

Wir wollen nun die berechneten Bahnen von Jupiter und Komet gemeinsam darstellen.

xl7 = Transpose[Transpose[L][[2]]][[7]];

xl9 = Transpose[Transpose[L][[2]]][[9]];

xl11 = Transpose[Transpose[L][[2]]][[11]];

Zuerst die Kometenbahn:

g4 = ListPlot[{xl7, xl9} // Transpose, PlotStyle -> RGBColor[1, 0.5, 1],
**   PlotRange -> {{-10, 10}, {-10, 10}}, AspectRatio -> 1];**

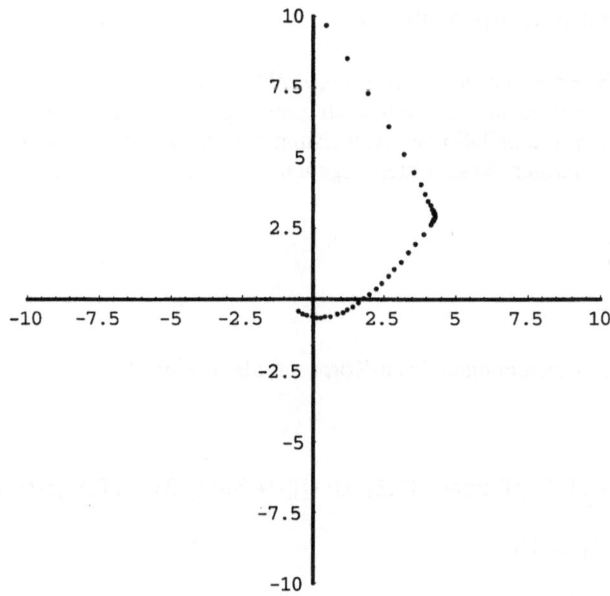

Dann plotten wir beide Bahnen zusammen. Deutlich ist zu sehen, wie der Komet sich aus einer sonnennahen Position kommend der Jupiterbahn nähert. Durch die starke Annäherung wird er extrem aus seiner Bahn abgelenkt. Beachten Sie bitte die veränderliche Schrittweite während des nahen Vorübergangs des Kometen am Jupiter, die durch die dicht gesetzten Punkte erkennbar wird.

Show[g3,g4]

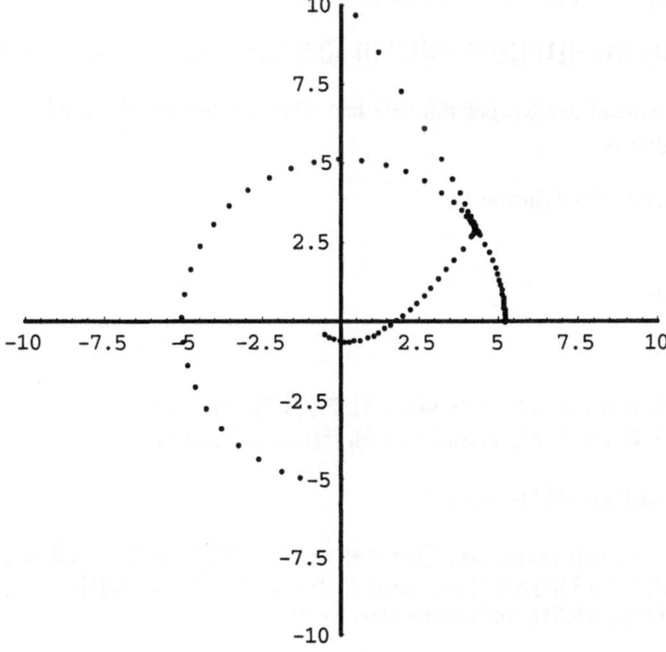

9.3.3 n-Körper-Problem mit NDSolve

Die folgenden Zeilen beschreiben genau dasselbe Problem wie oben, allerdings wird die „NDSolve"-Anweisung zur Lösung benutzt. Es soll noch einmal gezeigt werden, wie dieses DGL-System anzupassen ist, damit man die „NDSolve"-Anweisung einsetzen kann. Ein erklärender Kommentar wurde in den beiden vorherigen Abschnitten gegeben und ist daher jetzt hier nur in geringem Umfang nötig:

Remove["Global`*"]

x={x1,x2,x3,x4,x5,x6};

Wir geben die Differentialgleichungen des n-Körperproblems ein:

f1[t_,x_,i_]:=x[[2]][i]

f2[t_,x_,i_]:=-kq* ((M[1]+M[i])/rhoch3[i,1]*x[[1]][i]+ Sum[If[j==i,0,M[j]*((x[[1]][i]-x[[1]][j])/rhoch3[i,j]+
x[[1]][j]/rhoch3[j,1])],{j,2,n}])

f3[t_,x_,i_]:=x[[4]][i]

f4[t_,x_,i_]:=-kq((M[1]+M[i])/rhoch3[i,1]*x[[3]][i]+ Sum[If[j==i,0,M[j]*((x[[3]][i]-x[[3]][j])/rhoch3[i,j]+ x[[3]][j]/rhoch3[j,1])],{j,2,n}])

f5[t_,x_,i_]:=x[[6]][i]

f6[t_,x_,i_]:=-kq((M[1]+M[i])/rhoch3[i,1]*x[[5]][i]+ Sum[If[j==i,0,M[j]*((x[[5]][i]-x[[5]][j])/rhoch3[i,j]+ x[[5]][j]/rhoch3[j,1])],{j,2,n}])

rhoch3[i_,j_]:=((x[[1]][i]-x[[1]][j])^2+(x[[3]][i]-x[[3]][j])^2+(x[[5]][i]-x[[5]][j])^2)^(3/2)

Nun legen wir die Anzahl der Körper mit n=3 fest. Danach werden die Massen und die Gravitationskonstante eingegeben:

n:=3; (* Anzahl Körper incl Sonne *)

M[1]=1;
M[2]=9.54*10^(-4);
M[3]=0;
kq= 2.959*10^(-4);

g[t_,x_]:={ f1[t,x,2], f2[t,x,2], f3[t,x,2], f4[t,x,2], f5[t,x,2], f6[t,x,2],
**   f1[t,x,3], f2[t,x,3], f3[t,x,3], f4[t,x,3], f5[t,x,3], f6[t,x,3]}**

x1[1]=x2[1]=x3[1]=x4[1]=x5[1]=x6[1]=0;

f=(g[t,{x1,x2,x3,x4,x5,x6}]/.{x1[2]->x12[t],x1[3]->x13[t],x2[2]->x22[t],x2[3]->x23[t],
**   x3[2]->x32[t],x3[3]->x33[t],x4[2]->x42[t],x4[3]->x43[t],x5[2]->x52[t],**
**   x5[3]->x53[t],x6[2]->x62[t],x6[3]->x63[t]})//Evaluate**

$$\Big\{x22[t], -\frac{0.000296182\ x12[t]}{(x12[t]^2 + x32[t]^2 + x52[t]^2)^{3/2}}, x42[t], -\frac{0.000296182\ x32[t]}{(x12[t]^2 + x32[t]^2 + x52[t]^2)^{3/2}},$$

$$x62[t], -\frac{0.000296182\ x52[t]}{(x12[t]^2 + x32[t]^2 + x52[t]^2)^{3/2}}, x23[t], -0.0002959$$

$$\left(\frac{x13[t]}{(x13[t]^2 + x33[t]^2 + x53[t]^2)^{3/2}} + 0.000954\left(\frac{x12[t]}{(x12[t]^2 + x32[t]^2 + x52[t]^2)^{3/2}} + \right.\right.$$

$$\left.\left.\frac{-x12[t] + x13[t]}{((-x12[t] + x13[t])^2 + (-x32[t] + x33[t])^2 + (-x52[t] + x53[t])^2)^{3/2}}\right)\right),$$

$$x43[t], -0.0002959\left(\frac{x33[t]}{(x13[t]^2 + x33[t]^2 + x53[t]^2)^{3/2}} + \right.$$

$$0.000954\left(\frac{x32[t]}{(x12[t]^2 + x32[t]^2 + x52[t]^2)^{3/2}} + \right.$$

$$\left.\left.\frac{-x32[t] + x33[t]}{((-x12[t] + x13[t])^2 + (-x32[t] + x33[t])^2 + (-x52[t] + x53[t])^2)^{3/2}}\right)\right),$$

$$x63[t], -0.0002959\left(\frac{x53[t]}{(x13[t]^2 + x33[t]^2 + x53[t]^2)^{3/2}} + \right.$$

$$0.000954\left(\frac{x52[t]}{(x12[t]^2 + x32[t]^2 + x52[t]^2)^{3/2}} + \right.$$

$$\left.\left.\frac{-x52[t] + x53[t]}{((-x12[t] + x13[t])^2 + (-x32[t] + x33[t])^2 + (-x52[t] + x53[t])^2)^{3/2}}\right)\right)\Big\}$$

Wir ordnen der folgenden Liste ls[t] mit Hilfe der „Thread"-Anweisung die Anfangswerte zu:

ls[t_]:={x12[t],x22[t],x32[t],x42[t],x52[t],x62[t],x13[t],x23[t],x33[t],x43[t],x53[t],x63[t]}

awphilf=ls[0]=={5.2,0,0,0.0075,0,0,-0.5,0.0243,-0.4,-0.017671,0,0}//Thread

$$\{x12[0] == 5.2, x22[0] == 0, x32[0] == 0, x42[0] == 0.0075,$$
$$x52[0] == 0, x62[0] == 0, x13[0] == -0.5, x23[0] == 0.0243,$$
$$x33[0] == -0.4, x43[0] == -0.017671, x53[0] == 0, x63[0] == 0\}$$

Nun wird das AWP für das komplette System erster Ordnung formuliert:

AWP={ls'[t]==f//Thread,awphilf}//Flatten;

Mit Hilfe der "NDSolve"-Anweisung wird das AWP gelöst:

L=NDSolve[AWP,ls[t],{t,0,1000}]//Flatten;

fl[t_]=ls[t]/.L;

g[j_,r_]:=ParametricPlot[{fl[t][[j]],fl[t][[r]]},{t,0,1000},
**   AspectRatio->Automatic,DisplayFunction->Identity]**

Die folgende Grafik entspricht derjenigen, die wir mit unserer eigenen Programmierung unter Einsatz des RK-Verfahren bereits erstellt haben:

Show[g[1,3],g[7,9],DisplayFunction->$DisplayFunction,PlotRange->{{-10,10},{-10,10}}]

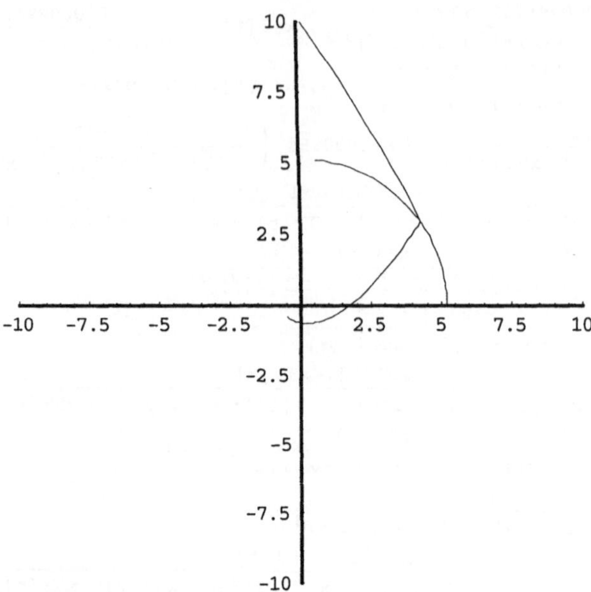

Wir wollen die Bahn sogar räumlich darstellen:

Needs ["Graphics`Master`"]

**g3d[j_,r_,s_]:=ParametricPlot3D[{fl[t][[j]],fl[t][[r]],fl[t][[s]]},{t,0,1000},
        DisplayFunction->Identity]**

Show[g3d[1,3,5],g3d[7,9,11],DisplayFunction->$DisplayFunction,ViewPoint->{0.7, -2.5, 2}]

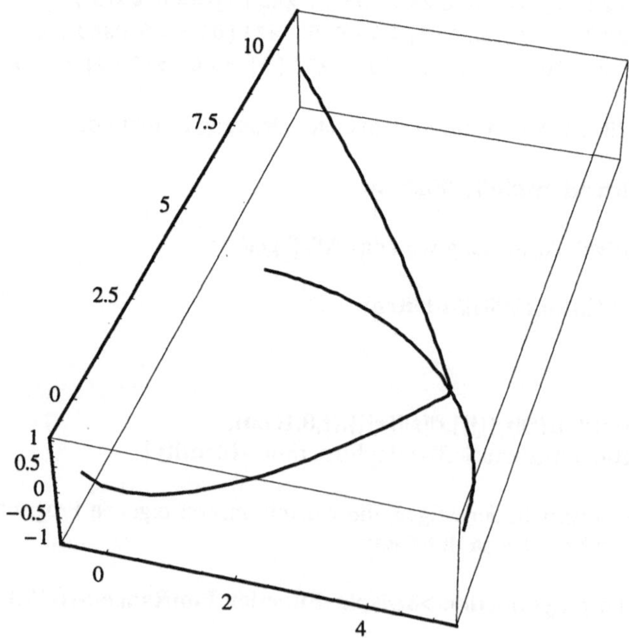

9.4 Mehrschrittverfahren

Bei den bisher besprochenen Verfahren handelt es sich um Einschrittverfahren, bei denen in jedem Rechenschritt zur Berechnung eines neuen Stützwertes nur die Information aus dem vorhergehenden Schritt benutzt wird (vergleichen Sie dazu beispielsweise das Euler-Verfahren). Bei den sogenannten Mehrschrittverfahren wird zur Berechnung eines neuen Stützwertes die Information aus mehreren bereits berechneten Stützpunkten benutzt.

Von den verschiedenen Mehrschrittverfahren wollen wir das Adams-Verfahren darlegen. Beim Verfahren von Adams wird vom Anfangswertproblem (AWP) der Differentialgleichung $y'(x)=f(x,y(x))$ mit dem Startwert $y(x_0)=y_0$ ausgegangen, beziehungsweise von der äquivalenten Integralform

$$y(x) = y_0 + \int_{x_0}^{x} f(t,y(t))dt \, .$$

Bei den Mehrschrittverfahren vom Adams-Typ wird eine Näherungslösung für das AWP ausgehend von einer Stelle x_n an der Stelle x_{n+1} aufgebaut. Dazu geht man folgendermaßen vor:

(P) Der Prädiktorschritt:

Man ersetzt den Integranden durch ein Interpolationspolynom $p^0(x)$, das durch vorherige Werte von f festgelegt ist. p^0 soll beispielsweise $k+1$ Werte von f interpolieren, das heißt $p^0(x_{n-i})= f(x_{n-i},y_{n-i})=:f_{n-i}$; $i=0,1,2,..,k$. Der Grad des Polynoms ist also höchstens k. Mit Hilfe des Interpolationspolynoms p^0 berechnen wir einen ersten Vorhersagewert:

$$y^0_{n+1} = y_n + \int_{x_n}^{x_{n+1}} p^0(x)\,dx \, .$$

(E) Evaluation:

Mit dem so gefundenen Näherungswert wird f ausgewertet:

$$f^0_{n+1} = f(x_{n+1}, y^0_{n+1}) \, .$$

(C) Korrektorschritt (engl.: Correct):

Ein neues Interpolationspolynom p wird bestimmt mit $p(x_{n+1})=f^0_{n+1}$ und $p(x_{n-i})=f_{n-i}$; $i=0, 1, 2,..., k-1$. Damit wird der korrigierte Wert gewonnen:

$$y_{n+1} = y_n + \int_{x_n}^{x_{n+1}} p(x)\,dx \, .$$

(E) Evaluation:

f wird als Vorbereitung der weiteren Berechnung ausgewertet:

$$f_{n+1} = f(x_{n+1}, y_{n+1}) \, .$$

Es handelt sich um ein PECE-Verfahren (die Schritte CE können bei manchen Varianten allerdings auch noch iterativ verbessert werden). Dabei interpoliert das Polynom p (Korrektorpolynom) verglichen mit dem Prädiktorpolynom p^0 (meist) ebenfalls auf k Stützstellen für f, allerdings so, dass ein neuer Stützwert f^0_{n+1} hinzukommt, während der „älteste" Wert f_{n-k} nicht mehr in die Interpolation einbezogen wird.

Die ersten Werte, die beim Start des Verfahrens benötigt werden, besorgt man sich in einer sogenannten Anlaufrechnung mit einem einfachen Einschrittverfahren. Es reicht dazu oft schon das Euler-Verfahren. Die Anzahl der gewählten Stützstellen, die in die Berechnung einer neuen Stützstelle einfließen, die sogenannte Ordnung des Verfahrens, kann entweder von vornherein festgelegt werden, oder sie wird mitunter durch Regelmechanismen im Programm während der Rechnung variiert. Nun müssen wir noch klären, in welcher Form die Interpolationspolynome am effektivsten in den Formeln realisiert werden.

Im Kapitel 3.3 wurde bereits das Newtonsche Interpolationspolynom dargestellt und dessen Vorteil gegenüber der Lagrangeschen Form bei Hinzunahme einer weiteren Stützstelle angesprochen. In unserem speziellen Fall einer Interpolation des Integranden f der DGL durch das Polynom p^0 im Prädiktorschritt schreiben wir den Ansatz für $k+1$ Stützstellen $x_n > x_{n-1} > ... > x_{n-k}$ in folgender Form:

$$p^0(x) = c_n + c_{n-1}(x-x_n) + c_{n-2}(x-x_n)(x-x_{n-1}) + ... + c_{n-k}(x-x_n)(x-x_{n-1})...(x-x_{n-k+1}).$$

Die Stützstellen haben wir oben absteigend geordnet und den Polynomansatz entsprechend abgeändert, sodass dieser nun mit c_n statt mit c_0 beginnt, denn wir interessieren uns für das Interpolationspolynom aufbauend von dem gerade aktuellen Punkt $(x_n, p^0(x_n))$. Nun wollen wir annehmen, dass die Stützstellen äquidistant sind.

Die sich wegen dieser Form des Ansatzes im folgenden ergebenden Koeffizienten heißen „Rückwärtsdifferenzen", genauer gesagt handelt es sich um einfache Rückwärtsdifferenzen, im Gegensatz zu den dividierten Differenzen, die man im nichtäquidistanten Fall benutzt. Bei der Form des Ansatzes von Kapitel 3.3, beginnend mit c_0, würde man sogenannte einfache Vorwärtsdifferenzen erhalten (auch einfache absteigende Differenzen genannt).

Wir wollen f interpolieren, das heißt, es gilt $f_{n-i} = p^0(x_{n-i})$ für $i=0, 1, ... , k$. Unter Beachtung der äquidistanten Schrittweite $h=x_n-x_{n-1} = x_{n-1}-x_{n-2}=...=x_{n-k+1}-x_{n-k}$ erhält man durch Einsetzen der Stützstellen $x_n, x_{n-1},... ,x_{n-k}$ und der zugehörigen Stützwerte $f_n, f_{n-1},... f_{n-k}$ in den obigen Polynomansatz:

$$
\begin{aligned}
f_n &= c_n \\
f_{n-1} &= c_n + c_{n-1}h \\
f_{n-2} &= c_n + 2c_{n-1}h + 2c_{n-2}h^2 \\
&\ldots \\
f_{n-k} &= c_n + nc_{n-1}h + n(n-1)c_{n-2}h^2 +...+n!c_0h^n
\end{aligned}
$$

Hieraus wollen wir die Koeffizienten c_i für $i=n, n-1,...,0$ bestimmen. Dazu werden folgende Schreibweisen eingeführt: Wir bezeichnen mit $\nabla^1_n f = f_n - f_{n-1}$ bzw. $\nabla^1_{n-1} f = f_{n-1} - f_{n-2}$ usw. die ersten einfachen Rückwärtsdifferenzen. Mit $\nabla^2_n f = \nabla^1_n - \nabla^1_{n-1}$ bzw. $\nabla^2_{n-1} f = \nabla^1_{n-1}f - \nabla^1_{n-2}f$ usw. bezeichnen wir die zweiten (Rückwärts-)Differenzen. Als 0-te Differenzen setzt man die Funktionswerte selbst, also zum Beispiel $\nabla^0_n f = f_n$, bzw. $\nabla^0_{n-1} f = f_{n-1}$. Damit können wir folgendes Schema aufstellen:

Schema der aufsteigenden einfachen Differenzen

x_{n-k}	f_{n-k}			
		$\nabla^1_{n-k+1}f$		
x_{n-k+1}	f_{n-k+1}		$\nabla^2_{n-k+2}f$	
		$\nabla^1_{n-k+2}f$		...
...	...	...	...	...
x_{n-2}	f_{n-2}		$\nabla^2_{n-1}f$	...
		$\nabla^1_{n-1}f$		...
x_{n-1}	f_{n-1}		$\nabla^2_n f$	
		$\nabla^1_n f$		
x_n	$f_n = \nabla^0_n f$			

Die uns interessierenden Differenzen zur Berechnung der Koeffizienten c_i dieses Schemas finden Sie in der durch den Pfeil gekennzeichneten Reihe. Nach unseren obigen Überlegungen ist nämlich:

$$c_n = \nabla^0_n f$$

$$c_{n-1} = \frac{\nabla^1_n f}{h}$$

$$\dots$$

$$c_{n-i} = \frac{\nabla^i_n f}{i!\,h^i}$$

Wir schreiben das Interpolationspolynom mit Hilfe der aufsteigenden Differenzen:

$$p^0(x) = c_n + c_{n-1}(x-x_n) + c_{n-2}(x-x_n)(x-x_{n-1}) + \dots + c_{n-k}(x-x_n)(x-x_{n-1})\dots(x-x_{n-k+1})$$

$$= \nabla^0_n f + \frac{\nabla^1_n f}{h}\cdot(x-x_n) + \frac{1}{2}\frac{\nabla^2_n f}{h^2}\cdot(x-x_n)(x-x_{n-1}) + \dots + \frac{1}{k!}\frac{\nabla^k_n f}{h^k}\cdot(x-x_n)(x-x_{n-1})\dots(x-x_{n-k+1}).$$

Diese Formel kann man nach einem Ansatz von Gregory dimensionslos gestalten (das heißt, x wird in Einheiten der Schrittweite h gemessen), indem man setzt $x=x_n+t\cdot h$ bzw. $t=\dfrac{x-x_n}{h}$ mit $t\in\mathbb{R}$.

Damit ist nun $\dfrac{x-x_{n-1}}{h} = \dfrac{x-x_n+x_n-x_{n-1}}{h} = \dfrac{x-x_n}{h} + \dfrac{x_n-x_{n-1}}{h} = t+1$.

Entspechend ist $\dfrac{x-x_{n-2}}{h} = t+2$ und so weiter. Mit der neuen Variablen t gilt dann

$$p^0(t) = \nabla^0_n f + \nabla^1_n f\cdot t + \frac{1}{2}\nabla^2_n f\cdot t\cdot(t+1) + \dots + \frac{1}{k!}\nabla^k_n f\cdot t\cdot(t+1)\cdot(t+2)\cdot\dots\cdot(t+k-1).$$

Die Koeffizienten bei den Vorwärtsdifferenzen lassen sich mit Hilfe der Binomialkoeffizienten schreiben und man erhält das Interpolationspolynom nach <u>Gregory-Newton</u> in den für unsere Zwecke angepassten Bezeichnungen:

$$\boxed{\,p^0(t) = \nabla^0_n f + t\cdot\nabla^1_n f + \binom{t+1}{2}\nabla^2_n f + \dots + \binom{t+k-1}{k}\nabla^k_n f\,}$$

Das Integral $\int_{x_n}^{x_{n+1}} p^0(x)\,dx$ über das Interpolationspolynoms p^0 (Prädiktorpolynom) wird nach der besagten Variablentransformation $t=\dfrac{x-x_n}{h}$ unter Berücksichtigung von $dx=h\cdot dt$ wie folgt dargestellt (mit der Substitutionsregel für Integrale):

$$\int_{x_n}^{x_{n+1}} p^0(x)\,dx = h\cdot\int_0^1 p^0(t)\cdot dt = h\cdot\int_0^1\left(\nabla^0_n f + t\cdot\nabla^1_n f + \binom{t+1}{2}\nabla^2_n f + \dots + \binom{t+k-1}{k}\nabla^k_n f\right)dt.$$

Wir integrieren die einzelne Summanden und berücksichtigen die Integrationsgrenzen:

$$= h \cdot \left(\int_0^1 \nabla^0_n f \ dt + \int_0^1 t \cdot \nabla^1_n f \ dt + \int_0^1 \binom{t+1}{2} \nabla^2_n f \ dt + \ldots + \int_0^1 \binom{t+k-1}{k} \nabla^k_n f \ dt \right) =$$

> **Hinweis (Beispiel für eine <u>Nebenrechnung</u>):**
> $$\int_0^1 \binom{t+1}{2} dt = \int_0^1 \frac{(t+1)t}{2} dt = \int_0^1 \frac{t^2+t}{2} dt = \frac{t^3}{6} + \frac{t^2}{4} \Big|_0^1 = \frac{5}{12}$$

$$= h \cdot \left(\nabla^0_n f + \frac{1}{2} \cdot \nabla^1_n f + \frac{5}{12} \nabla^2_n f + \frac{3}{8} \nabla^3_n f + \frac{251}{720} \nabla^4_n f + \ldots \right)$$

Meist beschränkt man sich auf Ordnungen k=3 oder 4. Die vollständige Formel für den Prädiktorschritt lautet (Adams-Bashforth):

$$\boxed{ y^0_{n+1} = y_n + h \cdot \left(\nabla^0_n f + \frac{1}{2} \cdot \nabla^1_n f + \frac{5}{12} \nabla^2_n f + \frac{3}{8} \nabla^3_n f + \frac{251}{720} \nabla^4_n f + \ldots \right) }$$

Auf ähnliche Weise wie oben hergeleitet erhält man das Integral über das Korrektorpolynom, wobei man für die Integrationsgrenzen des Integrals bezüglich $t=(x-x_{n+1})/h$ die Werte -1 (Untergrenze) und 0 (Obergrenze) bekommt, denn der Aufbau der Newton-Interpolation in der Form aufsteigender Differenzen beginnt jeweils bei der am weitesten rechts liegenden Stützstelle, hier also bei x_{n+1}, statt wie zuvor bei x_n.

Das Integral $\int_{x_n}^{x_{n+1}} p(x) \, dx$ über das Korrektorpolynom p wird nach der besagten Variablentransformation unter Berücksichtigung von $dx = h \cdot dt$ wie folgt dargestellt:

$$\int_{x_n}^{x_{n+1}} p(x) \, dx = h \cdot \int_{-1}^0 p(t) \cdot dt = h \cdot \left(\nabla^0_{n+1} f - \frac{1}{2} \cdot \nabla^1_{n+1} f - \frac{1}{12} \nabla^2_{n+1} f - \frac{1}{24} \nabla^3_{n+1} f - \frac{19}{720} \nabla^4_{n+1} f + \ldots \right).$$ Insgesamt

erhält man für den Korrektorschritt die Formel (Adams-Moulton):

$$\boxed{ y_{n+1} = y_n + h \cdot \left(\nabla^0_{n+1} f - \frac{1}{2} \cdot \nabla^1_{n+1} f - \frac{1}{12} \nabla^2_{n+1} f - \frac{1}{24} \nabla^3_{n+1} f - \frac{19}{720} \nabla^4_{n+1} f - \ldots \right) }$$

Gelegentlich findet man die Formel im Korrektorschritt mit einem zusätzlichen oberen Index (1) bei den y und ∇ Werten sowie beim Korrektorpolynom p. Dieser zusätzliche Index, auf den wir hier verzichten, soll andeuten, dass der Korrektorschritt iterativ wiederholt werden kann. 1 bedeutet die erste Durchführung der Formel, 2 die zweite Durchführung der Iterationen usw., bis eine bestimmte Genauigkeit erreicht ist (zum Beispiel PECECE-Verfahren). Meist werden jedoch nicht mehr als zwei Iterationen durchgeführt, denn dann wäre die Schrittweitenreduzierung vorzuziehen.
Im nächsten Abschnitt dieses Kapitels wird gezeigt, wie man durch eine geeignete Option in der „NDSolve"-Anweisung von Mathematica das System veranlassen kann, mit dem Adams-Verfahren zu arbeiten.

9.5 Parameter für NDSolve

Beim Lösen von Differentialgleichungen mit „NDSolve" gibt es verschiedene Wahlmöglichkeiten für das Verfahren und dessen Parameter. Als erstes betrachten wir die Wahl des zur Lösung eingesetzten Verfahrens selbst. Voreingestellt ist das Verfahren von Adams (oder Gear, je nach DGL-Typ). Im nun folgenden Beispiel werden wir festlegen, dass ein Runge-Kutta-Verfahren mit Schrittweitensteuerung benutzt wird.

Wie üblich löschen wir eventuell noch vorhandene Definitionen von Variablen und Funktionen und legen danach unser DGL-System fest. Das System sei:

$$y_1'(x)=a(1-y_2(x))$$
$$y_2'(x)=y_2(x)(y_1(x)-1)$$

mit den Anfangsbedingungen $y_1(0)=1$, $y_2(0)=3$. Wir wollen beispielsweise bis $x=5$ integrieren.

Remove["Global`*"]

sys={y1'[x]==a(1-y2[x]),y2'[x]==y2[x](y1[x]-1)}

```
{y1'[x] == a (1 - y2[x]), y2'[x] == (-1 + y1[x]) y2[x]}
```

aw={y1[0]==1,y2[0]==3}

```
{y1[0] == 1, y2[0] == 3}
```

sys//MatrixForm

$$\begin{pmatrix} \texttt{y1'[x] == a (1 - y2[x])} \\ \texttt{y2'[x] == (-1 + y1[x]) y2[x]} \end{pmatrix}$$

Da wir in der Wahl der Konstanten a noch frei sind, wollen wir ein Beispiel mit a=20 und dann mit a=-20 berechnen. Zuerst der positive Wert a=20:

a=20;

Mit der Option „Method->RungeKutta" können wir nun die Art des Verfahrens festlegen. (Es handelt sich um die sogenannte Fehlberg-Variante 5.Ordnung des RK-Verfahrens.)

L=NDSolve[{sys,aw},{y1[x],y2[x]},{x,0,5}, Method-> RungeKutta]

```
{{y1[x] → InterpolatingFunction  [{{0., 5.}}, <>][x],
   y2[x] → InterpolatingFunction  [{{0., 5.}}, <>][x]}}
```

Wir geben den beiden Lösungskurven die Namen f(x) und g(x) und plotten beide zusammen in einer Grafik:

f[x_]:=y1[x]/.L

g[x_]:=y2[x]/.L

Plot[{f[x],g[x]},{x,0,5}]

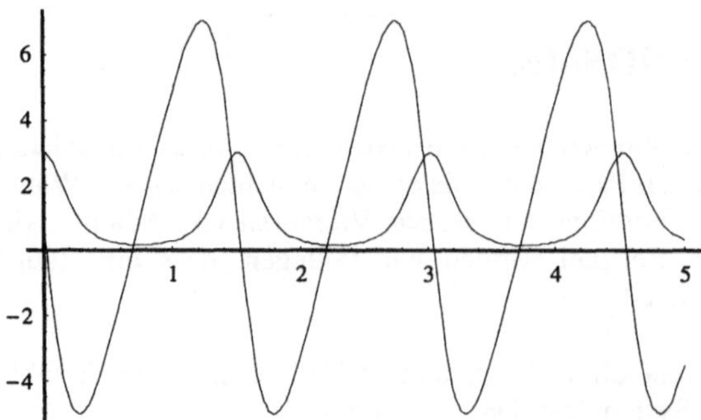

Testen wir nun dasselbe System von DGL, allerdings mit a=-20 und dem Verfahren von Adams. Dabei integrieren wir diesmal bis x=0.32:

a=-20;

L=NDSolve[{sys,aw},{y1[x],y2[x]},{x,0,0.32},Method->Adams]

```
{{y1[x] → InterpolatingFunction  [{{0., 0.32}}, <>][x],
   y2[x] → InterpolatingFunction  [{{0., 0.32}}, <>][x]}}
```

f[x_]:=y1[x]/.L

g[x_]:=y2[x]/.L

Plot[{f[x],g[x]},{x,0,0.32}]

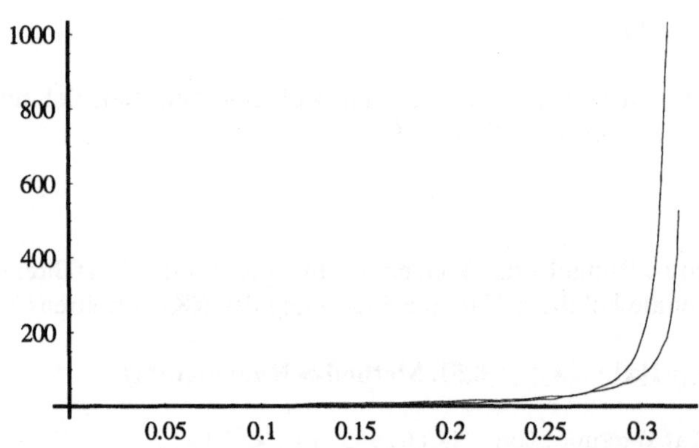

Beachten Sie bitte, wie die Wahl von a das Verhalten der Lösung beeinflußt. Das System hat für den Wert a=-20 sehr steile Flanken. Versuchen Sie selbst die rechte Integrationsgrenze zu verändern.

Die oben gezeigte Wahl von „Method->Adams" ließe sich auch in „Method->Automatic" oder „Method->Gear" abändern. Bei „Adams" wird eine sogenannte implizite Methode der Ordnung 1 bis 12 benutzt. „Automatic" wählt je nach Typ der zu lösenden DGL das Verfahren selbständig zwischen „Adams" und „Gear".

L=NDSolve[{sys,aw},{y1[x],y2[x]},{x,0,0.32375}, Method->Automatic]

```
{{y1[x] → InterpolatingFunction  [{{0., 0.32375 }}, <>][x],
   y2[x] → InterpolatingFunction  [{{0., 0.32375 }}, <>][x]}}
```

f[x_]:=y1[x]/.L

g[x_]:=y2[x]/.L

Plot[{{f[x],g[x]},{x,0,0.32375}]

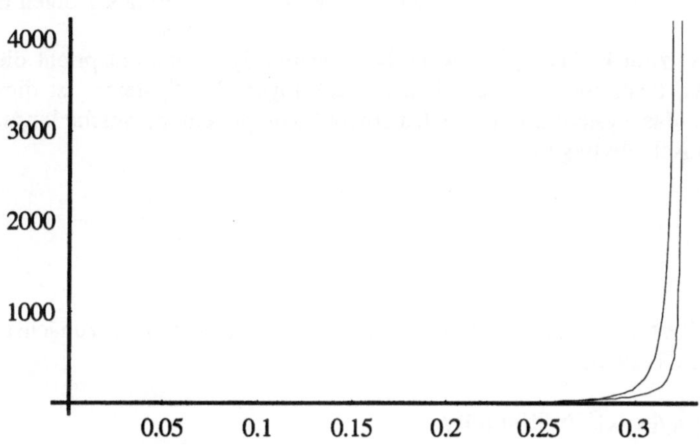

Als nächstes Beispiel wollen wir ein lineares DGL-System mittels einer Matrix definieren und integrieren;

Remove["Global`*"]

A={{-1,-2,0},{0,-1,0},{0,1,a}};

A//MatrixForm

$$\begin{pmatrix} -1 & -2 & 0 \\ 0 & -1 & 0 \\ 0 & 1 & a \end{pmatrix}$$

Der Vektor y(x) wird mit drei Komponenten deklariert:

y[x_]:={y1[x],y2[x],y3[x]}

y[x]

```
{y1[x], y2[x], y3[x]}
```

Wir geben zur Probe A·y aus:

A.y[x]//MatrixForm

$$\begin{pmatrix} -y1[x] - 2\,y2[x] \\ -y2[x] \\ y2[x] + a\,y3[x] \end{pmatrix}$$

Da unser DGL-System von der Form y'(x)=A·y(x) ist, müssen wir mit der „Thread"-Anweisung die drei rechten Seiten dieses Produkts den Komponenten von y'(x) zuordnen:

sys={y'[x]==A.y[x]//Thread }//Flatten

```
{y1'[x] == -y1[x] - 2 y2[x], y2'[x] == -y2[x], y3'[x] == y2[x] + a y3[x]}
```

Wir berechnen die Eigenwerte der Matrix A, denn das Verhältnis $\left|\dfrac{\lambda_{max}}{\lambda_{min}}\right|$ des größten Eigenwerts der Hessematrix von y(x) zum kleinsten (Hinweis: bei linearen Systemen entspricht die Hessematrix von y der Matrix A), bestimmt das Verhalten der Lösungen des Systems. Ist dieses Verhältnis „groß", so nennt man das System „steif". Es hat sowohl Komponenten, welche langsam abklingen, als auch solche, die rasch abklingen.

Eigenvalues[A]

```
{-1, -1, a}
```

Die Struktur dieses Systems ist also stark von a abhängig. Wir berechnen zunächst mit „DSolve" die exakte Lösung des Systems:

ExakteL=DSolve[sys,y[x],x]//FullSimplify

$$\left\{\left\{y1[x] \to e^{-x}\left(C[1] - 2\,x\,C[2]\right),\ y2[x] \to e^{-x}C[2],\ y3[x] \to \frac{e^{-x}\left(-1 + e^{x+a\,x}\right)C[2]}{1+a} + e^{a\,x}C[3]\right\}\right\}$$

Dann legen wir das AWP fest und berechnen noch einmal die exakte Lösung für das AWP, die nun von den Konstanten c_1, c_2 und c_3 frei ist:

aw={y1[0]==1,y2[0]==1,y3[0]==0};

ExakteL=DSolve[{sys,aw}//Flatten,y[x],x]

$$\left\{\left\{y1[x] \to -e^{-x}\left(-1 + 2\,x\right),\ y2[x] \to e^{-x},\ y3[x] \to \frac{e^{-x}\left(-1 + e^{x+a\,x}\right)}{1+a}\right\}\right\}$$

sys//MatrixForm

$$\begin{pmatrix} y1'[x] == -y1[x] - 2\,y2[x] \\ y2'[x] == -y2[x] \\ y3'[x] == y2[x] + a\,y3[x] \end{pmatrix}$$

Für a=5 wollen wir die Lösung numerisch bestimmen und darstellen:

a=5;

L=NDSolve[{sys,aw},{y1[x],y2[x],y3[x]},{x,0,3}, Method-> Gear]

```
{{y1[x] → InterpolatingFunction [{{0., 3.}}, <>][x],
  y2[x] → InterpolatingFunction [{{0., 3.}}, <>][x],
  y3[x] → InterpolatingFunction [{{0., 3.}}, <>][x]}}
```

f[x_]:=y1[x]/.L

g[x_]:=y2[x]/.L

h[x_]:=y3[x]/.L

Plot[{f[x],g[x],h[x]},{x,0,3}]

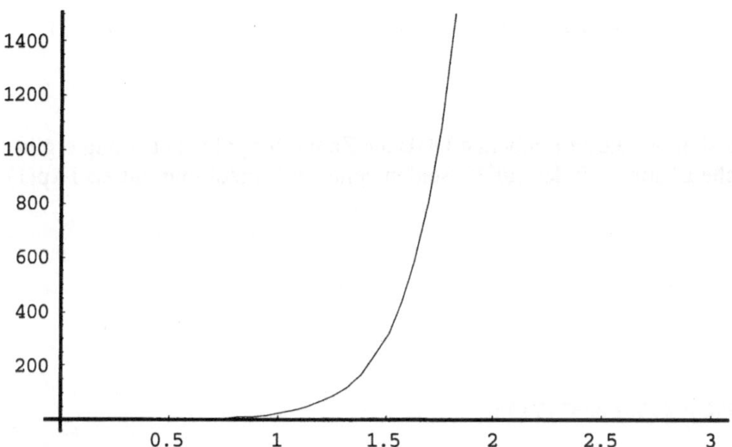

Wir können hier nur eine Lösungskurve h(x) erkennen, da diese durch ihre Werte den Plotbereich stark beeinflusst hat. Plottet man dagegen nur die Komponenten f(x) und g(x), so sieht man, dass diese beiden sich „viel langsamer" verändern. Das System ist steif.

Plot[{f[x],g[x]},{x,0,3}]

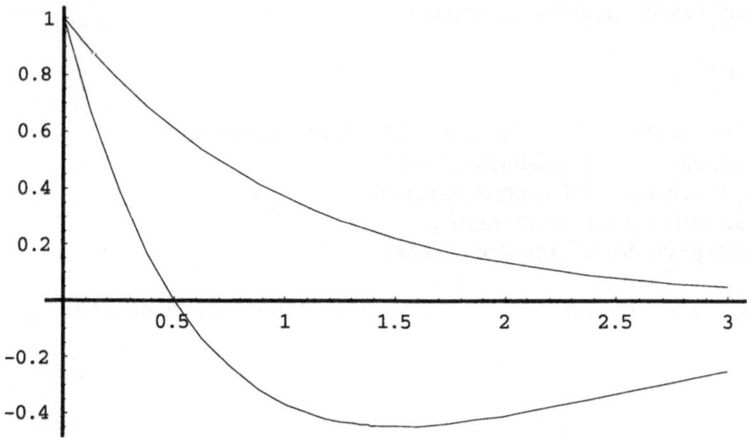

Im nächsten Beispiel lösen wir ein AWP für eine einzelne DGL y'(x)=y(x), y(0)=1, mit „NDSolve" und verschiedenen Optionen. Die Bedeutung der Optionen ist die folgende:
„Method" legt hier das Verfahren von Runge und Kutta fest. „AccuracyGoal" und „PrecisionGoal" legen den absoluten bzw. relativen Fehler fest (hier 10^{-20}), den Mathematica bei seinen Berechnun-

gen einzuhalten versucht. „WorkingPrecision" ist die Genauigkeit für die interne Zahlendarstellung, und „MaxSteps" legt fest, dass höchstens 2000 Schritte gerechnet werden (voreingestellt ist 1000).

Remove["Global`*"]

**L=NDSolve[{y'[x] == y[x], y[0] == 1}, y, {x, 1},Method->RungeKutta,
        AccuracyGoal -> 20, PrecisionGoal -> 20,
        WorkingPrecision -> 25,MaxSteps->2000]**

```
{{y → InterpolatingFunction   [{{0, 1.0000000000000000000000000   }}, <>]}}
```

y[x_]=y[x]/.L;

Wir wissen, dass sich bei dieser einfachen DGL die Zahl e für y(1) als Lösung ergibt. Daher können wir die numerische Lösung mit der auf 30 Stellen genauen Darstellung mittels Exp(1) vergleichen:

y[1]

```
{2.71820182845904520524880B   }
```

N[Exp[1],30]

```
2.71828182845904523536028747135
```

Im letzten Beispiel zu diesem Abschnitt haben wir der Vollständigkeit halber noch weitere Optionen aufgeführt:
„InterpolationPrecision->Automatic" wählt die Genauigkeit bei der Interpolation von Zwischenwerten der numerischen Lösung.
„StartingStepSize->0.2": Es kann unter Umständen hilfreich sein, selbst einen Startwert für die Schrittweitensteuerung zu wählen. (Hinweis: Vergleichen Sie dazu unser selbstgeschriebenes Programm zur Schrittweitensteuerung).
„Compiled->True" beschleunigt die Berechnung.

Remove["Global`*"]

**L=NDSolve[{y'[x] ==-y[x], y[0] == 1}, y, {x, 1},Method->Automatic,
        AccuracyGoal -> 12, PrecisionGoal ->12,
        WorkingPrecision -> 28,MaxSteps->2000,
        InterpolationPrecision->Automatic,
        StartingStepSize->0.2,Compiled->True]**

```
{{y → InterpolatingFunction   [{{0, 1.00000000000000000000000000   }}, <>]}}
```

y[x_]=y[x]/.L;

y[1]//N

```
{0.3678794411700128   }
```

s=Exp[-1]

$$\frac{1}{e}$$

N[s,20]

```
0.36787944117144232160
```

9.6 Behandlung spezieller DGL mit Mathematica

9.6.1 Implizite DGL

Gegeben sei folgendes Anfangswertproblem für eine implizit vorliegende Differentialgleichung:
$$4 \, x \, y'^2 + 2 \, x \, y' - y = 0 \; ; \quad y(1)=2.$$
Gesucht ist y(4) mit h=0.001.

Remove["Global`*"]

L1=NDSolve[{4 x y'[x]^2+ 2 x y'[x]- y[x] == 0,y[1]==2},y[x],{x,0.001,4}]

```
{{y[x] → InterpolatingFunction[{{0.001, 4.}}, <>][x]},
 {y[x] → InterpolatingFunction[{{0.001, 4.}}, <>][x]}}
```

u[x_]:=y[x]/.L1

Wir wollen die Lösung plotten. Wie man sieht, gibt es hier zwei Lösungskurven. Im übrigen kann man diese DGL auch analytisch lösen. <u>Aufgabe</u>: Bestimmen Sie den Typ der DGL und berechnen Sie die exakte Lösung. Warum gibt es hier zwei Lösungskurven durch den Punkt (1,2). Berechnen Sie bitte (exakt und numerisch) den gesuchten Wert von y an der Stelle x=4.

Plot[Evaluate[u[x]],{x,0.001,4}]

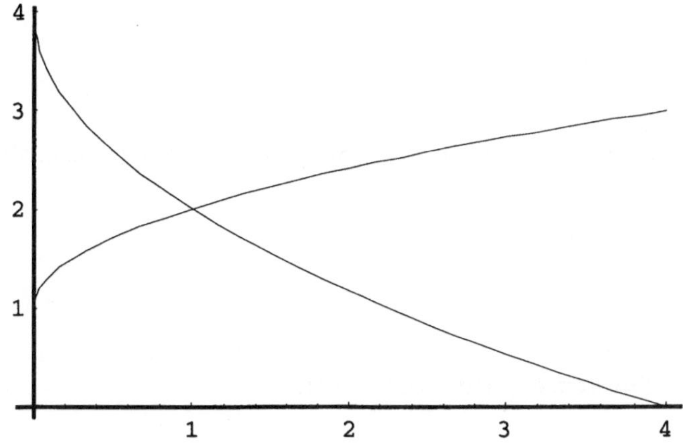

9.6.2 Instabile DGL

Nicht nur Fehler, die vom benutzten Integrationsverfahren herrühren (Verfahrensfehler), oder Fehler durch Rundungen während der Rechenschritte (Rundungsfehler) beeinflussen die Genauigkeit einer numerisch gefundenen Lösung. Die DGL selbst kann Eigenschaften aufweisen, die das Auffinden einer numerischen Lösung problematisch machen. Wir wollen nun untersuchen, wie sich gewisse vorgegebene DGL gegenüber ganz geringen Abweichungen des Startwerts verhalten (Stabilität von Lösungen). Dies kann für manche wissenschaftlichen Berechnungen von großer Wichtigkeit sein, denn nicht immer sind in der Praxis exakte Startwerte für ein AWP gegeben. Oft hat man zum Beispiel nur gerundete Startwerte oder Näherungswerte dafür, falls das Problem nicht hinreichend genau bekannt ist. Wenn sich dann bei der numerischen Berechnung mit einem Näherungswert für den Startwert ein völlig anderes Ergebnis einstellt, können die Folgen fatal sein.

Wir betrachten zunächt eine „gutartige" DGL, deren Lösung wir als „stabil" bezeichnen werden. Es sei das folgende AWP zu lösen: $y'=x^{-2}-y/x-y^2$ mit $y(1)=-1$. Wir werden den Startwert durch Addition eines kleinen Wertes eps geringfügig variieren.
Wir benutzen hier die „DSolve"-Anweisung, um die exakte Lösung zu bestimmen.

Remove["Global`*"]

dgl1=y'[x]==(x^(-2)- y[x]/x- y[x]^2);

aw1=y[1]==-1+eps;

AWP1={dgl1,aw1}//Flatten

$$\left\{ y'[x] == \frac{1}{x^2} - \frac{y[x]}{x} - y[x]^2, \; y[1] == -1 + eps \right\}$$

Die exakte Lösung in Abhängigkeit von eps ergibt sich wie folgt (auch andere äquivalente Darstellungen der Lösung in Mathematica sind versionsabhängig möglich):

Exakte=DSolve[AWP1,y[x],x]

$$\left\{ \left\{ y[x] \to \frac{-2 + eps + eps\, x^2}{x\,(2 - eps + eps\, x^2)} \right\} \right\}$$

Wir testen zunächst die Lösung mit dem genauen Startwert ohne Abweichung, also die Lösung für eps=0:

Exakte/.eps->0

$$\left\{ \left\{ y[x] \to -\frac{1}{x} \right\} \right\}$$

Plot[-1/x, {x, 0.9, 10}, PlotRange -> {{0, 10}, {-2, 0.2}}]

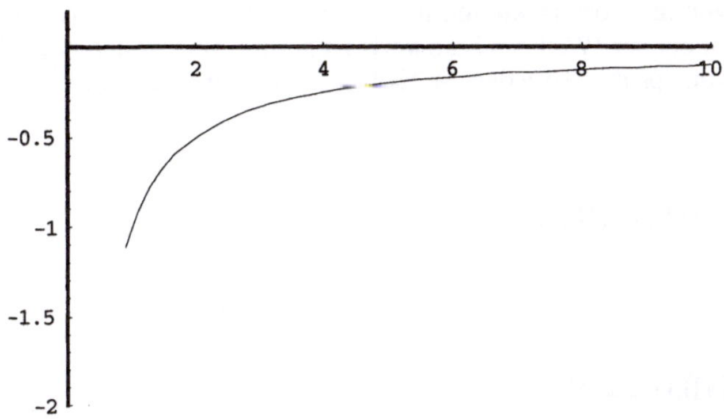

Für verschiedene Werte von eps=10⁻³ bis 10⁻⁸ erstellen wir mit Hilfe der Table-Anweisung eine Liste der Lösungen, die wir dann plotten:

liste=Evaluate[Table[Exakte/.eps->10^-k,{k,3,8}]]//Flatten]

$$\left\{y[x] \to \frac{-\frac{1999}{1000} + \frac{x^2}{1000}}{x\left(\frac{1999}{1000} + \frac{x^2}{1000}\right)}, \; y[x] \to \frac{-\frac{19999}{10000} + \frac{x^2}{10000}}{x\left(\frac{19999}{10000} + \frac{x^2}{10000}\right)},\right.$$

$$y[x] \to \frac{-\frac{199999}{100000} + \frac{x^2}{100000}}{x\left(\frac{199999}{100000} + \frac{x^2}{100000}\right)}, \; y[x] \to \frac{-\frac{1999999}{1000000} + \frac{x^2}{1000000}}{x\left(\frac{1999999}{1000000} + \frac{x^2}{1000000}\right)},$$

$$y[x] \to \frac{-\frac{19999999}{10000000} + \frac{x^2}{10000000}}{x\left(\frac{19999999}{10000000} + \frac{x^2}{10000000}\right)}, \; \left. y[x] \to \frac{-\frac{199999999}{100000000} + \frac{x^2}{100000000}}{x\left(\frac{199999999}{100000000} + \frac{x^2}{100000000}\right)}\right\}$$

f[j_][x_]:=y[x]/.liste[[j]]

Plot[Evaluate[Table[f[j][x],{j,1,6}]],{x,0.9,10},PlotRange->{{0,10},{-1.1,0.1}}]

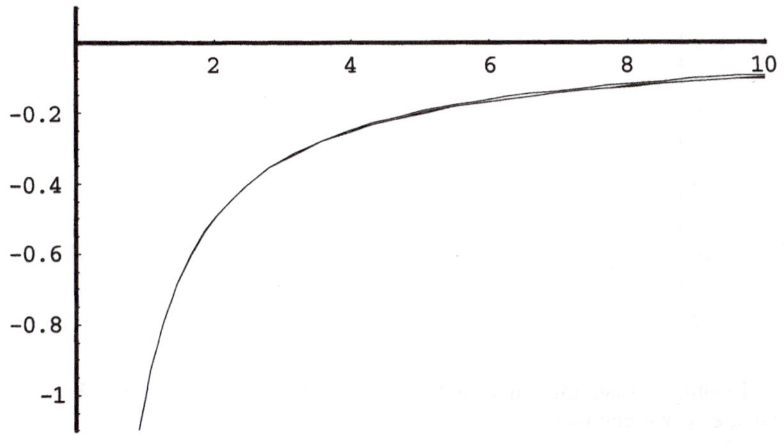

Wie zu sehen ist, liegen die Lösungskurven in der Grafik fast aufeinander. Die Abhängigkeit von kleinen Abweichungen bei der Wahl des Startwerts ist gering. Wir wollen noch die numerische Lösung für zwei Werte von eps mit Hilfe der „NDSolve"-Anweisung suchen:

eps=0;

L1=NDSolve[AWP1,y[x],{x,1,10}];

u[x_]:=y[x]/.L1

P1=Plot[Evaluate[u[x]],{x,1,10}]

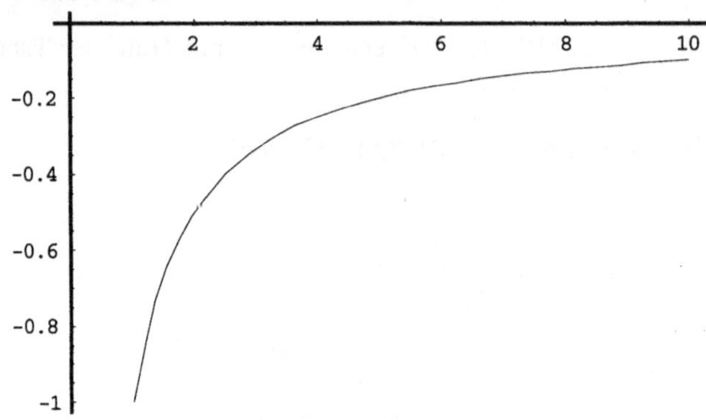

eps=0.001;

L2=NDSolve[AWP1,y[x],{x,1,10}];

v[x_]:=y[x]/.L2

P2=Plot[Evaluate[v[x]],{x,1,10}]

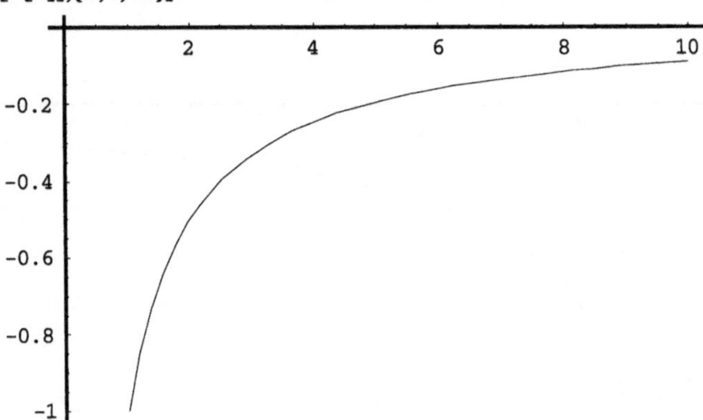

Wir stellen beide Lösungen zusammen in einem Bild dar. Auch bei den numerischen Lösungen gibt es nur ganz minimale Abweichungen.

Show[P1,P2]

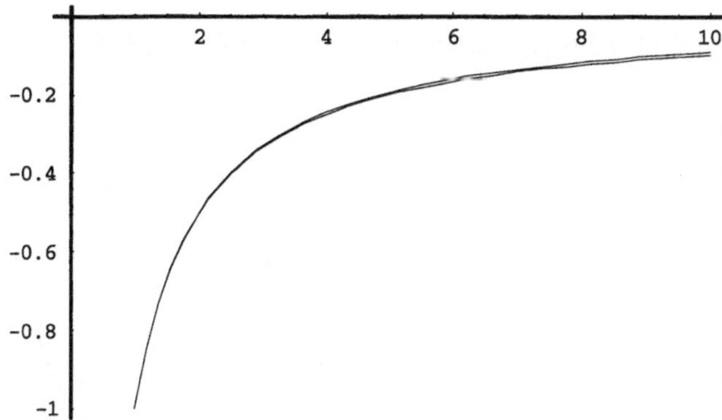

Nun wollen wir eine Differentialgleichung betrachten, die sich nicht gutartig verhält, man sagt, sie ist instabil. Wir untersuchen eine leicht zu durchschauende DGL: $y'=3y-4e^{-x}$. Das AWP sei wiederum gegeben durch y(0)=1+eps.

Remove["Global`*"]

Exakte=DSolve[{y'[x]==3*y[x]- 4 Exp[-x],y[0]==1+eps},y[x],x]//Simplify

$$\{\{y[x] \rightarrow e^{-x} + e^{3x} \, eps\}\}$$

Die exakte Lösung des AWP hängt noch vom Parameter eps ab. Der Einfluß dieser Störung des Anfangswerts wird hier durch den Faktor e^{3x} verstärkt. Wir erstellen eine Liste mit Lösungen für verschiedene Werte von eps:

liste=Evaluate[Table[Exakte/.eps->10^-k,{k,3,8}]]//Flatten]

$$\left\{y[x] \rightarrow e^{-x} + \frac{e^{3x}}{1000} \,,\; y[x] \rightarrow e^{-x} + \frac{e^{3x}}{10000} \,,\; y[x] \rightarrow e^{-x} + \frac{e^{3x}}{100000} \,, \right.$$

$$\left. y[x] \rightarrow e^{-x} + \frac{e^{3x}}{1000000} \,,\; y[x] \rightarrow e^{-x} + \frac{e^{3x}}{10000000} \,,\; y[x] \rightarrow e^{-x} + \frac{e^{3x}}{100000000} \right\}$$

Um die Funktionen dieser Liste zeichnen zu können, übergeben wir sie an die Funktionen $f_j(x)$:

f[j_][x_]:=y[x]/.liste[[j]]

Als Beispiel erhält man die erste Funktion aus der Liste durch:

f[1][x]

$$e^{-x} + \frac{e^{3x}}{1000}$$

Nun zeichnen wir alle Funktionen. Die am stärksten gekrümmte Kurve entspricht der Lösung mit dem größten Wert von eps. Bedenken Sie bitte, dass die exakte Lösung des AWP für eps=0, also ohne Störung des Startwerts, $y(x)=e^{-x}$ lautet. Diese Lösung nähert sich asymptotisch der x-Achse, während eine exakte Lösung bei nur geringfügig abweichendem Anfangswert mehr oder minder rasch anwachsen muß, also nicht asymptotisch zur x-Achse hin verläuft.

Plot[Evaluate[Table[f[j][x],{j,1,6}]],{x,0,10},PlotRange->{{0,5},{-1,5}}];

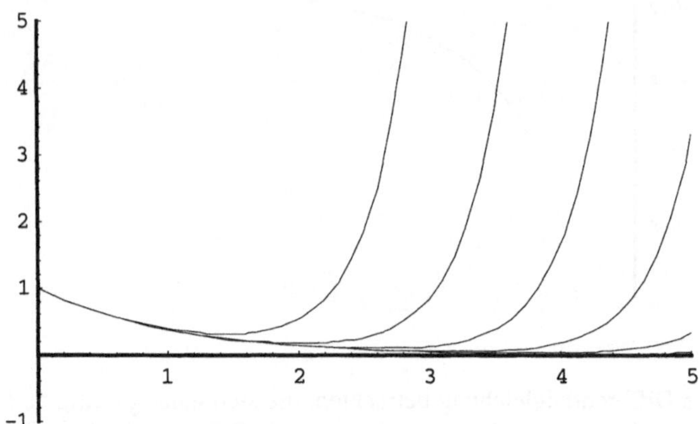

Wie verhält sich nun ein numerisches Integrationsverfahren? Wie wir wissen, beinhaltet Mathematica mit der „NDSolve"-Anweisung ausgefeilte numerische Verfahren. Trotzdem wird natürlich das System auf numerischem Wege auch für eps=0, also bei exaktem Startwert y(0)=1, nicht die exakte Lösungskurve e^{-x} wiedergeben können. Wegen der Verfahrens- und Rundungsfehler wird nämlich jeder aktuelle numerische Wert einer Lösung zu einem bestimmten Rechenschritt, der als Ausgangspunkt (Startwert) für den nächsten Rechenschritt dient, zu einer Abweichung führen. Da diese DGL extrem anfällig gegenüber geringe Abweichungen von den exakten Anfangswerten ist, wird die numerische Lösung in diesem Fall „weglaufen":

eps=0;

L2=NDSolve[{y'[x]==3*y[x]- 4 Exp[-x],y[0]==1+eps},y[x],{x,0,5}];

u[x_]:=y[x]/.L2

P1=Plot[Evaluate[u[x]],{x,0,5}];

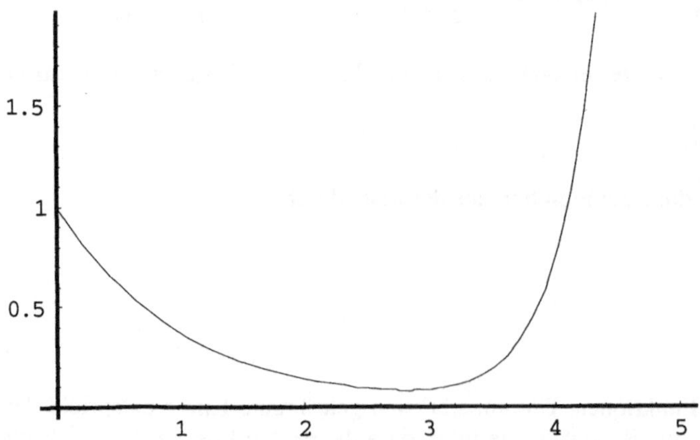

9.6.3 Randwertprobleme

Während bei einem Anfangswertproblem (AWP) für eine DGL n-ter Ordnung die Startwerte $y_0, y'_0, ..., y^{(n-1)}_0$ alle an einer einzigen Stelle x_0 vorliegen, werden bei Randwertproblemen (RWP) Werte („Randwerte") an verschiedenen Stellen vorgegeben. So werden bei einer DGL zweiter Ordnung, deren Lösung in einem Intervall [a,b] numerisch zu bestimmen ist, meist der Wert y_a an der Intervallgrenze a sowie der Wert y_b an der anderen Intervallgrenze b vorgegeben. Für ein RWP bei DGL n-ter Ordnung sind auch Kombinationen von Funktions- und Ableitungswerten vorgebbar.
Bevor wir auf die Lösung von RWP mit „NDSolve" eingehen, wollen wir eines der Verfahren, die für eine numerische Behandlung dieser Aufgabenstellung eingesetzt werden, zu Lernzwecken selbst programmieren. Es handelt sich um ein sogenanntes Differenzenverfahren. Die in der Differentialgleichung vorkommenden Ableitungen werden durch Differenzenquotienten ersetzt. Wegen der verwendeten Formeln sehen Sie bitte im Kapitel über die numerische Integration und Differentiation nach.

Auf dem Intervall [a,b]=[0,1] sei ein RWP für die Differentialgleichung $y''(x)-160(3x^4-4x^3+x^2)=0$ mit den Randwerten f(a)=f(b)=0 zu lösen. Gesucht sind die Näherungen für die Funktionswerte von f an den inneren Stützstellen x_i, die aus einer Einteilung des Intervalls in n=16 Teilintervalle entstehen.

Remove["Global`*"]

a = 0;
b = 1;
n = 16;
h = (b - a)/n;

Wir berechnen die Stützstellen x_i und geben die von den Ableitungen unabhängigen Terme als eine Funktion f(x) ein:

x[i_] := a + i*h;

f[x_] := 160*(x^2 - 4*x^3 + 3*x^4);

Nun wird der Differenzenquotient zweiter Ordnung jeweils für die i-te Stelle gebildet:

g[i_] := (y[i - 1] - 2*y[i] + y[i + 1])/h^2 + f[x[i]]

F = Table[g[i], {i, 1, n - 1}];

Die erste und letzte Stelle entsprechen den Startwerten:

y[0] = 0; y[n] = 0;

Wir geben die linke Seite der Gleichung aus:

TableForm[F]

$$\frac{975}{2048} + 256\,(-2\,y[1] + y[2])$$

$$\frac{175}{128} + 256\,(y[1] - 2\,y[2] + y[3])$$

$$\frac{4095}{2048} + 256\,(y[2] - 2\,y[3] + y[4])$$

$$\frac{15}{8} + 256\,(y[3] - 2\,y[4] + y[5])$$

$$\frac{1375}{2048} + 256\,(y[4] - 2\,y[5] + y[6])$$

$$-\frac{225}{128} + 256\,(y[5] - 2\,y[6] + y[7])$$

$$-\frac{11025}{2048} + 256\,(y[6] - 2\,y[7] + y[8])$$

$$-10 + 256\,(y[7] - 2\,y[8] + y[9])$$

$$-\frac{31185}{2048} + 256\,(y[8] - 2\,y[9] + y[10])$$

$$-\frac{2625}{128} + 256\,(y[9] - 2\,y[10] + y[11])$$

$$-\frac{51425}{2048} + 256\,(y[10] - 2\,y[11] + y[12])$$

$$-\frac{225}{8} + 256\,(y[11] - 2\,y[12] + y[13])$$

$$-\frac{58305}{2048} + 256\,(y[12] - 2\,y[13] + y[14])$$

$$-\frac{3185}{128} + 256\,(y[13] - 2\,y[14] + y[15])$$

$$-\frac{32625}{2048} + 256\,(y[14] - 2\,y[15])$$

Nun ist das durch Einbeziehung der rechten Seite der Gleichung entstandene lineare Gleichungssystem zu lösen:

L1 = Solve[F == 0, Table[y[i], {i, 1, n - 1}]]

$$\left\{\left\{y[1] \rightarrow -\frac{21845}{131072},\ y[2] \rightarrow -\frac{175735}{524288},\ y[3] \rightarrow -\frac{133445}{262144},\right.\right.$$

$$y[4] \rightarrow -\frac{90535}{131072},\ y[5] \rightarrow -\frac{230615}{262144},\ y[6] \rightarrow -\frac{561695}{524288},$$

$$y[7] \rightarrow -\frac{5145}{4096},\ y[8] \rightarrow -\frac{46525}{32768},\ y[9] \rightarrow -\frac{25305}{16384},$$

$$y[10] \rightarrow -\frac{843935}{524288},\ y[11] \rightarrow -\frac{418055}{262144},\ y[12] \rightarrow -\frac{194215}{131072},$$

$$\left.\left. y[13] \rightarrow -\frac{330005}{262144},\ y[14] \rightarrow -\frac{484855}{524288},\ y[15] \rightarrow -\frac{64685}{131072}\right\}\right\}$$

Wir extrahieren die Werte aus den Klammern von L1 und übergeben sie direkt an y[1],...,y[15]

{y[1], y[2], y[3], y[4], y[5], y[6], y[7], y[8], y[9], y[10], y[11], y[12], y[13], y[14], y[15]} =
 {y[1], y[2], y[3], y[4], y[5], y[6], y[7], y[8], y[9], y[10], y[11], y[12], y[13], y[14], y[15]} /.
L1[[1]]

$$\left\{-\frac{21845}{131072},\ -\frac{175735}{524288},\ -\frac{133445}{262144},\ -\frac{90535}{131072},\ -\frac{230615}{262144},\right.$$

$$-\frac{561695}{524288},\ -\frac{5145}{4096},\ -\frac{46525}{32768},\ -\frac{25305}{16384},\ -\frac{843935}{524288},$$

$$\left.-\frac{418055}{262144},\ -\frac{194215}{131072},\ -\frac{330005}{262144},\ -\frac{484855}{524288},\ -\frac{64685}{131072}\right\}$$

Wir überprüfen noch, ob diese Werte nach Einsetzen in die linke Seite der Gleichung tatsächlich Null ergeben:

F

$$\{0,\ 0,\ 0,\ 0,\ 0,\ 0,\ 0,\ 0,\ 0,\ 0,\ 0,\ 0,\ 0,\ 0,\ 0\}$$

Dann stellen wir die gefundenen Lösungswerte in einer Grafik dar. Die Abszissen der Punkte sind jeweils die x[i], die Ordinaten y[i]; i=0,1,...,16.

G1 = ListPlot[Table[{x[i], y[i]}, {i, 0, n}]];

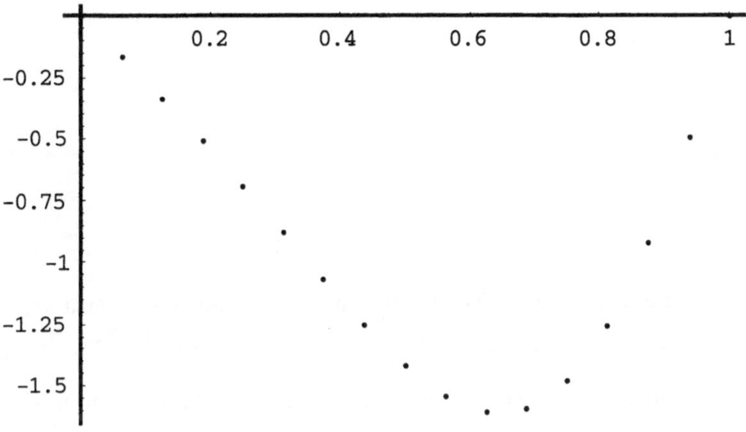

Um die von uns gefundene numerische Lösung mit der exakten Lösung vergleichen zu können, berechnen wir mit „DSolve" dieses Randwertproblem noch einmal exakt. Innerhalb der „DSolve"-Anweisung steht die Anweisung „Derivative[1]" zweimal, womit hier insgesamt die zweite Ableitung einer Funktion yl(x) symbolisiert wird. Die Randwerte stehen neben der DGL ebenfalls in geschweifter Klammer für DGL-Listen innerhalb der „Dsolve"-Anweisung:

yl2[x_] = yl[x] /. DSolve[{Derivative[1][Derivative[1][yl]][x] == -f[x], yl[a] == 0, yl[b] == 0},
      yl[x], x][[1]]

$$-\frac{8\,x}{3} - \frac{40\,x^4}{3} + 32\,x^5 - 16\,x^6$$

G2 = Plot[yl2[x], {x, a, b}, DisplayFunction -> Identity];

Show[G1, G2, DisplayFunction -> $DisplayFunction];

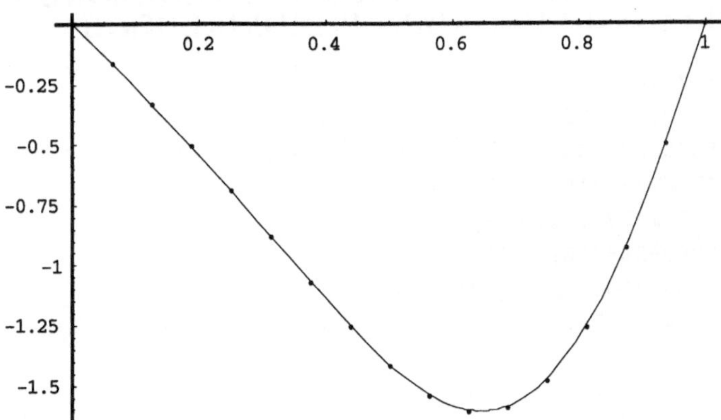

Das zweite Beispiel stellt eine geringfügig erweiterte DGL dar. In ihr taucht sowohl die erste, als auch die zweite Ableitung von y(x) auf:

$$y''-160\cdot(3x^4-4x^3+x^2)((1+k^2\,y'^2))^{3/2}=0.$$

Wieder sei [a,b]=[0,1]. Die Randwerte seien f(a)=f(b)=0. Für k wählen wir beispielsweise 0.1, und die Anzahl der Intervalle sei wieder n=16:

Clear[y]

a = 0;
b = 1;
n = 16;
h = (b - a)/n;
k = 0.1;

x[i_] := a + i*h;

Nun müssen wir die oben aufgeführte Differentialgleichung programmieren. Dazu verwenden wir die Formeln $f''(x_0) \approx \dfrac{f(x_0-h)-2f(x_0)+f(x_0+h)}{h^2}$ und $f'(x_0) \approx \dfrac{f(x_0+h)-f(x_0-h)}{2h}$. In unserer Schreibweise mit y[i] für die Funktionswerte in den Stützstellen x[i] schreiben wir in Mathematica:

g[i_] := (y[i - 1] - 2*y[i] + y[i + 1])/h^2 + f[x[i]]*(1 + k^2*((y[i + 1] - y[i - 1])/(2*h))^2)^(3/2)

F = Table[g[i], {i, 1, n - 1}];

y[0] = 0; y[n] = 0;

TableForm[F]

$$256\,(-2\,y[1]+y[2])+\frac{975\,\left(1+0.64\,y[2]^2\right)^{3/2}}{2048}$$

$$256\,(y[1]-2\,y[2]+y[3])+\frac{175}{128}\,(1+0.64\,(-y[1]+y[3])^2)^{3/2}$$

....

Die Ausgabe haben wir hier verkürzt dargestellt. Nun benutzen wir zur numerischen Lösung des Gleichungssystems für die y_i die „FindRoot"-Anweisung. Diese arbeitet iterativ mit dem Newton-Verfahren. Als Startwert für die Iteration geben wir 1 für alle y_i vor:

FindRoot[F == 0, {y[1], 1}, {y[2], 1}, {y[3], 1}, {y[4], 1}, {y[5], 1}, {y[6], 1}, {y[7], 1}, {y[8], 1}, {y[9], 1}, {y[10], 1}, {y[11], 1}, {y[12], 1}, {y[13], 1}, {y[14], 1}, {y[15], 1}]

```
{y[1] → -0.1973153494796282,
 y[2] → -0.39677839090022204, y[3] → -0.6024452221846505,
 y[4] → -0.817285350822804, y[5] → -1.0408417849531877,
 y[6] → -1.26754746732233162, y[7] → -1.4860395980039964,
 y[8] → -1.6799775412226086, y[9] → -1.830324761405599,
 y[10] → -1.917929062458161, y[11] → -1.92473822677144,
 y[12] → -1.832778463006882, y[13] → -1.621088805595247,
 y[14] → -1.2616024182134604, y[15] → -0.7200376312135088}
```

Anstelle der Mathematica-Anweisung „FindRoot" können wir auch das Newton-Verfahren selbst programmieren (vergleichen Sie dazu bitte die Ausführungen im Kapitel über die Iterationsverfahren). Wir definieren zunächst die Jacobimatrix von F:

J = Map[D[F, #] &, Table[y[i], {i, 1, n - 1}]];

Die maximale Anzahl von Iterationsschritten sei 10:

nmax = 10;

Die Startwerte werden mit 1. festgelegt. Hinweis: Bitte achten Sie auf den Punkt bei der Eins, damit Mathematica nicht versucht symbolisch zu rechnen, sondern wirklich numerisch rechnet.

Table[y[i] = 1., {i, 1, n - 1}];

Wir lassen uns die Werte der Hilfsfunktion F für das Newton-Verfahren ausgeben:

F

-255., 1.36719, 1.99951, 1.875, 0.671387,.......

Die Iteration:

Table[{y[1], y[2], y[3], y[4], y[5], y[6], y[7], y[8], y[9], y[10], y[11], y[12], y[13], y[14], y[15]} = {y[1], y[2], y[3], y[4], y[5], y[6], y[7], y[8], y[9], y[10], y[11], y[12], y[13], y[14], y[15]} - F . Inverse[J], {nmax}]

```
{{-0.157914, -0.313727, -0.47488, -0.643844, -0.820132,
  -0.999043, -1.17109, -1.3221, -1.43406, -1.48653,
  -1.45889, -1.33317, -1.09759, -0.750794, -0.306803},
....
```

Die Funktionswerte von F sind alle nahe bei Null. Wir haben eine gute Näherung erhalten:

F

$$\{3.88578 \times 10^{-15}, 1.9984 \times 10^{-14}, 2.30926 \times 10^{-14}, -3.9968 \times 10^{-14},$$
$$8.78186 \times 10^{-14}, -7.59393 \times 10^{-14}, 5.15143 \times 10^{-14}, 3.55271 \times 10^{-15},$$
$$-1.06581 \times 10^{-14}, -1.42109 \times 10^{-14}, 3.19744 \times 10^{-14},$$
$$-1.77636 \times 10^{-14}, 7.10543 \times 10^{-15}, -2.84217 \times 10^{-14}, 1.42109 \times 10^{-14}\}$$

Nun lassen wir die angenäherten Werte für die y_i über den x_i plotten:

G1 = ListPlot[Table[{x[i], y[i]}, {i, 0, n}]];

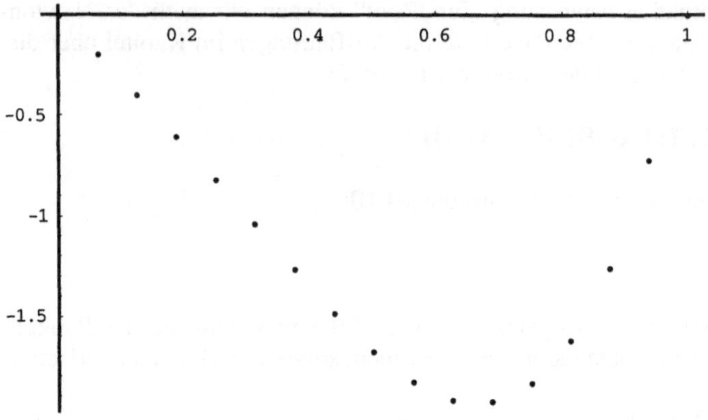

Zum Abschluß wollen wir Ihnen anhand dreier einfacher Beispiele verschiedene Möglichkeiten von Randwertproblemen und ihre Lösung mit der „NDSolve"-Anweisung zeigen.

Das erste Beispiel lautet y''(x)=-y(x). Zuerst lösen wir diese DGL allgemein:

Remove["Global`*"]

dgl={y''[x]==-y[x]} ;

DSolve[dgl,y[x],x]

```
{{y[x] → C[2] Cos [x] - C[1] Sin [x]}}
```

Nun wollen wir für diese DGL sowohl ein Anfangswertproblem (AWP), als auch ein Randwert-problem (RWP) formulieren und dann in die „NDSolve"-Anweisung mit einbeziehen. Es sei also y(0)=1 und y'(0)=2 das AWP. Das RWP sei gegeben durch y(0)=1, y(5)=-0.2.

awp={y[0]==1,y'[0]==2};

rp={y[0]==1,y[5]==-0.2};

Wir lösen beide Probleme:

L1=NDSolve[{dgl,awp}//Flatten,y[x],{x,0,5}]

```
{{y[x] → InterpolatingFunction  [{{0., 5.}}, <>] [x]}}
```

L2=NDSolve[{dgl,rp}//Flatten,y[x],{x,0,5}];

Die Lösung für das AWP übergeben wir in die Funktion f(x), die Lösung für das RWP in g(x):

f[x_]:=y[x]/.L1

g[x_]:=y[x]/.L2

Wir stellen beide Lösungen in einer gemeinsamen Grafik dar:

Plot[{f[x],g[x]},{x,0,5}]

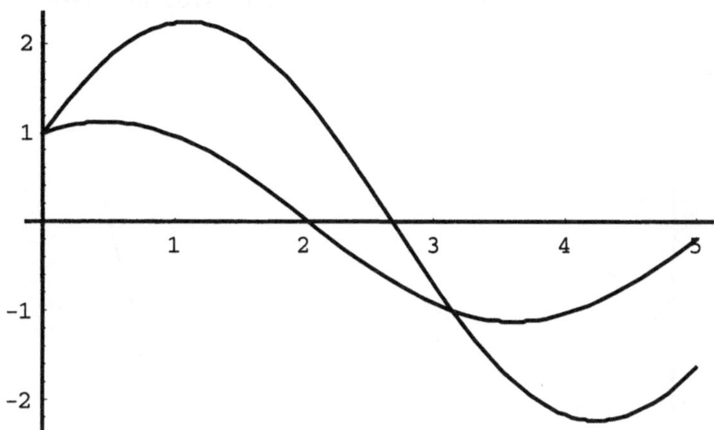

Im nächsten Beispiel wird ein Randwertproblem gelöst, bei dem zwei der vorgegebenen Werte auf den Intervallrändern liegen, der dritte der vorgegebenen Werte jedoch im Inneren des Intervalls liegt. Beachten Sie bitte, dass für die DGL 3. Ordnung drei Werte vorgegeben werden müssen:

Remove["Global`*"]

L3=NDSolve[{y'''[x]-x*y[x]==0,y[0]==1,y[2]==4,y[5]==-2},y[x],{x,0,5}];

h[x_]:=y[x]/.L3

Plot[h[x],{x,0,5}]

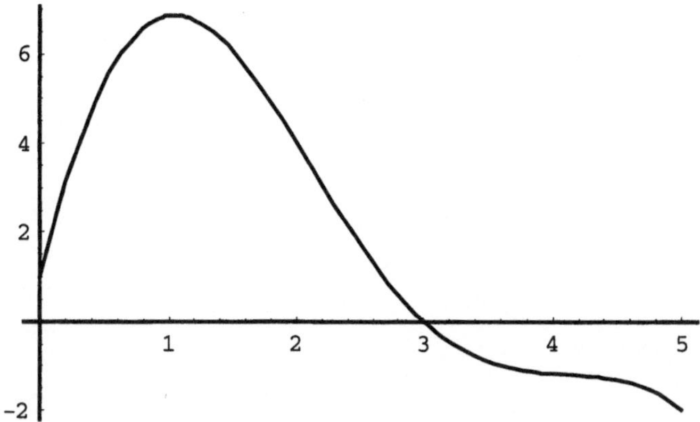

Im letzten Beispiel wird ein Randwertproblem für eine DGL zweiter Ordnung gelöst, bei dem die zwei vorgegebenen Werte jeweils eine Kombination von Funktions-und Ableitungswerten darstellen:

Remove["Global`*"]

L4=NDSolve[{y''[x]-x*y[x]==0,y[0]-2*y'[0]==15,y[2]+y'[2]==1},y[x],{x,0,4}];

w[x_]:=y[x]/.L4

Plot[w[x],{x,0,4}]

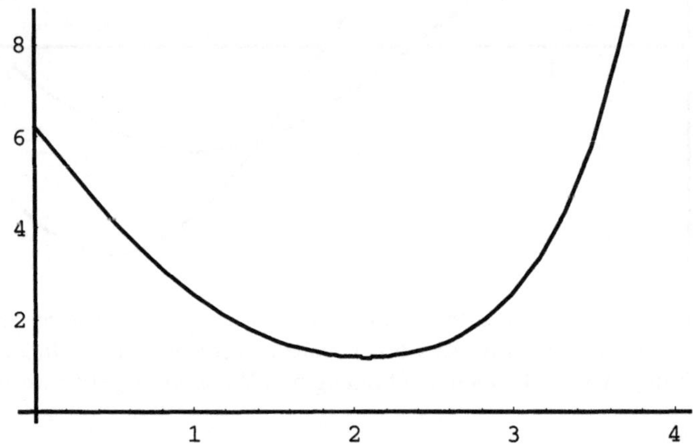

Literatur

Ameling, W.: Laplace-Transformation. Braunschweig: Vieweg 1979.
Blatter, Ch.: Wavelets. Wiesbaden: Vieweg 1998.
Brigda, R.: Fourieranalysis, Distributionen und Anwendungen. Wiesbaden: Vieweg 1997.
Butz, T.: Fouriertransformation für Fußgänger. Stuttgart / Leipzig: Teubner 2000.
Doetsch, G.: Anleit. z. prakt. Gebr. der Laplace-Transf. u. der Z-Transf. Mnch: Oldenbourg 1967.
Forster, O.: Analysis (Bd.1-3). Wiesbaden: Vieweg 2001.
Heuser, H.: Gewöhnliche Differentialgleichungen. Stuttgart: Teubner 1995.
Koenigsberger, K.: Analysis, Bd. 1, 2. Berlin / Heidelberg: Springer 2001.
Kowalsky, H.-J.: Lineare Algebra. Berlin: De Gruyter 1998.
Lingenberg, R.: Einführung in die Lineare Algebra. Mannheim: B.I. 1976.
Louis, A.K., Maaß, P., Rieder, A.: Wavelets. Stuttgart: Teubner 1998.
Preuß, W., Wenisch, G.: Lehr- u. Übungsbuch Num. Math. Leipzig: Fachbuchverlag Leipzig 2001.
Rice, J. R.: Numerical methods, software and analysis. McGraw-Hill 1987
Roos, H.G., Schwetlick, H.: Numerische Mathematik. Stuttgart/Leipzig: Teubner 1999.
Sanns, W.: Catastrophe Theory with Mathematica. Osnabrück: DAV 2000.
Sanns, W., Schuchmann, M.: Datenanalyse mit Mathematica. München: Oldenbourg 1999.
Sanns, W., Schuchmann, M.: Mathematik mit Mathematica. München: Oldenbourg 1999.
Schuchmann, M., Sanns, W.: Multivar. Statistik mit Mathematica u. SPSS. Osnabrück: DAV 2000.
Schuchmann, M., Sanns, W.: Statistik mit Mathematica. München: Oldenbourg 1999.
Schwarz, H.R.: Numerische Mathematik.Stuttgart: Teubner 1997.
Selder, H.: Einführung in die Numerische Mathematik für Ingenieure. München: Hanser 1973.
Spiegel, M.R.: Laplace-Transformationen Theorie u. Anwendung. Mc Graw Hill 1965.
Stoer, J., Bulirsch, R.: Numerische Mathematik. Berlin / Heidelberg: Springer 2000.
Weber, H.: Laplace-Transformation für Ingenieure der Elektrotechnik. Stuttgart: Teubner 1990.
Wolfram, S.: The Mathematica Book. 3 rd ed. Cambridge University Press 1996.

Index

absteigende dividierte Differenzen............. 57
Abtast-Theorem................................ 119
allgemeines Iterationsverfahren 29
Anlaufrechnung............................... 211
Approximation.........45, 50, 64, 75, 76, 82, 88
AWP................161, 163, 166, 167, 172, 174

Banachscher Fixpunktsatz........................ 29

Daubechies 111, 125, 129, 131, 132
Designmatrix 66, 67, 69, 74
Differentialgleichung.........159, 160, 163, 168
Differenzenschema................................ 59
Dilatationsparameter 110
diskrete Fourier-Transformation 92
diskrete Wavelettransformation.........106, 112
dividierte Differenz 56, 57

Eigenwertproblem 134, 149
Einschrittverfahren 165, 169, 211
Endpunktproblem 168, 169, 170, 171, 174
Eulersches Polygonzugverfahren 159
Extrapolation 43, 45, 50

Fixpunktverfahren 34, 37, 39, 40
Fourier-Analyse........... 80, 103, 104, 106, 235
Fourier-Transformation........80, 81, 82, 83, 92

Gaußalgorithmus............................23
Gesamtschrittverfahren 40
globale Approximation........................ 75

Haarwavelet...............103, 105, 106, 109, 111
Heaviside-Funktion 89, 106

implizite Differentialgleichung 221
Interpolation.....43, 45, 46, 50, 51, 54, 56, 211
inverse Wavelettransformation.................. 103

Jakobi-Verfahren 40, 152

Korrektorschritt 211, 214

Lagrangepolynome..................... 46
LR Verfahren................................ 156
Mehrschrittverfahren......................... 166, 211
Multiskalenanalyse..................... 112, 119, 120

Mutterwavelet 103

Newtonsche Interpolationsformel...............55
Newtonsches Interpolationspolynom.........212
Newtonverfahren...25, 26, 29, 30, 32, 35, 230
n-Körper-Problem 200, 201
Normalgleichungen.....................66, 71
numerische Integration.....................137

PECE.....................211
Pivotsuche.....................16
Polygonzugverfahren 161
Prädiktorpolynom 213
Prädiktorschritt.....................211, 212, 214

QR Verfahren.....................156
Quadratur nach Gauß 141

Randwertproblem...............227, 229, 232, 233
Rayleigh-Quotient.....................150
Regressionsfunktion.....................65
Regressionsgerade.....................68
Rücktransformation...............80, 82, 92, 123
Rückwärtsdifferenzen 56, 212
Runge-Kutta 62, 169, 170, 181, 182
RWP.....................227, 232

Sampling-Theorem.....................80, 119
schnelle diskrete Wavelettransformation 124
schnelle Fourier-Transformation.....................98
Schrittweitensteuerung.......176, 193, 194, 199
Simpson-Regel.....................139
Skalierungsfunktion...........106, 107, 111, 112
Spline 59, 61
stetige Wavelettransformation 114

Vorwärtsdifferenzen.........56, 57, 58, 212, 213

Wavelet.....................103
Waveletfunktion.....................109
Waveletgleichung.....................106, 115
Wavelettransformierte.....................103, 109

Zulässigkeitsbedingung.....................103
Zweikörperproblem.....................181
zyklisches Jakobi-Verfahren.....................155

Index